全国高职高专食品类专业"十二五"规划教材

果蔬加工与保鲜技术

河南省漯河食品职业学院组织编写

严佩峰　主编

中国科学技术出版社
·北　京·

图书在版编目（CIP）数据

果蔬加工与保鲜技术/严佩峰主编.—北京：中国科学技术出版社，2013.4
全国高职高专食品类专业"十二五"规划教材
ISBN 978-7-5046-6330-6

Ⅰ.①果…　Ⅱ.①严…　Ⅲ.①果蔬加工-高等职业教育-教材②水果-食品保鲜-高等职业教育-教材③蔬菜-食品保鲜-高等职业教育-教材　Ⅳ.①TS255.3②S660.9③S630.9

中国版本图书馆 CIP 数据核字（2013）第 068990 号

策划编辑	符晓静
责任编辑	王晓义
封面设计	孙雪骊
责任校对	凌红霞
责任印制	张建农

出　　版	中国科学技术出版社
发　　行	科学普及出版社发行部
地　　址	北京市海淀区中关村南大街 16 号
邮　　编	100081
发行电话	010-62173865
传　　真	010-62179148
投稿电话	010-62176522
网　　址	http://www.cspbooks.com.cn

开　　本	787mm×1092mm　1/16
字　　数	380 千字
印　　张	17
版　　次	2013 年 5 月第 1 版
印　　次	2013 年 5 月第 1 次印刷
印　　刷	北京长宁印刷有限公司

书　　号	ISBN 978-7-5046-6330-6/TS·62
定　　价	32.00 元

本书编委会

主　　编　严佩峰

副主编　李建芳　马凌云

编　　委　（按姓氏笔画为序）

马凌云　王子涵　王存纲

龙姣嫣　严佩峰　李建芳

前　言

　　《果蔬加工与保鲜技术》是为高职高专食品类专业编写的教材。果蔬加工与保鲜技术是食品专业的一门重要专业课。长期以来，该课程很少有高职高专学生的对口教材，大多沿用本科教材。相对于高职高专学生的知识基础而言，以往的教材理论偏深奥。鉴于此，我们有针对性地编写了本书。本书根据高职高专人才培养目标与规格的要求，理论以够用为度，并力求通俗易懂；在内容选择上，突出实用性和可操作性，注重对学生职业岗位能力的培养。

　　全书共分十四章，第一至三章主要介绍果蔬保鲜的基础知识、采后处理与运输、果蔬的贮藏方法和管理。第四至十三章分别介绍果蔬的化学成分，果蔬加工原料及预处理，果蔬罐藏、蔬菜腌制、果蔬糖制、果蔬干制、果蔬制汁、果酒酿造、果蔬速冻和果蔬的综合加工利用等。第十四章集中编写了果蔬保鲜与加工的实验内容，旨在帮助学生训练操作技能，提高动手能力。

　　本书可作为高职食品加工技术、农畜产品加工、食品营养与检测等专业教材，也可用作相关专业的教学参考书或职工培训教材，还可供食品生产与经营者参考使用。

　　本书绪论由严佩峰和马凌云编写；第一章、第三章由王存纲编写；第二章、第八章由龙姣嫣编写；第四章、第六章由马凌云编写；第五章由马凌云和王子涵编写；第七章、第十一章由李建芳编写；第十章、第十二章由严佩峰编写；第九章由严佩峰和龙姣嫣编写；第十三、第十四章由王子涵编写。本书的大纲由严佩峰、李建芳和马凌云拟定，并负责全书的统稿和定稿。

　　编写中，承蒙郑州轻工业学院高愿军教授审阅修改、笔者们的老师与同行的悉心指导和帮助、中国科学技术出版社的大力支持，在此深表感谢。

在编写本书时，参考了许多文献、资料及网上的资料，难以一一鸣谢作者，在此一并表示感谢。

限于编者水平，书中难免存在疏漏和不妥，恳请读者批评指正。

目 录

绪　　论

一、果蔬加工与保鲜的基本内容

　　果蔬加工是以新鲜的果蔬为原料，依据不同的理化特性，采用不同的加工工艺和设备，杀灭或抑制微生物的生长，改变或保持果蔬原有品质，加工成为各种制品的过程。主要制品有脱水蔬菜、果蔬罐头、果蔬速冻制品、蔬菜腌制品、果汁饮料、糖制品和果酒等。果蔬加工品有别于新鲜原料，在于它通过各种手段抑制和钝化了外界的微生物与内在的酶，采用了适当的保藏措施和手段，使制品得以长期贮藏，同时赋予特有制品的风味和特征。这种能长期贮藏的加工制品是无生命活性的产品。

　　果蔬保鲜即根据果蔬采后生理特征，采取相应技术措施，控制果蔬呼吸强度，减缓果蔬体内营养物质的降解，达到保鲜保质，延长果蔬贮藏期的过程。该过程的主要目标是保持新鲜状态，保持良好的质地和应有的色香味，并使其贮藏损耗减少到最低程度。常用的果蔬保鲜技术有低温保鲜技术、气调保鲜技术等。

二、果蔬加工与保鲜在国民经济中的地位与作用

　　我国地域辽阔，果蔬资源丰富，素有"世界园林之母"的美誉，是世界上许多果蔬的发源地。改革开放以来，我国的果蔬生产速度逐年快速递增，水果生产量从 1984 年占世界总产量的 3.6%，上升为 1996 年的 10.98%。2000 年，我国果品、蔬菜总产量

分别达到 7000 万 t 和 4.4 亿 t，蔬菜人均占有量达到 284.6kg，较世界蔬菜人均占有量102kg 高 182.6kg。到 2003 年，我国农产品出口额为 212 亿美元，其中果蔬类产品出口额为 100 多亿元，超过农产品出口额总数的 50%。据统计，近些年，我国蔬菜面积迅速扩大，已由 1996 年的 15735.54 万亩增至 2007 年的 25992.9 万亩。蔬菜生产不仅满足了国内消费，而且扩大了出口，蔬菜出口量已居世界第一位。同时，我国的果园面积已由 1996 年的 $8.55328 \times 10^4 km^2$ 增至 2007 年的 $1.04711 \times 10^5 km^2$，总产量由 4652.8万 t 增至 10520.3 万 t，约占世界水果总产量的 17%。今后一段时期，蔬菜生产仍将保持稳中有增的态势，水果产量还有较大增长空间。如此好的发展现状为水果蔬菜的采后处理及加工保藏创造了良好的基础条件，同时也为我国的优质果蔬产品走向世界提供了可靠的保障。

水果蔬菜生产都具有一定的季节性和区域性。通过贮藏加工与保鲜手段则可以消除这种季节性和区域性的差别，满足各地消费者对各种果蔬商品的消费需求，从而达到调解市场、实现全年供应的目的。目前，我国果蔬生产由于采收不当、采后商品化处理技术落后、贮运条件不妥及贮藏加工能力不足等原因，造成的腐烂损失占总产量的 20%～40%，每年果品、蔬菜的产后损失量超过 1.5 亿 t。如果通过妥善的贮藏加工，就可以避免或减少这一损失。对于种植者而言，如果将某些水果蔬菜作为原料出售势必价格低廉，而将其加工成制品后，其经济效益就会提高，尤其是那些残次落果等不适宜鲜销的果蔬和野生资源，通过加工就可以变废为宝。搞好果蔬采后加工，可促进果蔬栽培业的发展，真正实现丰产丰收，特别是对于我国目前人口日益增长和耕地日益减少的今天，更具有特殊的意义。因此，水果蔬菜的保鲜与加工在国民经济中具有重要的作用。

三、国内外果蔬加工业的现状、存在的问题及发展趋势

（一）国外果蔬加工业的现状及发展趋势

1. 产业化经营的水平越来越高

发达国家已实现了果蔬生产、加工、销售一体化经营，具有加工品种专用化、原料基地化、质量体系标准化、生产管理科学化、加工技术先进及大公司规模化、网络化、信息化经营等特点。同时，发展中国家果蔬加工业近年来也得到了快速发展。

2. 加工技术与设备日趋高新化

近年来，生物技术、膜分离技术、高温瞬时杀菌技术、真空浓缩技术、微胶囊技术、微波技术、真空冷冻干燥技术、无菌贮存与包装技术、超高压技术、超微粉碎技术、超临界流体萃取技术、膨化与挤压技术、基因工程技术及相关设备等已在果蔬加工领域得到广泛应用。先进的无菌冷罐装技术与设备、冷打浆技术与设备等在美国、法国、德国等发达国家果蔬深加工领域中被迅速应用，并得到不断提升。

3. 深加工产品趋于多样化

发达国家的各种果蔬深加工产品日益盛行，产品质量稳定，产量不断增加，产品市

场覆盖面持续扩大。在质量、档次、品种、功能以及包装等各方面已能满足各种消费群体和不同消费层次的需求。多样化的果蔬深加工产品不但丰富了人们的日常生活，也拓展了果蔬深加工空间。

4. 资源利用越来越合理

在果蔬加工过程中，往往有大量废弃物，如风落果、不合格果以及大量的果皮、果核、种子、叶、茎、花、根等下脚料，其实也蕴含了宝贵的财富。废弃物开发已成为国际果蔬加工业新的热点。发达国家农产品加工企业都是从环保和经济效益两个角度对加工原料进行综合利用，把农产品转化成高附加值的产品。

5. 产品标准体系和质量控制体系越来越完善

发达国家果蔬加工企业大都有科学的产品标准体系和全程质量控制体系，极其重视生产过程中食品安全体系的建立，普遍通过了 ISO9000 质量管理体系认证，实施科学的质量管理，采用 GMP（良好生产操作规程）进行厂房、车间设计，同时在加工过程中实施了 HACCP 规范（危害分析和关键控制点），使产品的安全、卫生与质量得到了严格的控制和保证。

（二）我国果蔬贮藏与加工业的现状及发展趋势

1. 我国果蔬贮藏与加工业的发展现状

我国的果蔬贮运保鲜与加工技术总体水平得到了明显的提高，果蔬采后加工业发展迅猛，数量和初加工问题已基本得以解决。但由于我国果蔬贮藏加工业起步较晚，果蔬采后减损增值工程技术研究与开发及产业化发展的严重滞后，使果蔬贮藏与加工业中仍然存在很多问题，具体表现在以下几个方面：

（1）资源利用效率较低。我国的果蔬总体加工能力低下，采后损失率高，与世界先进国家相比仍有相当差距。美国、日本等发达国家的果蔬采后损失率不到 5%，果蔬加工转化能力为总产量的 40% 左右，而我国果蔬采后损失率高达 30% 左右，加工转化能力仅为 8% 左右。

（2）果蔬采后商品化处理水平低。欧美及日本等国家果蔬采后商品化处理率达 80% 以上，鲜切菜和净菜量占 70% 以上，水果总贮量占总产量的 50% 左右，苹果、甜橙、香蕉等水果已实现周年贮运销售世界各地。现代果蔬采后保鲜处理和商品化处理技术、气调贮运保鲜技术和"冷链"技术、现代果蔬加工技术等广泛应用于果蔬产业，并建立了完善的产业技术体系，使果蔬经产后商品化处理和加工等可增值 2～3 倍。而我国果蔬采后商品化处理量仅为 10%，鲜切果蔬保鲜等商品化处理几乎是个空白，果蔬产后贮运、保鲜等商品化处理与发达国家相比差距更大，尤其"冷链"薄弱。

（3）优质高档果蔬数量少，果蔬品种结构搭配不合理。发达国家优质高档果蔬比例高达 85% 以上，70% 以上为加工用品种，而我国优质高档果蔬比例不足 30%。我国果蔬产量很大，但品种结构搭配不合理，表现在两方面：一是果蔬自身结构不合理，早、中、晚熟搭配不当；二是鲜食和加工品种不合理。

（4）果蔬精深加工制品少，产品附加值低。我国果蔬加工产品中普遍存在着粗加工产品多而高附加值产品少、中低档产品多而高档产品少、劣质产品多而优质产品少、老产品多而新产品少等问题，尤其是特色资源的加工程度低，远不能满足人们的生活需求。果品和蔬菜的加工转化能力分别仅为6％和10％左右。

（5）果蔬加工机械装备发展相对滞后。主要表现为单机多，生产线少，相当一部分设备性能差，设备的标准化程度低，新技术、新材料、新工艺采用较少。

2. 我国果蔬贮藏加工业的发展趋势

（1）建立完善的流通保鲜系统，将我国果蔬损失率由现在的25％～30％降低到20％以下。由于果蔬生产淡旺季差异较大，因此贮藏保鲜设施对果蔬的流通十分重要。流通保鲜系统包括分选、分级、清洗、冷藏、包装、冷藏运输及集散交易市场等，要建立完善的流通保鲜系统需要相应的技术和设备，开发适合我国国情的技术和设施。

（2）推广节能、高效、低成本和无污染的果蔬保鲜新技术。高新果蔬储藏技术——自然冷冻果蔬保鲜技术、高压静电场、产地预冷储藏、辐射保鲜、臭氧和负离子杀菌技术等，不但能减少资源浪费，保护资源，也能扩大绿色食品生产。

（3）研究分级、检测、包装、运输新技术。利用计算机分级新技术，如利用计算机作视觉、光学检验或数字图像处理等进行分级及新鲜果蔬残留农药快速检测；包装方面可采用蔬菜真空包装、无菌包装等技术及推广使用保鲜包装材料及保鲜剂等；运输可运用快速预冷车和节能冷藏车。

（4）开发果蔬混合营养饮料、新型果酒及果醋制作技术，改良传统果蔬加工技术；研究冷冻蔬菜、净菜加工、小包装蔬菜保鲜及配菜和调理食品技术；发展果蔬资源中功能成分分离及提取技术。

（5）制订果蔬国际化的规格、标准，并将传统加工产品和我国果蔬特产加以整理，使之规格化和标准化；开发无损伤快速检测新技术和设备。农产品规格化、标准化是农业产业化经营和农产品进入现代化经营的关键和基础，是产品质量的保证，是食品工业产业化生产的需要，更是我国农产品进入国际市场的通行证。虽然新鲜食品贮藏保鲜难、标准化难、规格化难，然而国际贸易强烈要求商品必须规格化和标准化。

（6）建立果蔬保鲜和加工信息系统，适当地应用信息分类和加工信息系统。目前，农产品保鲜加工信息收集整理工作分散在农业部、国家经贸委和各个工业部门。由于部门管理和职能不同，导致信息收集往往重复、不完整，所以需要建立一个包含采前、采后、保鲜、生产、储藏、加工、流通和销售资料的我国果蔬产品生产、储运、加工及销售的信息集成系统。

四、果蔬保鲜与加工技术与其他学科的关系

果蔬保鲜与加工技术是一门应用学科，知识面涉及很广。它与许多学科有着密切关系：果蔬原料的保鲜和果树蔬菜栽培学、育种学有着重要关系；对于加工原料要有适宜

的加工种类、品种，这些种类和品种要在适宜的栽培条件下栽培，并且需要针对加工要求适时采收；对于原料的保鲜必须掌握足够的果蔬的采后生理和贮藏知识。果蔬保鲜与加工技术又以微生物学、生物化学、物理、食品化学、食品工程原理、食品工厂设计、制冷学及食品机械设备等学科为基础。

    这门学科在学习过程中不仅要重视基础知识、理论的学习，也要了解先进的生产技术、生产方法，把握果蔬保鲜与加工发展的趋势。同时，加强技能方面的训练，积累生产经验，应用所学知识解决实验实训过程中出现的问题，真正为实现我国果蔬保鲜与加工技术赶上或超过世界先进水平打下扎实基础。

第一章　果蔬贮藏保鲜基础知识

（1）了解采前因素对果蔬品质及耐贮性的影响；

（2）掌握果蔬采后生理特性的有关概念及基本理论；

（3）掌握果蔬采后生理生化变化及其对品质和成熟及衰老的影响；

（4）掌握各种生理作用与果蔬贮运的关系。

第一节　采前因素对果蔬品质及耐贮性的影响

影响果蔬耐贮性的采前因素很多，选择生长发育良好、健康、品质优良的产品作为贮藏原料，是搞好果蔬贮藏工作的重要保证之一。

一、产品自身因素

（一）种类和品种

1. 种类

叶菜类耐贮性最差。花菜类是植物的繁殖器官，新陈代谢比较旺盛，不耐贮藏。但蒜薹是花茎梗，较耐寒，可以在低温下作较长期的贮藏。果菜类不耐寒，容易失水和遭受微生物侵染。果实容易变形和发生组织纤维化，很难贮藏，但充分成熟的南瓜、冬瓜比较耐贮藏。块茎、鳞茎、球茎、根茎类比较耐贮藏。

水果中，仁果类大多耐贮藏。核果类由于在夏季成熟，果品呼吸作用强，因此不耐贮藏。浆果类不耐贮藏，但在深秋成熟的葡萄、猕猴桃较耐贮藏。中国柑橘类依其耐藏性表现为：柚、柠檬最强，甜橙、柑次之，宽皮橘类耐藏性较差。

2. 品种

一般来说，不同品种的果蔬以晚熟品种最耐贮，中熟品种次之，早熟品种不耐贮藏。大白菜中，直筒形比圆球形的耐贮藏，青帮系统的比白帮系统的耐贮藏，晚熟的比早熟的耐贮藏。菠菜中，尖叶菠菜耐寒适宜冻藏，圆叶菠菜虽叶厚高产，但耐寒性差，不耐贮藏。

（二）树龄和树势

不同树龄和树势的果树耐藏性也有差异。一般来说，幼龄树和老龄树不如中龄树结的果实耐贮。生理病害一般表现是幼树比老树严重，旺树比弱树严重，结果少的树发病严重，大果比小果发病严重。

（三）结果部位

同一植株上不同部位着生的果实，其大小、颜色和化学成分不同，耐贮性也有很大的差异。一般来说，向阳面或树冠外围的苹果果实着色好，干物质、总酸、还原糖和总糖含量高，风味佳，肉质硬，贮藏中不易萎蔫皱缩。

果菜类的着生部位与品质及耐贮性的关系和果实相比略有不同，一般以生长在植株中部的果实品质最好，耐贮性最强。

（四）果实大小

同一种类和品种的果蔬，果实的大小与其耐贮性密切相关。一般来说，以中等大小和中等偏大的果实最耐贮。研究发现，苹果采后生理病害的发生与果实直径大小成正相关。

二、自然环境因素

（一）温度

果蔬在生长发育过程中，温度过高或过低都会对其生长发育、产量、品质和耐贮性产生影响。如，苹果的平均适温为 $12\sim15.5℃$；番茄果实中番茄红素形成的适宜温度为 $20\sim25℃$。

采前温度和采收季节也会对果蔬的品质和耐贮性产生较大影响。如苹果采前 $6\sim8$ 周昼夜温差大，果实着色好，含糖量高，组织致密，品质好，也耐贮藏。梨在采前 $4\sim5$ 周生长在相对凉爽的气候条件下，可以减少贮藏期间的果肉褐变与黑心。同一种类或品种的蔬菜，秋季收获的比夏季收获的耐贮藏。

（二）光照

光照直接影响果蔬的干物质积累、风味、颜色、质地及形态结构，从而影响果蔬的品质和耐贮性。光照不足会使果蔬含糖量降低，产量下降，抗性减弱，贮藏中容易衰老。但是，光照过强也有危害，如番茄、茄子和青椒在炎热的夏天受强烈日照后，会产生日灼病，不能进行贮藏。此外，光照长短也影响贮藏器官的形成，如洋葱、大蒜等要求有较长的光照，才能形成鳞茎。

光照与花青色素的形成密切相关，在阳光照射下，果实颜色鲜红，特别是在昼夜温差大、光照充足的条件下，着色更佳；而树膛内的果实，接触阳光少，果实成熟时不呈现红色或色调不浓。此外，光质对果蔬生长发育和品质也有一定的影响。

（三）降雨

降雨会增加土壤湿度、空气相对湿度和减少光照时间，与果蔬的产量、品质和耐贮性密切相关。在潮湿多雨的地区或年份，果蔬品质和耐贮性降低，贮藏中易发生生理病害和侵染性病害。在干旱少雨的地区或年份，果蔬也容易产生生理病害。

（四）地理条件

同一种类的果蔬生长在不同纬度和海拔高度，其品质和耐贮性不同。如苹果属于温带水果，在我国长江以北广泛栽培，多数中、晚熟品种较耐贮藏，但因生长的纬度不同，果实的耐贮性也有差别。

生长在山地或高原地区的蔬菜，体内碳水化合物、色素、抗坏血酸、蛋白质等营养物质的含量都比平原地区生长的要高，表面保护组织也比较发达，品质好，耐贮藏。

（五）土壤

土壤是果蔬生长发育的基础，土壤的理化性状、营养状况、地下水位高低等直接影响果蔬的化学组成、组织结构，进而影响果蔬的品质和耐贮性。

三、农业技术因素

（一）施肥

施肥对果蔬的品质及耐贮性有很大的影响。在果蔬的生长发育过程中，除了适量施用氮肥外，还应该注意增施有机肥和复合肥，特别应适当增施磷、钾、钙肥和硼、锰、锌肥等，这一点对于长期贮藏的果蔬显得尤为重要。只有合理施肥，才能提高果蔬的品质，增加其耐贮性和抗病性。如过量施肥，果蔬容易发生采后生理失调，产品的耐贮性和抗病性会明显降低。

（二）灌溉

水分是保持果蔬正常生命活动所必需的，土壤水分的供给对果蔬的生长、发育、品质及耐贮性有重要的影响，水分过多、过少均会使果蔬不耐贮藏。

（三）修剪、疏花和疏果

适当的果树修剪可以调节果树营养生长和生殖生长的平衡，减轻或克服果树生产中的大小年现象，增加树冠透光面积和结果部位，使果实在生长期间获得足够的营养，从而影响果实的化学成分，因此修剪也会间接地影响果实的耐贮性。

适当的疏花疏果也是为了保证果蔬正常的叶、果比例，使果实具有一定的大小和优良的品质。疏花工作应尽量提前进行，这样可以减少植株体内营养物质的消耗。疏果工作一般应在果实细胞分裂高峰期到来之前进行，这样可以增加果实中的细胞数；疏果较晚，只能使果实细胞膨大有所增加；疏果过晚，对果实大小影响不大。

（四）生长调节剂处理

1. 促进生长和促进成熟

生长素类的吲哚乙酸、萘乙酸和 2,4-D（2,4-二氯苯氧乙酸）等，能促进园艺产品的生长，减少落花落果，同时也促进果实的成熟。如用 10～40mg/kg 的萘乙酸在采前喷洒苹果，能有效地控制采前落果，但也增强了果实的呼吸，加速了成熟，对于长期贮藏的产品则有些不利。用 10～25mg/kg 的 2,4-D 在采前喷洒番茄，不仅可防止早期落花落果，还可促进果实膨大，使果实提前成熟。菜花采前喷洒 100～500mg/kg 的 2,4-D，可以减少贮藏中保护叶的脱落。

2. 促进生长而抑制成熟

细胞分裂素可促进细胞的分裂，诱导细胞的膨大；赤霉素可以促进细胞的伸长，二者都具有促进果蔬生长和抑制成熟衰老的作用。如结球莴苣采前喷洒 10mg/kg 的苄基腺嘌呤（BA），采后在常温下贮藏，可明显延缓叶子变黄。喷过赤霉素的柑橘、苹果，果实着色晚，成熟减慢。无核葡萄坐果期喷 40mg/kg 的赤霉素，可显著增大果粒。

3. 抑制生长而促进成熟

矮壮素是一种生长抑制剂，对于提高葡萄坐果率的效果极为显著。用 100～500mg/kg 的矮壮素加 1mg/kg 的赤霉素在花期喷洒或蘸花穗，能提高葡萄坐果率，增加果实含糖量和减少裂果，促进果实成熟。苹果采前 1～4 周喷洒 200～250mg/kg 的乙烯利，可以使果实的呼吸高峰提前出现，促进成熟和着色。梨在采前喷洒 50～250mg/kg 的乙烯利，也可以使果实提早成熟，降低总酸含量，提高可溶性固形物含量。乙烯利使早熟品种提前上市，能改善其外观品质，但是用乙烯利处理过的果实不能作长期贮藏。

4. 抑制生长延缓成熟

青鲜素、多效唑、矮壮素等是一类生长延缓剂。巴梨采前 3 周用 0.5%～1% 的矮壮素喷洒，可以增加果实的硬度，防止果实变软，有利于贮藏。西瓜喷洒矮壮素后所结果实的可溶性固形物含量高，瓜变甜，贮藏寿命延长。洋葱、大蒜在采前两周喷洒 0.25% 的青鲜素，可明显延长采后的休眠期，浓度过低，效果不明显。

第二节　果蔬的主要化学组分及其在采后贮运过程中的变化

果蔬中所含的化学成分可分为两部分，即水分和固形物（干物质）。固形物包括有机物和无机物。有机物又分为含氮化合物和无氮化合物，此外还有一些重要的维生素、色素、芳香物质以及许多的酶，这些物质具有的特性是决定果蔬本身品质的重要因素。

一、色素物质

（一）叶绿素类

叶绿素是未成熟果实、绿叶菜以及花卉叶片的主要色素。高等植物叶绿体中叶绿素主要有叶绿素 a 和叶绿素 b 两种。对大多数果实来说，随着果实成熟叶绿素含量逐渐地减少。在加工过程中，叶绿素对光、热不稳定，褪色。酸性条件下，形成黄褐色的脱镁叶绿素，使制成品发生非酶促褐变，降低制品质量；碱性条件下，叶绿素与碱性物质作用形成的盐仍成绿色，可作为染色剂使用。

（二）类胡萝卜素

1. 胡萝卜素

胡萝卜素即维生素 A 原，常与叶黄素、叶绿素同时存在，呈橙黄色，富含于胡萝卜、南瓜、番茄、辣椒和绿色蔬菜中。杏、黄色桃等果实中都含有胡萝卜素。但由于它与叶绿素同时存在而不显现，成熟时随着叶绿素的减少而逐渐显示胡萝卜素的色泽。

2. 番茄红素

番茄红素是胡萝卜素的同分异构体，呈橙红色，存在于番茄、西瓜中。番茄红素的合成和分解受温度影响较大。16～21℃是番茄红素合成的最适温度，29.4℃以上就会抑制番茄红素的合成。番茄在炎热季节较难变红是温度太高的缘故。

3. 叶黄素

各种果蔬中均有叶黄素存在，与胡萝卜素、叶绿素结合存在于果蔬的绿色部分，只有叶绿素分解后，才能表现出黄色。如，黄色番茄显现的黄色，香蕉成熟时由青色转成黄色等。

4. 椒黄素和椒红素

椒黄素与椒红素微溶于水。存在于辣椒中，洋葱黄皮品种也含有，表现为黄色到白色。

（三）花青素

花青素是使果实和花等呈现红、蓝、紫等颜色的水溶性色素，总称为花青素苷，它存在于植物体内。天然的花青素苷呈糖苷的形态，经酸或酶水解后，可产生花青素和糖。不同的糖和不同的花青素结合则产生不同的颜色。常见的花青素如天竺葵定、氰定、芍药定和翠雀定等。花青素遇金属（铁、铜、锡）则变色，所以加工时不能用铁、铜、锡制的器具。加热对花青素有破坏作用。

二、风味物质

（一）糖

糖是果蔬甜味的主要来源，是重要的贮藏物质之一，主要包括单糖、双糖等可溶性糖。不同种类的果蔬，含糖量差异很大。柑橘中的柠檬含糖量极低，而海枣的含糖量可达鲜重的61%。多数果蔬中含蔗糖、葡萄糖和果糖，各种糖的多少因果蔬种类和品种等而有差别。而且果蔬在成熟和衰老过程中，含糖量和含糖种类也在不断变化。蔬菜中含糖量较果品少，一般的果菜，随着逐渐成熟含糖量日益增加，而块茎、块根类蔬菜，成熟度越高，含糖量越低。例如：杏、桃和杧果等果品成熟时，蔗糖含量逐渐增加；成熟的苹果、梨和枇杷，以果糖为主，也含有葡萄糖，蔗糖含量也增加；胡萝卜主要含蔗糖；甘蓝主要含葡萄糖。

（二）有机酸

果蔬中有多种有机酸，主要有柠檬酸、苹果酸、酒石酸和草酸。不同类型的果蔬及在不同的发育时期，它们所含酸的种类和浓度是不同的。果蔬中酸含量的多少，并不能完全表示酸味的强弱，其酸味强弱取决于果蔬的 pH 值。

（三）单宁物质

单宁物质也称鞣质，属于多酚类化合物，有收敛性涩味。一般蔬菜中含量较少，果实中较多。柿子的涩味，就是因为含单宁的缘故。成熟的涩柿，含有 1‰～2‰ 的可溶性单宁，呈强烈的涩味。经脱涩使可溶性单宁变成不溶性单宁，涩味减轻。在果实成熟或后熟过程中，单宁的聚合作用增加，不溶于水，涩味减轻或无涩味。青绿未熟的香蕉果肉也有涩味，但果实成熟后，单宁仅占青绿果肉含量的 1/5，单宁含量以皮部为最多，约比果肉多 3～5 倍。

单宁物质氧化时生成暗红色根皮鞣红，马铃薯或藕在去皮或切碎后，在空气中变黑就是这种现象。这是由于酶在氧气参与下使单宁物质生成根皮鞣红的结果，称之为酶促褐变。要防止这种变化，应从控制单宁含量、酶（氧化酶、过氧化酶）的活性及氧的供给三个方面考虑。

（四）糖苷类

糖苷是糖基与非糖基（苷配基）相结合的化合物。在酶或酸作用下水解生成糖和苷配基。其糖基主要有葡萄糖、果糖、半乳糖、鼠李糖等，苷配基主要有醇类、酚类、醌类、酮类、鞣酸、含氮物、含硫物等。

果蔬中主要有苦杏仁苷、黑芥子苷、茄碱苷、柠檬苷、薯芋皂苷、药西瓜苷和其他苷类，大多数都具有苦味或特殊的香味。其中，有些苷类不只是果蔬独特风味的来源，也是食品工业中重要的香料和调味品。但是，有些苷类有毒，在应用时应多加注意。

三、香味物质

果蔬的香味是其本身含有的各种芳香物质的气味和其他特性结合的结果，也是决定品质的重要因素。由于果蔬种类不同，芳香物质的成分也各异。芳香物质也是判断果蔬成熟度的一种标志。果蔬的芳香物质在食品中含量通常在 100mg/kg 以下，其稳定性较差，容易变化和消失。

果蔬所含的芳香物质是由多种组分构成。挥发油的主要成分为醇类、酯类、醛类、酮类、烃类（萜烯）等，另外还有醚、酚类和含硫及氮化合物。果蔬中还含有不挥发的油分和蜡质，统称为油脂类。油脂富含于果蔬种子中，如南瓜籽、坚果的果仁、棕榈、油橄榄和鳄梨果实等。

四、质地物质

（一）纤维素和半纤维素

纤维素和半纤维素是植物细胞壁的主要构成成分，对组织起着支持作用。细胞壁使每一个细胞具有一定的形状和硬度，保护水果免受微生物伤害。

纤维素在果蔬皮层中含量较多，能与木素、栓质、角质、果胶等结合成复合纤维素，这对果蔬的品质与贮运有重要意义。果蔬成熟衰老时产生木素和角质使组织坚硬粗糙，影响品质。如芹菜、菜豆老化时纤维素增加，品质变劣。纤维素不溶于水，只有在特定的酶的作用下才被分解。许多霉菌含有分解纤维素的酶，故受霉菌感染腐烂的果实和蔬菜，往往变得软烂。

半纤维素在植物体中有着双重作用，既有类似纤维素的支持功能，又有类似淀粉的贮存功能。果蔬中分布最广的半纤维素为多缩戊糖，其水解产物为己糖和戊糖。

人体胃肠中没有分解纤维素的酶，因此纤维素不能被消化，但能刺激肠的蠕动和消化腺分泌，有助消化。

（二）果胶物质

果胶物质是构成细胞壁的成分，主要存在于果实块茎、块根等植物器官中。山楂、苹果、柑橘等果实中含量丰富。通常以原果胶、果胶和果胶酸3种不同的形态存在于果品组织中。未成熟的果实中含有不溶于水的原果胶，它与纤维等将细胞与细胞紧紧结合在一起，果实坚实。随着果实成熟，原果胶在原果胶酶作用下分解为溶于水的果胶，它与纤维素分离，引起细胞结合松弛，使果实变软，果肉硬度下降，耐贮性也随之下降，果肉发绵，果实品质低劣。

果胶为白色无定型物质，无味，能溶于水形成胶体溶液，而在酒精和盐类的溶液中会凝结沉淀，通常利用这种性质来提取果胶。果胶加适量的糖和酸，可形成凝胶，如果冻、果酱的加工。

果实硬度的变化，与果胶物质的变化密切相关。用果实硬度计来测定苹果、梨等的果肉硬度，借以判断成熟度，也可作为果实贮藏效果的指标。

五、营养物质

（一）维生素

1. 水溶性维生素

（1）维生素 B_1（硫胺素）。豆类中维生素 B_1 含量最多，在酸性环境中较稳定，在中性或碱性环境中遇热易被氧化或还原。维生素 B_1 是维持人体神经系统正常活动的重要成分，也是糖代谢的辅酶之一。当人体中缺乏维生素 B_1，常引起脚气病、消化不良和心血管失调等。

（2）维生素 B_2（核黄素）。甘蓝、番茄中维生素 B_2 含量较多。维生素 B_2 耐热，在果蔬加工中不易被破坏；但在碱性溶液中遇热不稳定。它是一种感光物质，存在于视网膜中，是维持眼睛健康的必要成分，在氧化作用中起辅酶作用。

（3）维生素 C（抗坏血酸）。维生素 C 参与人体代谢活动，在毛细血管中帮助铁的吸收和保护结缔组织，从而加速伤口的愈合，同时也是生成骨蛋白的重要成分。维生素 C 易与致癌物质亚硝胺结合，有防癌效应。但是，维生素 C 易溶于水，易被氧化失去作用。酸性条件下，维生素 C 比较稳定，在中性或碱性介质中不稳定。由于果蔬本身含有促使抗坏血酸氧化的酶，因而在贮藏过程中会逐渐被氧化减少。减少得快慢与贮藏条件有很大关系，一般在低温、低氧中贮藏果蔬，可以降低或延缓维生素 C 的损失。

果蔬种类不同，维生素 C 含量有很大差异，如枣、猕猴桃、山楂、花椰菜、苦瓜中维生素 C 含量比较高。果蔬的不同组织部位其含量也有所不同，一般果皮中维生素 C 高于果肉中的含量。

2. 脂溶性维生素

（1）维生素 A 原（胡萝卜素）。植物体中不含维生素 A，但有维生素 A 原即胡萝卜素。果蔬中的胡萝卜素被人体吸收后，在体内可以转化为维生素 A。它在人体内能维持黏膜的正常生理功能，保护眼睛和皮肤等，能提高对疾病的抵抗性。它在贮藏中损失不显著。含胡萝卜素较多的果蔬有：胡萝卜、菠菜、空心菜、杏、柑橘、杧果等。

（2）维生素 E 和维生素 K。这两种维生素存在于植物的绿色部分，性质稳定。莴苣富含维生素 E；菠菜、甘蓝、花椰菜、青番茄中富含维生素 K。维生素 K 是形成凝血酶原和维持正常肝功能所必需的物质，缺乏时会造成流血不止的危险病症。

（二）矿物质

果蔬中矿物质的 80% 是钾、钠、钙等金属成分，其中钾约占成分的一半以上，磷和硫等非金属成分只不过占 20%。此外，果蔬中还含多种微量矿质元素，如锰、锌、钼、硼等。其中与人体关系最密切的是钙、磷、铁，蔬菜中含量也较多。为了保持人体血液和体液的酸碱平衡，在食用肉类、谷类等酸性食品的同时，还需要食用水果和蔬菜等碱性食品，这在维持人体健康上是十分重要的。

（三）含氮化合物

果蔬中的含氮物质主要是蛋白质，其次是氨基酸、酰胺及某些铵盐和硝酸盐。果蔬中游离氨基酸为水溶性，存在于果蔬汁中。一般果实含氨基酸不多，但对人体的综合营养来说，却具有重要价值。

蔬菜的 20 多种游离氨基酸中，含量较多的有 14～15 种，有些氨基酸是具有鲜味的物质。谷氨酸钠是味精的主要成分，竹笋中含有天冬氨酸，香菇中有 5-鸟嘌呤核苷酸，豆芽菜中有谷酰胺、天冬酰胺，绿色蔬菜里的 9 种氨基酸中以谷氨酰胺最多。辣椒中的含氮物质有氨态氮和酰胺态氮。叶菜类中有较多的含氮物质，如莴苣的含氮物质占干重的 20%～30%，其中主要是蛋白质。蔬菜中的辛辣成分如辣椒中的辣椒素，花椒中的山椒素，均为具有酰胺基的化合物。生物碱类的茄碱、糖苷类的黑芥子苷、色素物质中的叶绿素和甜菜色素等也都是含氮素的化合物。

（四）水分

水分是果蔬的主要成分，其含量依果蔬种类和品种而异，大多数的果蔬组成中水

— 13 —

分占 80%～90%。水分的存在是植物完成生命活动过程的必要条件。水分是影响果蔬嫩度、鲜度和味道的重要成分，与果蔬的风味品质有密切关系。但是果蔬含水量高，因而贮存性能差、容易变质和腐烂。果蔬采收后，水分得不到补充，在贮运过程中容易蒸发失水而引起萎蔫、失重和失鲜。其失水程度与果蔬种类、品种及运贮条件有密切关系。

（五）淀粉

淀粉为多糖类，未熟果实中含有大量的淀粉。例如绿香蕉淀粉含量占 20%～25%，而成熟后下降到 1% 以下。块根、块茎类蔬菜中含淀粉最多，如藕、菱、芋头、山药、马铃薯，其淀粉含量与老熟程度成正比增加。凡是以淀粉形态作为贮藏物质的蔬菜种类大多能保持休眠状态，有利于贮藏。对于青豌豆、甜玉米等以幼嫩籽粒供食用的蔬菜，其淀粉含量的多少，会影响食用及加工产品的品质。贮藏温度对淀粉的转化影响很大。如青豌豆采后存放在高温下，经 2 天后糖分能合成淀粉，淀粉含量可由 5%～6% 增到 10%～11%，使糖量下降，甜味减少，品质变劣；马铃薯在 0℃ 下贮藏，块茎还原糖含量可达 6% 以上，而贮于 5℃ 以上，往往不足 2.5%。

六、酶

（一）氧化还原酶

1. 抗坏血酸氧化酶

抗坏血酸氧化酶在 pH 值为 5～7 时表现较高活性，在 pH 值为 5 时活性最强。此酶存在时，可使 L-抗坏血酸氧化为 D-抗坏血酸。该酶制品大约有 0.25% 的铜，而铜量的多少和作用活性度几乎是平行的。在香蕉、胡萝卜和莴苣中广泛分布着这种酶，它对于维生素 C 的消长有很大关系。

2. 过氧化氢酶和过氧化物酶

这两种酶广泛地存在于果蔬组织中。过氧化氢酶可催化如下反应：

$$2H_2O_2 \longrightarrow 2H_2O + O_2$$

过氧化氢酶的存在可防止组织中的过氧化氢积累到有毒的程度。

在成熟时期随着果蔬氧化活性的增强，这两种酶的活性都有显著地增高。过氧化氢酶和相应的氧化酶可能与乙烯生成有关，过氧化物酶也可能与乙烯的自身催化合成有关，与衰老的细胞活性有关。

3. 多酚氧化酶

植物一旦受到伤害即发生褐变，这种现象多是由于多酚氧化酶催化的结果。该酶需有氧存在才能进行氧化生成醌，再氧化聚合，形成有色物质。

（二）果胶酶类

果实在成熟、贮藏过程中，质地变化最为明显，其中果胶酶类起着重要作用。果实成熟时硬度降低，与半乳糖醛酸酶和果胶酯酶的活性增加成正相关。梨在成熟过程中，果胶酯酶活性开始增加时，即已达到初熟阶段。苹果中果胶酯酶活性因品种不同而有很大差异，也可能与耐贮性相关。香蕉在催熟过程中，果胶酯酶活性显著增加，特别是果皮由绿转黄时更为明显。番茄果肉成熟时变软，是受果胶酶类作用的结果。

（三）淀粉酶和磷酸化酶

许多果实在成熟时淀粉逐渐减少或消失。未催熟的绿熟期香蕉淀粉含量可达 20%，成熟后下降到 1% 以下。苹果和梨在采收前，淀粉含量达到高峰，开始成熟时，大部分品种下降到 1% 左右。这些变化都由淀粉酶和磷酸化酶所引起的。

第三节　采后生理对果蔬贮运的影响

果蔬产品采收后脱离了母体，成为独立的生命个体，仍然进行着一系列的生理生化变化，如呼吸、蒸腾、衰老、休眠，这些变化大多对产品的品质产生不利影响，引起体内化学物质变化，最终导致产品品质败坏，降低或丧失商品性。因此，要保持产品品质，提高贮藏特性，必须先了解产品采后的生理变化，才能采取有效措施控制或减弱不利的生理过程。

一、呼吸生理

（一）呼吸作用的概念

呼吸作用是在一系列酶的参与下，经由许多中间反应环节进行的生物氧化还原过程，把复杂的有机物分解成较为简单的物质，同时释放能量的过程。依据呼吸过程中是否有氧的参与，可将呼吸作用分为有氧呼吸和无氧呼吸。

1. 有氧呼吸

有氧呼吸是指在氧气的参与下，果蔬中的有机物质彻底氧化分解为 CO_2 和 H_2O，同时释放出大量能量的过程。有氧呼吸是高等植物呼吸的主要形式，通常所说的呼吸作用，主要是指有氧呼吸。如以葡萄糖作为呼吸底物，反应式如下：

$$C_6H_{12}O_6 + 6O_2 \longrightarrow 6CO_2 + 6H_2O + 2817.7kJ$$

有氧呼吸是呼吸底物经糖酵解和三羧酸循环形成丙酮酸，最终被彻底氧化为 CO_2 和 H_2O，O_2 被还原为 H_2O。呼吸作用中氧化作用分许多步骤进行，能量是逐步释放的，一部分转移到 ATP 和 NADH 分子中，成为随时可利用的贮备能，另一部分则以热的形式放出。

2. 无氧呼吸

无氧呼吸是指在缺氧的条件下，果蔬中的有机物分解成为不彻底的氧化物，同时释放能量的过程。果蔬无氧呼吸可产生酒精，其过程与酒精发酵是相同的，以葡萄糖作为呼吸底物，反应式如下：

量只有降至 5%～7% 时，才会对呼吸作用产生比较明显的抑制作用。大多数果蔬贮藏时，适宜的 O_2 含量为 2%～5%，CO_2 含量为 1%～5%，CO_2 浓度过高时会引起生理伤害。

乙烯是催熟激素，能明显地刺激果蔬的呼吸，加速衰老过程。抑制乙烯的生物合成，脱除贮藏环境中的乙烯，能有效地抑制呼吸上升、延缓果蔬的衰老。

（3）相对湿度。对大多数果蔬贮藏而言，要求有较高的相对湿度，过低的湿度刺激呼吸或导致呼吸异常。香蕉在相对湿度低于 80% 时，既不产生呼吸跃变也不能正常后熟。大白菜、菠菜、温州蜜柑等需要在低湿条件下晾晒、轻微失水后，呼吸作用才会下降。洋葱、大蒜、马铃薯采后经过低湿晾晒后，呼吸作用逐渐减弱，并进入休眠状态。

（4）机械伤和微生物侵害。果蔬受到任何机械伤，即使是轻微的挤压、震动、碰撞、摩擦等，都会引起呼吸强度升高。损伤程度越高，距离伤口越近，呼吸越强。在果蔬贮运过程中应尽可能减少机械伤和微生物感染。

二、蒸腾生理

（一）蒸腾作用对果蔬贮运的影响

1. 造成失重和失鲜

蒸腾作用是水分从活的植物体表面以水蒸气状态散失到大气中的过程。采后果蔬由于蒸腾作用引起的最主要表现是失重和失鲜。失重即所谓的"自然损耗"，包括水分和干物质两方面的损失。通常在温暖、干燥的环境中几个小时，大部分果蔬都会出现萎蔫。据试验，苹果普通贮藏的自然损耗在 5%～8%，冷藏时每周失水达果重的 0.5% 左右。水分蒸腾在引起失重的同时，还会使果蔬的新鲜度下降。当失水大于 5% 时，就会造成萎蔫、疲软，商品价值明显下降。

2. 破坏正常的生理过程

果蔬失水严重时会促使原生质脱水，细胞膜的透性加大，酶的功能发生异常，细胞内 NH_4^+ 和 H^+ 等离子的浓度增高，累积到一定浓度后就会引起细胞中毒，代谢失调。

3. 降低耐贮性和抗病性

当失水达到一定程度后，果蔬的组织结构和生理代谢会发生异常，体内有害物质的累积增多，耐贮性、抗病性下降。

（二）影响蒸腾作用的因素

1. 内部因素

组织结构是影响果蔬水分蒸腾的重要内部因素，包括几个方面。

（1）比表面积。比表面积即单位重量或单位体积果蔬所具有的表面积（cm^2/g）。水分是经由果蔬表面蒸发到环境中去的，故比表面积越大，蒸腾就越强。

（2）表面保护结构。水分蒸发有两个途径，一是经由自然孔道如气孔、皮孔；二是表皮层。其中，经气孔的蒸腾远远大于表皮层，表皮层的蒸腾又因表面保护层结构和成分的不同差别很大。幼嫩的果蔬角质层不发达，保护组织发育不完善，极易失水；老熟的果蔬角质层加厚，并有蜡质、果粉，保持水分性能增加。

（3）机械伤。机械伤会加速果蔬失水。当果蔬的表面受机械损伤后，伤口破坏了表面的保护层，使皮下组织暴露在空气中，因而容易失水。

除了组织结构外，新陈代谢也影响果蔬水分的蒸腾。呼吸强度高、代谢旺盛的组织失水也较快。不同种类、品种的果蔬其蒸腾特性和速度差别很大。

2. 贮藏环境因素

（1）温度。温度对蒸腾速率的影响很大。理论上来讲，环境温度从两个方面影响果蔬的蒸发。一是温度升高，水分子运动加快，果蔬失水速度增加。二是在绝对湿度不变的条件下，随着温度的升高，相对湿度减小，湿度饱和差增大，果蔬失水会增加。因此，在贮藏温度升高时，应采取措施，适当增加相对湿度。

事实上，温度对水分蒸腾的影响，在很大程度上还取决于果蔬的特性（表1-3）。有些产品受温度影响很大，另外一些则所受影响较小，甚至不受影响。

表 1-3　不同种类果蔬随温度变化的蒸腾特性

类　型	蒸发特性	水　果	蔬　菜
A 型	随温度的降低蒸散量急剧降低	柿子、橘子、西瓜、苹果、梨	马铃薯、甘薯、洋葱、南瓜、胡萝卜、甘蓝
B 型	随温度的降低蒸散量也降低	无花果、葡萄、甜瓜、板栗、桃、枇杷	萝卜、花椰菜、番茄、豌豆
C 型	与温度关系不大，蒸腾强烈	草莓、樱桃	芹菜、石刁柏、茄子、黄瓜、菠菜、蘑菇

（2）相对湿度。温度相同时，空气湿度直接影响到果蔬的蒸腾强度，饱和差越大，空气吸水力越强，蒸腾就越大。相对湿度是用空气中绝对湿度与饱和湿度之比的百分率来表示。一般来讲，果蔬贮藏需要较高的相对湿度环境，相对湿度低会加速果蔬的水分蒸发。

（3）空气状态。果蔬贮藏库内的相对湿度通常为 $85\%\sim95\%$，低于果蔬组织内部的水蒸气压，这样果蔬会向周围蒸腾水分。在库内气体处于静止状态时，果蔬蒸腾出的水汽主要集中在自身周围，逐渐形成一个近于饱和的水汽层，蒸腾速度减慢。当库内气体处于流动状态时，果蔬周围的水汽层将不断地被吹散带走，蒸腾失水增加。

（4）光照。光照对蒸腾作用的影响首先是引起气孔的开放，减少气孔阻力，从而增强蒸腾作用。

三、成熟衰老生理

（一）成熟与衰老的概念

当果实经过一系列的发育过程并已经完成成长历程，达到最适合的食用阶段，即从果实发育定型到生理完全成熟的阶段称为成熟。果实达到成熟阶段时已充分长成，其特征主要表现为：绿色消失，显现出其特有的色香味，淀粉含量减少，可溶性糖含量迅速增加，果实变甜；有机酸含量下降，酸味减少；涩味消失，果实组织由硬变软。

成熟变化并非同步进行，可分为初熟、完熟和老熟。例如，洋梨、猕猴桃的果实虽然已达到生理成熟阶段，但是果实很硬还不能食用，待放置一段时间后才宜食用。因此，把这种经过软化使果实的质地、风味、香气、色泽才达到最佳食用阶段的现象称为完熟。达到食用标准的完熟可以发生在植株上，也可以在采后。把果实采后呈现特有的色香味的过程称为后熟。在后熟的过程中，果实在乙烯产生、呼吸作用、物质消长等生理上也发生着一系列的变化。因此，要适当控制温度、湿度和空气成分，可延缓后熟过程的进行条件。

果蔬的衰老是指一个果实已走到个体发育的最后阶段，果肉组织开始分解，其生理上开始一系列不可逆的变化，最终导致细胞崩溃及整个器官死亡的过程。

（二）乙烯对果蔬成熟衰老的影响

1. 乙烯与成熟

许多果品蔬菜采后都能产生乙烯（表 1-4）。

表 1-4　某些果品蔬菜的乙烯产生量（20℃）$\mu LC_2H_2/(kg \cdot h)$

类　型	乙烯生成量	果品蔬菜名称
非常低	<0.1	朝鲜蓟，芦笋，菜花，樱桃，柑橘类，枣，葡萄，草莓，石榴，甘蓝，结球甘蓝，菠菜，芹菜，葱，洋葱，大蒜，胡萝卜，萝卜，甘薯，多数切花，石刁柏，豌豆，菜豆，甜玉米
低	0.1～1.0	黑莓，蓝莓，红莓，酸果蔓，橄榄，柿子，菠萝，黄瓜，绿菜花，茄子，秋葵，柿子椒，南瓜，西瓜，马铃薯，加沙巴甜瓜
中　等	1.0～10.0	香蕉，无花果，番石榴，白兰瓜，荔枝，番茄，甜瓜（蜜王、蜜露等品种）
高	10.0～100.0	苹果，杏，鳄梨，公爵甜瓜，罗马甜瓜，猕猴桃，榴梿，油桃，桃，番木瓜，梨
非常高	>100.0	南美番荔枝，曼密苹果，西番莲，番荔枝

跃变型果实成熟期间自身能产生乙烯，只要有微量的乙烯，就足以启动果实成熟，随后内源乙烯迅速增加，达释放高峰。此期间乙烯累积在组织中的浓度可高达10～

100mg/kg。虽然乙烯高峰和呼吸高峰出现的时间有所不同，但就多数跃变型果实来说，乙烯高峰常出现在呼吸高峰之前，只有在内源乙烯达到启动成熟的浓度之前采用相应的措施，抑制内源乙烯的大量产生和呼吸跃变，才能延缓果实的后熟，延长产品贮藏期。非跃变型果实成熟期间自身不产生乙烯，因此后熟过程不明显。几种果实成熟的乙烯阈值非常低（表1-5）。

表1-5　几种果实成熟的乙烯阈值非常低

果　实	乙烯阈值（μg/g）	果　实	乙烯阈值（μg/g）
香　蕉	0.1～0.2	梨	0.46
油　梨	0.1	甜　瓜	0.1～1.0
柠　檬	0.1	甜　橙	0.1
杧　果	0.04～0.4	番　茄	0.5

外源乙烯处理能诱导和加速果实成熟，使跃变型果实呼吸上升和内源乙烯大量生成。乙烯浓度的大小对呼吸高峰的峰值无影响，浓度大时，呼吸高峰出现得更早。乙烯对跃变型果实呼吸的影响只有一次，且只有跃变前处理起作用。对非跃变型果实，外源乙烯在整个成熟期间都能促进呼吸强度上升，在很大的浓度范围内，乙烯浓度与呼吸强度成正比；外源乙烯除去后，呼吸强度下降恢复原有水平，不会促进乙烯增加。

2. 其他生理作用

伴随对果蔬产品呼吸强度的影响，乙烯促进了成熟过程的一系列变化。其中最为明显的包括使果肉很快变软，产品失绿黄化和器官脱落。如仅0.02 mg/kg乙烯就能使猕猴桃冷藏期间的硬度大幅度降低，0.2mg/kg乙烯使黄瓜变黄，1mg/kg乙烯使白菜和甘蓝脱帮，加速腐烂。此外，乙烯还加速马铃薯发芽、使萝卜积累异香豆素，造成苦味。

（三）贮运过程中对乙烯及果蔬成熟的控制

1. 控制采收成熟度

一般，果实乙烯生成量在生长前期很少，在接近完熟期时剧增。对于跃变型果蔬，内源乙烯的生成量在呼吸高峰时是跃变前的几十倍甚至几百倍。随着果实采摘时间的延迟和采收成熟度的提高，果实对乙烯变得越来越敏感。因此，要根据贮藏运输期的长短来决定适当的采收期。如果要求果实贮藏运输的时间短，一般应在成熟度较高时采收；如果要求的时间长，应在生理上接近跃变期但未达到完熟阶段时采收。

2. 防止机械损伤

乙烯生物合成过程中，机械损伤可刺激乙烯的大量增加。当组织受到机械损伤、冻害、紫外线辐射或病菌感染时，内源乙烯含量可提高3～10倍，而且病菌本身可以产生大量的乙烯，从而导致品质下降，促进果实的成熟和衰老。因此，在采收、分级、包装、装卸、运输和销售等环节中，必须做到轻拿轻放和进行良好包装，以避免机械损伤。

3. 避免果蔬的混放

不同种类或同一种类但成熟度不同的果蔬乙烯生成量有很大的差别。因此，在果蔬贮藏运输中，尽可能不要把不同种类或虽同一种类但成熟度不一致的果蔬混放在一起。否则，乙烯释出量较多果蔬所释出的乙烯可促进乙烯释出量较少的果实成熟，缩短贮藏保鲜时间。一般情况下，也不主张将同一种类不同品种的果蔬在一起混贮、混运。

4. 应用乙烯吸收剂

乙烯吸收剂可有效地吸收包装内或贮藏库内果蔬释放出来的乙烯，显著地延长果蔬的贮藏时间。目前，在生产上通常用吸收了饱和高锰酸钾溶液的载体来脱除乙烯。作为高锰酸钾载体有蛭石、氧化铝、珍珠岩等具有表面积较大的多孔物质。高锰酸钾乙烯吸收剂可将香蕉、杧果、番木瓜和番茄等果蔬的贮藏保鲜时间延长 1～3 倍。在使用中要求贮藏环境密闭，果蔬采收成熟度宜掌握在生理上接近跃变期的青熟阶段。若果实的成熟度过高，成熟已经启动，乙烯吸收剂的效果就不明显。

5. 控制贮藏环境条件

（1）适当的低温。对大部分果蔬来说，当温度在 16～21℃ 时乙烯的作用效应最大。因此，果蔬采收后应尽快预冷，在不出现冷害的前提下，尽可能降低贮藏运输的温度，以抑制乙烯的产生和作用，延缓果蔬的成熟衰老。控制适当的低温是果蔬贮运保鲜的基本条件。

（2）降低 O_2 浓度和提高 CO_2 浓度。降低贮藏环境的 O_2 浓度和提高 CO_2 浓度，可显著抑制乙烯的产生及其作用，降低呼吸强度，从而延缓果蔬的成熟和衰老。

6. 利用乙烯催熟剂促进果蔬成熟

用乙烯进行催熟，对调节果蔬的成熟期具有重要的作用。在商业上，用乙烯催熟果蔬的方式有乙烯气体和乙烯利（液体）。将一定浓度的乙烯（100～500mL/L）用管道通入催熟库。或将乙烯利配成一定浓度的溶液，浸泡或喷洒果实，乙烯利的水溶液进入组织后即被分解，释放出乙烯。

四、休眠生理

（一）休眠现象

1. 休眠的概念

植物及其器官在生长发育或世代交替过程中，暂时停止生长进入相对静止状态的现象称为休眠。它是植物在长期进化过程中形成的借以度过外界高温、严寒、干燥等恶劣环境条件的一种适应性反应。如洋葱、马铃薯、大蒜、板栗、核桃，都要经历一定时期的休眠。

果蔬休眠期的特点是新陈代谢、物质消耗、水分蒸发都降到最低程度。这一特性有利于贮藏保鲜，有利于品质的保存和延长贮藏寿命。

休眠期的长短与种类、品种有关。如：马铃薯 2~4 个月，洋葱 1.5~2 个月，大蒜 60~80 天，姜、板栗约 1 个月。蔬菜的根茎、块茎借助休眠度过高温、干旱环境，而板栗是借助休眠度过低温条件的。

2. 休眠的类型

果蔬的休眠分为两种类型：生理休眠和被迫休眠。生理休眠是由内在因素引起的，即使给予适宜条件也不能发芽。生理休眠又称之为自发性休眠、真休眠。洋葱、马铃薯、大蒜、姜、板栗等具有真正生理休眠期。而萝卜、胡萝卜、大白菜、甘蓝、莴苣、花椰菜、嫩茎花椰菜在晚秋季节采收后，外界气温开始下降，进入低温干旱冬季，被迫进入休眠状态。这种单纯由于采后环境条件不适而造成的停止生长、不能发芽生长的现象，称为被迫休眠，也称为强制休眠。

（二）休眠的阶段

1. 休眠前期

果蔬采收后，为了适应新的环境，往往通过加厚自身的表皮和角质层，或形成膜质鳞片等方式，来减少水分蒸发和病菌侵入，并使伤口部位加速愈伤，形成木栓组织和周皮层，以加强对自身的保护。这段时期，称为休眠前期。

休眠前期的长短与外界环境有关。通常，高温、高湿有利于果蔬愈伤组织的形成，而洋葱则需要在干燥条件下，经过晾晒形成膜质鳞片后，才能进入休眠状态。

如果在休眠前期给予适当处理，可阻止进入生理休眠。如马铃薯休眠前期 2~5 周，收获后在表皮干燥前，切块—湿沙层积—块茎吸水后，在短期内即可发芽。

2. 生理休眠

在生理休眠期内果蔬的生理活性降到最低程度，细胞结构也发生了深刻的变化，即使给予适宜的条件仍不能发芽生长。

生理休眠期的长短，同样受外界环境条件的影响。如洋葱在管叶倒伏后，留在田间不收，鳞茎吸水活化，会缩短休眠。此外，贮藏条件也会影响生理休眠期的长短。低温（0~5℃）处理可解除洋葱休眠；与 10℃ 相比，马铃薯在 20℃、相对湿度 90% 的条件下，休眠解除得快；而板栗在 20℃，相对湿度 90%，1 个月就会发芽。因此，在生理休眠期内给予适宜的贮藏条件，会延长生理休眠期。

3. 强迫休眠

单纯由于环境因素不适，而迫使果蔬处于强迫休眠。如大蒜在条件适合时，20 天就会发芽，大白菜、甘蓝等蔬菜没有生理休眠，但通过低温、气调可使之长期处于被迫休眠状态。

种子萌芽需要有适宜的温度、充足的水分和氧。果实内种子往往由于缺氧、高渗透压和生长抑制物质的存在而处于被迫休眠状态。

（三）休眠的调控

1. 温度、湿度、气体的控制

在采后，首先应创造适宜的温湿度条件，使果蔬尽快进入生理休眠或被迫休眠阶段。进入休眠期后要根据果蔬的特性，给予适当的温湿度管理。对大多数产品来讲低温冷藏是最有效、最方便、最安全的抑芽措施。但是，低温会缩短某些产品的生理休眠期，如 $0 \sim 5℃$ 使洋葱解除休眠，马铃薯采后 $2 \sim 4℃$ 能使休眠期缩短，$5℃$ 打破大蒜的休眠期。对这些产品来讲，在贮藏的早期应给予较高一些的温度，度过生理休眠期后，再通过低温使之较长期处于被迫休眠状态延长休眠期。

低氧和适宜的 CO_2 也有一定的抑芽效果，它可以延缓洋葱等的发芽，但对马铃薯等的抑芽效果却不明显。

2. 药物处理

青鲜素（MH）、萘乙酸是生产上常用的两种抑芽剂。采前 2 周用 0.25% MH 喷洒洋葱和大蒜，0.1% MH 喷洒板栗，可以有效抑制发芽。萘乙酸甲酯和萘乙酸乙酯能有效防止马铃薯的发芽，但该产品具有挥发性，使用时可将其与细土掺和后，均匀地撒到薯块上；或将药品喷到碎纸上，填充在马铃薯堆中；也可以将药液直接喷到马铃薯上使用。

3. 射线处理

用 $(8 \sim 15) \times 10^{-2}$ Gy 的 γ 射线照射，可以有效抑制马铃薯、洋葱、大蒜和姜发芽，许多国家已经在生产上大量使用，其中应用最多的是马铃薯。

本 章 小 结

果蔬的品质及耐贮性受其产品自身、自然环境和农业技术等采前因素影响，果蔬的化学组成主要由色素物质、风味物质、香味物质、质地物质、营养物质和酶等构成，果蔬采后生理主要表现为呼吸作用、蒸腾作用、成熟衰老、休眠等现象。因此，要保持果蔬的品质、延长货架期，就要选择适宜的贮藏品种、控制适宜的环境条件、降低果蔬的呼吸强度、抑制各种营养损失和水分蒸发、控制成熟衰老过程。

思 考 题

1. 试述采前因素对果蔬品质及耐贮性的影响。
2. 试述果蔬的主要化学成分在成熟衰老期间的变化及其与耐贮性的关系。
3. 试述果蔬采后的呼吸作用与贮藏的关系。
4. 影响果蔬呼吸强度的因素有哪些？
5. 如何判断呼吸跃变型果实与非呼吸跃变型果实？对指导生产有何意义？

6. 试述果实乙烯的生物合成途径及其调控因素。在生产上采取哪些措施抑制乙烯的生理作用？

7. 论述乙烯对果蔬成熟衰老的影响。

8. 简要说明植物内源激素的平衡在果蔬采后成熟衰老过程中的作用。

9. 论述果蔬采后失水的主要途径及其影响因子。

10. 试述果蔬采后休眠期间的生理生化变化及休眠的调控措施。

11. 论述影响果蔬采后成熟衰老的因素。

第二章 果蔬采收及采后商品化处理和运输

学习要求

    (1) 了解果蔬采收和采后进行分级、清洗、涂膜、包装、预冷、晾晒等处理的作用及一般技术要求;

    (2) 认识到采收及采后处理与果蔬的耐贮性、商品质量关系密切;

    (3) 掌握运输的基本要求和技术要点;

    (4) 了解运输方式和常用的运输工具。

第一节　果蔬采收

采收是果品和蔬菜生产的最后一个环节,也是贮运开始的第一个环节。果蔬产品采收的基本原则是适时、无损、保质、保量。适时就是在符合鲜食、贮藏、加工的要求时采收。无损就是要避免机械损伤,保持果蔬表面结构的完整性,以便充分发挥其特有的耐贮性和抗病性。

一、果蔬采收期的确定

果蔬采收期取决于它们的成熟度。目前,判断成熟度主要有下列几种方法。

(一) 表面色泽的变化

许多果实在成熟时都显示出它们特有的颜色,在生产实践中果实的颜色成了判断果实成熟度的重要标志之一。未成熟的果实的果皮中有大量的叶绿素,随着果实成熟度的增高,叶绿素逐渐分解,底色便呈现出来(如类胡萝卜素、花青素)。例如,苹果、葡萄、桃等红色品种,成熟时果面呈现出红色;柑橘类果实在成熟时,果皮呈现出橙黄色或橙红色。

一些果菜类的蔬菜也常用色泽变化来判断成熟度。如做长距离运输的番茄,应该在绿熟阶段采收，即果顶显现奶油色时采收；而就地销售的番茄可在着色期采收，即果顶为粉红或红色时采收；红色的番茄可做加工原料，或就地销售。甜椒一般在绿熟时采收，茄子在表皮明亮而有光泽时采收，黄瓜应在瓜皮深绿色时采收，豌豆亮绿色、菜豆表皮发白时表示成熟，当西瓜接近地面的部分由绿色变为略黄，甜瓜的色泽从深绿色变为斑绿和稍黄时表示瓜已成熟。

果蔬色泽的变化一般由采收者目测判断。现在，也有一些地方用预先编的一套从绿色到黄色、红色等变化的系列色卡，用感官比色法来确定其成熟度。

（二）硬度

果实的硬度是指果肉抗压力的强弱，抗压力越强，硬度就越大，反之果实的硬度就越小。一般未成熟的果实硬度较大，达到一定成熟度时变得柔软多汁。只有掌握适当的硬度，在最佳质地时采收，产品才能耐贮藏和运销，如苹果、梨等都要求在果实有一定硬度时采收。如辽宁的国光苹果采收时，硬度一般为 $8.63kg/cm^2$，烟台的青香蕉苹果采收时，硬度一般为 $12.71kg/cm^2$，四川的金冠苹果采收时一般为 $6.8kg/cm^2$。此外，桃、梨、杏的成熟度与硬度关系也十分密切。

蔬菜一般不测其硬度，而用坚实度来表示其发育状态。有一些蔬菜坚实度大表明发育良好、充分成熟，达到采收的质量标准。如甘蓝的叶球和花椰菜的花球都应该在致密紧实时采收，这时的品质好，耐贮运；番茄、辣椒较硬实也有利于贮运。但有一些蔬菜坚实度高说明品质下降，如芹菜、莴苣、芥菜应该在叶变得坚硬前采收。黄瓜、茄子、菜豆、豌豆、甜玉米等都应该在幼嫩时采收。

（三）主要化学物质含量的变化

果蔬中的主要化学物质有淀粉、糖、酸和维生素类等，它们含量的变化可以作为衡量品质和成熟度的指标。实践中，常以可溶性固形物含量的高低来判断成熟度，或以可溶性固形物含量与含酸量（固酸比）、总糖含量与总数含量的比值（糖酸比）来衡量品种的质量，要求糖酸比或固酸比达到一定比值才能采收。例如，美国甜橙在采收时糖酸比为 8∶1 左右，四川甜橙的固酸比为 10∶1 作为采收成熟的最低标准。苹果和梨糖酸比为 30∶1 时采收，风味浓郁。一般来说，甜玉米、豌豆、菜豆等食用幼嫩组织，则应在含糖量最高，含淀粉少时采收，品质最好。

苹果等也可以利用淀粉含量的变化来判断成熟度。果实成熟前，淀粉含量随果实的增大逐渐增加，到果实开始成熟时，淀粉逐渐转化为糖，含量降低。测定淀粉含量的方法是用碘—碘化钾水溶液涂在果实的横切面上，使淀粉成蓝色，根据颜色的深浅判断果实成熟度，颜色深说明产品含淀粉多，成熟度低。不同品种苹果成熟过程中淀粉含量变化不同，可以制作不同品种苹果成熟过程中淀粉变蓝的图谱，作为判断成熟度的参考。糖和淀粉含量也常常作为判断蔬菜成熟度的指标，如菜豆、青豌豆、甜玉米等食用的是幼嫩组织，则应在糖含量高、淀粉含量低时采收，其品质好，耐贮性也好。然而，马铃薯、芋头以淀粉含量高时采收的品质好，耐贮藏，加工淀粉时出粉率也高。

（四）果实形态和大小

果蔬必须长到一定的大小、重量和充实饱满的程度才能达到成熟。不同种类、品种的果蔬都具有固定的形状及大小特点。例如，香蕉未成熟时，蕉指的横切面呈多角形，充分成熟时，果实饱满，横切面为圆形，故可根据蕉指横切面形状来判断其成熟度。临近果梗处果肩的丰满度亦可作为杧果和其他一些核果成熟度的标志。大小作为成熟的一个标志的价值是有限的。例如，瓜类大的表示成熟，小的表示未熟。

（五）生长期

果实的生长期也是采收的重要参数之一。因为栽种在同一地区的果树，其果实从生长到成熟，大都有一定的天数，可以用计算日期的方法来确定成熟状态和采收日期。如山东元帅系苹果的生长期为 145 天左右，红星苹果约 147 天，国光苹果为 160 天，青香蕉苹果 156 天；四川青苹果的生长期只有 110 天。由于每年的气候和栽培管理以及土壤、耕作等条件不同，故生长期的计算应以多年的平均值为参考，并综合其他因素，才能作出比较准确的判断。

（六）成熟特征

不同的果蔬在成熟过程中会表现出许多不同的特征。一些瓜果可以根据其种子的变色程度来判断成熟度，种子从尖端开始由白色逐渐变褐、变黑是瓜果充分成熟的标志之一。黄瓜、丝瓜、茄子、菜豆应在种子膨大硬化之前采收，其食用品质最好。南瓜、冬瓜在果皮硬化、白粉增多时采收，有利于贮藏；西瓜卷须枯萎表示成熟。还有一些产品生长在地下，可以从地上部分植株的生长情况判断其成熟度，洋葱、芋头、荸荠、马铃薯、生姜等其地上部分变黄、枯萎和倒伏时，为最适采收期。

总之，果蔬不同，其食用器官不同，而且有些蔬菜的食用部分是幼嫩的叶片和叶柄，采收成熟度要求很难一致，不便做出统一的标准。在实践中，要综合考虑各种因素，才能确切地决定适当的采收期。

二、采收方法

果蔬采收除了掌握适当的成熟度外，还要注意采收方法。果蔬的采收有人工采收和机械采收两种方法。

（一）人工采收

作为鲜销和长期贮藏的果蔬最好进行人工采收。具体的采收方法应根据果蔬的种类而定。如苹果和梨成熟时，其果梗与果枝间产生离层，采收时以手掌将果实向上一托即可自由脱落。柑橘类果实可用一果两剪法，果实离人较远时，第一剪距果蒂 1cm 处剪下，第二剪齐萼剪平，做到"保全萼片不刮脸，轻拿轻放不碰伤"。

采收香蕉时，用刀先切断假茎，紧扶母株让其徐徐倒下，接住蕉穗并切断果轴，要特别注意减少擦伤、跌伤或碰伤。葡萄等成穗的果实，可用剪刀齐穗剪下。柿子采收用枝剪剪取，要保留果柄和萼片，果柄要短，以免刺伤其他果实。桃、杏等用手撑托住果实，左右摇动使其脱落。板栗采收时，在北方一般等树上的球果完全成熟后自动裂开，坚果落地后再拾取；也有一次打落法，即等树上有 1/3 球果由青转黄开始开裂时，用竹竿一次全部打落，堆放几天，让大部分球果开裂后取出栗子。核桃采收时也用竹竿顺枝打落。蔬菜由于植物结构类型的多样性，其采收与水果不同。根菜类从土中挖出，如果挖的不够深，可能产生伤害。叶菜类和果菜类常用手摘以避免叶与果的大量破损。

人工采收可以任意挑选，精确地掌握成熟度和分次采收，还可以减少甚至避免碰擦伤。但由于果蔬产量大而集中，采收期又短，所以人工采收效率低，成本较高，有时采收不及时，还会影响质量，造成损失。

（二）机械采收

机械采收适用于那些成熟时果梗与果枝之间产生离层的果实。一般使用强风压的机械，迫使离层分离脱落；或使用强力机械摇晃、振动主枝，使果实脱落。但树下必须布满柔软的传送带，以承接果实，并自动将果实送到分级包装机内。目前，美国用此类机械采收樱桃、葡萄和苹果，采收效率高，成本低。与人工采收相比成本降低了 $43\% \sim 66\%$。根茎类蔬菜使用大型犁耙等机械采收，可以大大提高采收效率。豌豆、甜玉米、马铃薯都可用机械采收，但要求成熟度大体一致。

为便于机械采收，催熟剂和脱落剂的应用技术研究越来越被重视。如放线菌酮、维生素 C、萘乙酸等药剂，在机械采收前使用较好。但是，机械采收的水果和蔬菜容易遭受机械损失，贮藏时腐烂率增加，故目前国内外机械采收主要用于采后即行加工的果蔬。

三、采收注意的问题

（一）切忌损伤

机械损伤促进果蔬呼吸强度的提高和加速果蔬衰老。另外，疤痕会大大降低果蔬的商品质量。因此，采收时应严防各类机械损伤的产生。例如，盛装容器内要加上柔软的衬垫物；针对不同的产品选用适当的采收工具（如果剪、采收刀）；采收时要戴手套；周转箱大小要适中，一般以 $15 \sim 20kg$ 的容量为宜。

（二）分期采收

同一植株上的果实，由于开花有先有后，生长部位有上下、内外之别，故不能同时成熟。为保证产品质量，并兼顾果蔬的产量，应做到分期分批采收，成熟多少，采收多少，反对"一扫光"或"一刀切"的采收方法。

（三）注意天气条件

一般应在无雨天、清晨露干后或傍晚进行。要避免阴雨、浓雾天气和正午采收。晴天正午时采收，果蔬带来大量的田间热；雨后或露水未干时采收，果蔬细胞膨压高、质地脆、易在表面形成机械损伤。此外，果蔬表面的潮湿环境会给病原物的萌发、侵入提供有利的条件。所以，雨后应经太阳照射 $2 \sim 3$ 天后方可采收。

（四）采收顺序

采果时应从树冠的下部和外围开始，逐渐移至上部和内堂。此外，采收时应注意保护树上的枝条和花芽，以免影响来年的产量。

（五）采收人员

采收人员的素质对果蔬的采收质量具有决定性的影响。既要求具有很强的责任心和认真的工作态度，又要懂得爱护产品、技术熟练。

此外，采收还要做到有计划性，根据市场销售及出口贸易的需要决定采收期和采收数量，及早安排运输工具和商品流通计划，做好准备工作，避免采收时的忙乱、产品积压、野蛮装卸和流通不畅。

第二节　果蔬采后的商品化处理

果蔬产品的采后商品化处理就是为保持和改进产品质量并使其从农产品转化为商品所采取的一系列措施的总称，包括整理、挑选、清洗、分级、预冷、包装等环节。可以根据产品的种类，选用恰当措施。

一、整理与初选

整理与初选是采后处理的第一步，也是果蔬产品采后处理必须进行的一个步骤。整理与挑选主要是剔除不可食用或销售的部分及不利于贮藏的产品，如蔬菜带有的泥土、老叶、残叶、老化根茎以及各种有机械损伤、病虫害、畸形、特小（大）等不符合商品标准的果菜或果品。

整理与挑选一般采用人工方法进行，也可结合采收同时进行。在整理与挑选过程中，要轻拿轻放，尽量避免采后处理中对产品造成新的机械创伤。

二、晾晒

晾晒处理也称贮前处理，或者萎蔫处理。采收下来的果实置于阴凉或太阳下，在干燥、通风良好的地方进行短期放置，使其外层组织失掉部分水分，以增进产品贮藏性的处理称为晾晒。果蔬收获时含水量很高，组织脆嫩，贮运中易遭受损失。因此，应根据果蔬产品种类、贮藏方式等，进行适当的贮前晾晒处理是必要的。这种处理主要用于柑橘、叶菜类（大白菜和甘蓝）以及洋葱、大蒜等蔬菜。例如，经过贮前晾晒，宽皮橘类可明显减轻枯水病的发生，大白菜可减少机械伤和腐烂，洋葱、大蒜加速休眠，有利于贮藏。果蔬晾晒应适度，晾晒失水太少，达不到效果；但晾晒过度，产品失水严重，不利于贮藏。

三、愈伤

果蔬在采收过程中很难避免机械损伤，特别是块茎、鳞茎、块根类蔬菜，如马铃薯、洋葱、大蒜、芋头和山药等。果蔬采收时的微小伤口也会招致微生物侵入而引起腐烂。为此，必须在贮藏以前对这些蔬菜进行愈伤处理。果蔬愈伤要求一定的温度、湿度和通气条件，其中温度对愈伤的影响最大。愈伤温度因产品种类而有所不同，例如，马铃薯在 21~27℃下愈伤最快，甘薯的愈伤温度为 32~35℃。就大多数种类的果蔬产品而言，愈伤的条件为 25~30℃，相对湿度 85%~90%，并且通气条件良好，使环境中有充足的 O_2。

四、分级

(一) 分级的目的与意义

分级是指按一定的品质标准和大小规格将产品分为若干等级的措施，是水果蔬菜产品商品化和标准化不可缺少的步骤。通过分级，既可使果蔬产品等级分明，规格一致，提高产品的商品价值，实现优质优价，又可去掉病虫害产品，减少贮运期间的损失，减轻病虫害的传播，并将这些残次产品及时销售或加工处理，以降低成本和减少浪费。

(二) 分级标准

我国把果蔬标准分为国家标准、行业标准、地方标准和企业标准四类。果品分级标准我国目前的做法是，在果形、新鲜度、成熟度、色泽、病虫害和机械伤等方面已符合要求的基础上，再按大小进行分级，即根据果实横径的最大部分直径，分为若干等级。如苹果、梨、柑橘等大多按横径大小，每相差 5mm 为一个等级，共分为 3~4 等级。柑橘质量等级规格标准见表 2-1。

表 2-1　柑橘质量等级规格标准

项目名称	级别	优等品	一等品	二等品
果　形		有该品种典型特征，形状一致	有该品种类似特征，形状较一致	有该品种类似特征，无明显畸形
表皮光滑度		果面洁净，果皮光滑	果面洁净，果皮尚光滑	果面洁净，果皮轻度粗糙
色泽	红皮品种	橙红色或朱红色	浅橙红色或红色	淡橙黄色
	黄皮品种	金黄色或橙黄色	黄色或淡黄色	淡黄色或黄绿色
缺　陷		痕斑、网纹、锈螨蚧类、药和附着物，其分布面积合并计算不超过果皮总面积 1/5，不允许有未愈合的损伤、褐色油斑、枯水、水肿、冻伤等一切变质和有腐烂象征的果	痕斑、网纹、锈螨蚧类、药和附着物，其分布面积合并计算不超过果皮总面积 1/4，不允许有重伤、褐斑、枯水、水肿等一切变质和有腐烂象征的果	痕斑、网纹、锈螨蚧类、药和附着物，其分布面积合并计算不超过果皮总面积 1/3，不允许有严重的枯水、水肿变质和有腐烂象征的果

续表

项目名称	级别		优等品	一等品	二等品
果实最小横径	甜橙类	大果型（mm）	≥65	≥60	≥60
		中果型（mm）	≥60	≥55	≥55
		小果型（mm）	≥55	≥50	≥50
	宽皮橘类	大果型（mm）	≥65	≥55	≥55
		中果型（mm）	≥55	≥50	≥50
		小果型（mm）	≥50	≥45	≥45
		微果型（mm）	≥35	≥30	≥30
可溶性固形物（平均%）			≥10	≥9.5	≥9
总酸量（平均%）			≤0.9	≤1	≤1.2
固酸比			10：1	9.5：1	8：1
可食率（平均%）			≥70	≥65	≥65

蔬菜由于食用的器官不同，成熟标准不一致，所以很难有一个固定统一的分级标准，但一般根据菜体坚实度、清洁度、大小、重量、颜色、形状、病虫害和机械伤等方面的品质要求来进行分级的，一般分为三级，即特级、一级和二级。特级品质最好，具有本品种的典型形状和色泽，无任何内部缺陷，允许5%的重量公差，但产品的大小、色泽、状态、品质、包装内排列及包装外表必须保持一致性。一级产品与特级产品有同样的品质，外表稍有斑点，但不影响外观和品质，产品不需要整齐地排列在包装箱内，可允许的重量公差为10%。二级产品可表现有某些外部及内部的缺陷，适于当地或短途运输后的鲜销。

（三）分级方法

1. 人工分级

人工分级主要依靠工作人员的感觉器官，同时借助一些简单的分级器械，如分级板、比色卡等，对产品进行分级。手工分级可最大限度地减轻过程中造成机械伤，适合于各种果蔬的分级，但工作效率低，分级标准结果不易统一，特别是对于形状、颜色的判断上偏差较大。

2. 机械分级

主要有果实大小分级机、果实重量分级机和光电分级机。机械分级法工作效率高，可使分级标准更加一致，但易使果蔬在分级中产生机械伤。

五、清洗、防腐、灭虫与涂膜

（一）清洗

清洗是采用浸泡、冲洗、喷淋等方式水洗或用干毛刷刷净某些果蔬产品，特别是块根、块茎类蔬菜，除去沾附着的污泥，减少病菌和农药残留，使之清洁卫生，符合商品要求和卫生标准，提高商品价值。清洗可用清洗机，清洗使用的洗涤水一定要干净卫生，还可加入适量的杀菌剂，如次氯酸钠、漂白粉。水洗后必须进行干燥处理，除去游离水分。

(二) 防腐

目前，化学药剂防腐保鲜处理在国内外已经成为果蔬商品化不可缺少的一个步骤。化学药剂处理可以延缓果蔬采后衰老，减少贮藏病害，防止品质劣变，提高保鲜效果。常用的有植物生长调节剂、化学药剂、乙烯脱除剂、气体调节剂等防腐处理方法。

(三) 灭虫

进出口果品蔬菜时，植物检疫部门经常要求对果蔬进行灭虫处理，才能够放行。因此，出口国必须根据进口国的要求，出口前对果蔬进行适当的杀虫处理。商业上常用的灭虫方法有熏蒸剂处理、低温处理、高温处理、辐射处理等。

(四) 涂膜

大多数果蔬产品表面有一层天然的蜡质保护组织，往往经过采收及采后的一系列处理受到破坏。涂膜处理即人为地在果蔬产品表面涂被一层蜡质。经过涂膜处理的果蔬可以改善果蔬外观，提高商品价值；阻碍气体交换，降低果蔬的呼吸作用；减少水分散失，防止果皮皱缩，提高保鲜效果；抑制病原微生物的侵入，减少腐烂。若在涂膜液中加入防腐剂，防腐效果更佳。我国市场上出售的进口苹果、柑橘等高档水果，几乎都经过涂膜处理。

涂料种类和配方很多，商业上应用的主要有石蜡、巴西棕榈蜡和虫胶等。涂膜的方法有喷布法、浸渍法、涂刷法、泡沫法、雾化法五种，可手工进行，也可机械化进行。涂膜厚薄要均匀，过厚会导致果实无氧呼吸、异味和腐烂变质。

六、预冷

(一) 预冷的概念和作用

预冷是将收获后的产品尽快冷却到适于贮运低温的措施。果蔬采收后，带有大量的田间热，体温高，如果直接进入贮藏库，大量的田间热量的散发会造成贮藏环境温度的升高，且刚采收的产品呼吸强度大，对贮藏保鲜极为不利。因此，在贮藏或运输前迅速除去果蔬的田间热，使果蔬温度降低到一定程度，可以延缓代谢速度，防止腐败，保持品质。

(二) 预冷方式

1. 自然降温冷却

果蔬采后放在阴凉通风的地方使其自然散热降温。例如，我国北方许多地区在用地沟、窖洞、棚窖和通风库贮藏的产品，采收后夜间袒露，白天遮盖，进行预冷。这种方法冷却时间长，降温效果差，但简便易行，是生产上经常采用的、传统的预冷方法。

2. 水冷却

将果蔬浸泡在 0～1℃ 的冷水中或用冷水冲淋，达到降温目的。这种方法速度较快，一般在 20～50min 内就可使产品品温降低到所规定的温度，并可减少产品水分损失。但一般需加入一些化学药剂防止微生物生长，如次氯酸盐。

3. 风冷

风冷是使冷风迅速流经产品周围使产品冷却。在专用预冷库内设冷却墙，墙上开冷风孔，将装果蔬的容器堆码在冷风孔对面。除容器的气孔外，要将其他的一切气体通道堵塞，然后用鼓风机推动冷却墙内的冷空气，这时便会在容器两侧形成压力差，强制冷空气经容器通风孔流经果蔬，迅速带走热量。为了增加冷却效果，果蔬容器必须留有通风孔，无内包装，并要保持预冷库内有较高的相对湿度。强制冷风预冷效率高，冷却所用时间比一般冷库预冷短，但比水冷却和真空冷却所用的时间长。

4. 真空冷却

利用水在减压下的快速蒸发以吸收果蔬组织中的热量并使产品迅速降温的方法。真空冷却常在真空罐中进行。由于被冷却产品的各部分是等量失水，所以产品不会出现萎蔫现象。此法效率高，适用于比表面积相当大的蔬菜，如叶菜类。

5. 冷库预冷

是将采后果蔬迅速运到冷库中降温的一种冷却方法。预冷期间，库内要保证足够的湿度，垛之间、包装容器之间都应该留有适当的空隙，保证气流通过。冷库冷却的特点是降温速度较慢，但其操作简单，成本低廉。

七、包装

果蔬产品的包装是指果蔬采后经过一系列的处理后用适当材料包裹或容器盛装，它是果蔬采后一个重要的处理环节。在产品贮藏、运输和销售过程中，合理的包装可减少因产品间的摩擦、碰撞和挤压造成的损伤，防止产品受到尘土和微生物等的污染，防止腐烂和水分损失。另外，包装可以美化商品，宣传商品。所以，良好的包装对生产者、销售者和消费者都是有利的。

果蔬的包装容器应该具有美观、清洁、无异味、无有害化学物质，有一定的防潮性和通透性、坚固结实、内壁光滑、重量轻、成本低、便于取材、易于回收及处理等特点。一般，果蔬的包装容器主要有纸箱、木箱、塑料箱、筐类、麻袋和网袋等。为了减少机械损伤，在果蔬包装过程中，经常还在果蔬表面包纸或在包装箱内加填一些衬垫物及使用抗压托盘。随着商品经济的发展，包装标准化越来越受到人们的重视。国外在此方面发展较早，世界各国都有与本国相应的果蔬包装容器标准。

对产品进行适当的处理，如挑选、分级、预冷、药物处理、涂蜡等处理后才可进行包装。包装时根据产品需要，散装或捆扎包装。要求果蔬在包装容器内有一定的排列方式，既可防止它们在容器内滚动和相互碰撞，又能使产品通风换气，并充分利用容器的空间。如苹果、梨用纸箱包装时，果实的排列方式有直线式和对角线式两种；用筐包装时，常采用同心圆式排列，马铃薯、洋葱、大蒜等蔬菜常采用散状的方式。不耐压的果蔬包装时，容器内应填加衬垫物，减少产品的摩擦和碰撞。易失水的产品应在包装容器内加衬塑料薄膜等。包装时要轻拿轻放，装量要适度，防止过满或过少而造成损伤。包装完毕的包装箱，标上重量、等级、规格、包装日期等。

八、催熟与脱涩

（一）催熟

催熟是指销售前用人工的方法促使果实成熟的技术。香蕉、菠萝、柑橘、柿子、猕猴桃、番茄等果蔬，采收时成熟度往往不一致，为了使产品以最佳食用品质上市，需要对其进行催熟处理，促进其后熟。用来催熟的果蔬必须达到生理成熟，催熟时一般要求较高的温度（21～25℃）、相对湿度（85％～90％）和充足的 O_2，催熟环境应该有良好的气密性，还要有适宜的催熟剂。此外，催熟室内的气体成分对催熟效果也有影响，二氧化碳的累积会抑制催熟效果，因此催熟室要注意通风。乙烯是应用最普遍的果蔬催熟剂，乙醇、熏香等也能促使果蔬成熟。

（二）脱涩

脱涩主要是针对柿子中的涩柿而采用的一种处理措施。涩柿含有较多的单宁物质，完熟以前有强烈的涩味而不能食用，必须经过脱涩处理才能上市。柿果的脱涩机理就是将体内可溶性的单宁物质变为不溶性的单宁物质。影响脱涩的因素有很多，一般来说，温度高果实呼吸作用强，产生乙醇、乙醛等物质多，脱涩快。在一定浓度范围内，果实脱涩随着脱涩剂浓度的升高而加快。

果蔬采后处理是上述一系列措施的总称。根据不同的果蔬特性和商品要求，有的需要采用上述全部处理措施，有的只需其中几种，生产中可根据实际情况决定取舍。

第三节　果蔬商品化运输与冷链流通

一、运输的基本要求

果蔬的运输是动态贮藏过程，整个运输过程中产品的振动程度、环境中的温度、湿度和空气成分都会对运输效果产生重要影响。所以，这就要求运输环节要做到以下三点。

1. 快装快运

果蔬采后在不断地进行新陈代谢，消耗体内的营养物质并散发热量，因此必须快装快运，保持其品质及新鲜。

2. 轻装轻卸

果蔬表面保护组织差，具有易腐性，从生产到销售要经过很多次的集聚和分配，很容易受到机械损伤，所以要轻装轻卸。

3. 防热防冻

温度过高，呼吸强度增强，产品衰老加快。温度过低，产品容易产生冷害和冻害，应注意防热防冻。

二、运输的方式和工具

常用的运输方式有公路、水路、铁路和空运等。其中，公路运输是我国最常用的短途运输方式，灵活性强、速度快，但成本高、运量小。主要工具有各种大小车辆、汽车、拖拉机等。汽车有普通运货卡车、冷藏汽车、冷藏拖车等。随着高速公路的建成，高速冷藏集装箱运输将成为今后公路运输的主流。水路运输具有运输量大、行驶平稳、成本低，尤其是海运是最便宜的运输方式，所用工具主要是具有普通舱和冷藏仓的轮船。铁路运输具有运输量大，速度快，连续性强，适合于长途运输。目前，我国铁路运输车有普通棚车、无冷源保温车、冷藏车、集装箱四种，其中集装箱有冷藏集装箱和气调集装箱。空运速度最快，但其成本高，适于运输特供高档果蔬，如草莓、鲜猴头菇、松蘑等。

三、运输技术要点

1）运输工具要彻底消毒。

2）严格做好产品包装工作。无论何种果蔬的包装，均要装紧、装实，以免运输途中相互摩擦。

3）装车时要合理码垛。包装箱之间的堆码不要压伤下层产品，箱间既要留足缝隙，又不能途中倒塌。最佳方式是品字形堆垛。

4）运输中要做好果蔬质量控制工作。果蔬运输中注意防雨淋、防日直晒、防热、防冻，做好通风工作。

四、冷链流通

在经济技术发达国家如日本、美国，果蔬采后已实现了冷链运输系统。这种冷链系统使果蔬从采后的运输、贮藏、销售，直至消费的全部过程中，均处于适宜的低温条件下，可以最大限度地保持果蔬的品质。实践证明，冷链流通已取得了良好效果。

本 章 小 结

采收时期和采收方法对果蔬的品质和耐贮性有着非常重要的影响。采收时期取决于它们的成熟度，目前生产上判断果蔬成熟度的方法主要有表面色泽的变化、硬度、主要化学物质含量的变化、果实形态和大小、生长期和成熟特征等。果蔬的采收方法有人工采收和机械采收，用于贮运的果蔬产品以人工采收为主。

果蔬采后至贮运前，根据果蔬生物学特性、贮藏期长短、运输方式及销售用途目的，还要进行一系列商品化处理，主要包括挑选、分级、晾晒、愈伤、清洗、预冷、涂膜、包装等。这些采后商品化处理对减少采后损失、提高果蔬产品的商品性和耐贮性都具有十分重要的作用。

　　果蔬运输的方式有公路运输、铁路运输、水路运输和空运等。运输工具有汽车、火车、轮船和飞机。在果蔬的运输中，要考虑果蔬的种类、运输性能、经济效益来选择运输方式和工具。

　　实行冷链流通可以更好地确保果蔬的贮运品质，即根据果蔬采后的生理特点，从采后的运输、贮藏、销售，直至消费的全部过程中，果蔬均处于适宜的低温条件，把这一系列的措施称为冷链运输系统。

思　考　题

1. 确定果蔬采收成熟度的方法有哪些？
2. 果蔬在采收过程中应注意哪些问题？
3. 果蔬采后商品化的主要内容有哪些？
4. 果蔬采后商品化处理在贮运中有何重要意义？
5. 包装的作用和对包装容器的要求是什么？
6. 果蔬催熟与脱涩的常用方法有哪些？
7. 果蔬运输的基本要求是什么？

第三章　果蔬贮藏方式与管理

（1）了解各种贮藏方式的特点和工程设施的基本要求；
（2）重点掌握简易贮藏、机械冷藏库、气调贮藏的原理、设计及管理技术要点。

第一节　自然低温贮藏

我国地域辽阔，南北气候条件不同，劳动人民在长期的生产实践中根据当地的气候、土壤特点和条件，总结创造出来一些简单易行的贮藏方法，称简易贮藏。它们的共同特点是利用气候的自然低温为冷源，虽然受季节、地区、贮藏产品等因素的限制，但由于其操作容易，设施结构简单、取材方便、价格低廉，在我国北方秋冬季节贮藏果蔬使用较多。常见的简易贮藏方式包括堆藏、沟藏、窖藏、价值贮藏和冻藏。

一、简易贮藏

（一）简易贮藏的类型

1. 堆藏

堆藏是将采收后的果蔬在果园、菜地或场院荫棚下的空地上进行堆放的一种利用气温调节温度的简易贮藏方式。一般只适用于价格低廉或自身较耐贮藏的果蔬产品，如大白菜、洋葱、甘蓝、冬瓜、南瓜，也有些地区将苹果、梨和柑橘临时堆藏。

选择地势较高的地方，将果品或蔬菜直接堆放在田间浅沟或浅坑里，也可以将一部分产品先装袋或装筐，做成围墙，然后将其余部分散堆在里面。前者适用于个体较大的产品，如大白菜、冬瓜、南瓜，后者适用于个体较小的如马铃薯。堆的大小一般宽1.5～2m，高0.5～1m。堆码过高，堆易倒塌，造成大量机械伤。若过宽则堆太大，中部温度过高，容易引起腐烂。堆的长度不限，一般根据贮藏量来定。贮藏环境的温度高时，堆要小，这样有利于散热；环境温度低时，堆可适当加大，但过大则中部和外层温差大，温度不好调节。产品个体小时，空隙度也小，不利散热，堆就要小；质地比较脆嫩或柔软的，堆要小，以防受压而产生机械伤；质地比较坚硬或弹性比较大的，堆可适当大些。

堆藏的管理主要是通风和覆盖，还应注意防雨。堆藏受气温的影响较大，因此不宜在气温高的地区采用，而适用于温暖地区的晚秋和越冬贮藏，在寒冷地区，一般只在秋冬之际作短期贮藏时采用。

2. 埋藏

又称沟藏，是我国北方地区秋冬季节常见的果蔬简易贮藏方式之一，它很好地利用了气温、土温随季节而变化的特点和规律。北方地区秋季气温下降很快，而土温的下降较慢，在冬季气温很低时，土温高于气温，而且土壤越深温度越高，冻土层以下的土温可以达到0℃以上。因此，冬天在地面堆藏时产品会受冻的冷凉地区，利用土温高于气温这个特点，通过埋藏可使果蔬产品能够越冬贮藏而不会受冻。到翌年春天，气温和土温逐渐回升时，土温上升速度比气温缓慢，在天气转暖的情况下，土壤还能保持一段低温，对于果蔬的保藏是十分有利的。埋藏除了利用土温维持果蔬贮藏环境的温度外，土壤的保水性还能减轻产品失水萎蔫；同时，由于土层的阻隔作用，使果蔬呼吸过程中释放的CO_2有一定量的积累，形成一个自发的气调环境，起到降低产品呼吸和抑制微生物活动的作用。这种方法特别适合于根茎类蔬菜的产地贮藏，板栗、核桃、山楂等也常采用埋藏，有些地区苹果、梨、柑橘等水果也这样贮藏。若管理恰当，产品可由秋季贮藏到翌年2～3月。

埋藏即选择地势高燥，土质较黏重、排水良好、地下水位低的地方，从地面挖一个沟，将果蔬产品堆放其中，上面用土壤覆盖，利用沟的深度和覆土的厚度调节产品环境的温度。在气候寒冷的地区，或要进行埋藏的果蔬产品所需要的温度较高时，沟挖得应深些；反之，则浅些。由于产品要贮藏于0℃之上，沟深就要根据当地冻土层的厚度而定。适合于0℃贮藏的产品，一般为当地冻土层厚度与埋藏产品的堆高之和，如某地的冻土层为1m深，埋藏产品的堆高0.5m，则沟深应在1.5m左右，这样可以使埋藏的产品既不会受冻，又可得到较低的贮温。如果温度在3～5℃，沟需要再深些。沟的宽度一般为1～1.5m，不应过大。沟的方向要根据当地气候条件确定，在较寒冷地区，为减少冬季寒风的直接袭击，沟的方向以南北向为宜。在较温暖地区，沟长多采用东西方向，并将挖起的沟土堆放在沟的南面，以增大外迎风面和减少阳光对沟内的照射，以增加初期沟内的降温速度。

埋藏的产品采后要在沟边或其他地方临时预贮，使其充分散除田间热，土温和产品体温都降低到接近适宜贮藏的温度时，再入沟贮藏。埋藏后的管理主要是利用分层覆盖、通风换气和风障、荫障设置等措施尽可能控制适宜的贮藏温度。

3. 假植贮藏

假植贮藏是我国北方秋冬季节贮藏蔬菜的一种方式，即在蔬菜充分长成之后，连根收获，密集假植在田间沟或窖中，利用外界自然低温，使其处于极其微弱的生长状态，根还能从土壤中吸收少量水分和营养物质，甚至进行微弱的光合作用，能较长时间保持蔬菜的生命力和新鲜品质。

假植贮藏最普遍用于各种绿叶菜和幼嫩的蔬菜。油菜、芹菜、香菜、大葱等蔬菜用一般方法贮藏时，由于其结构和代谢的特点，极易失水萎蔫，贮藏期短。莴苣、花椰菜、小萝卜等也可以采用这种方式。

假植贮藏管理的原则是使假植的沟内或窖内维持冷凉但又不能发生冻害的低温环境，一般在0℃左右（蔬菜的冰点以上最好），还可以适当浇水。假植的初期，要避免因气温过高或栽植紧密而引起的叶片黄化、脱帮，或莴苣抽薹的现象，一般应在夜间通风降温，白天用草席覆盖保温，遮挡阳光，以防温度回升。夜间降温时要注意观测，防止受冻，可以用温度计放在沟内，不要低于0℃，或看到菜叶上出现白霜，就盖上草席。气温下降后，露天的假植沟的蔬菜用多层草席或其他物品覆盖，还可以在北面设置风障保护，避免蔬菜受冻。

4. 冻藏

冻藏是在入冬上冻时，将收获的蔬菜放在背阴处的浅沟内，稍加覆盖，利用自然低温使入沟的蔬菜迅速冻结，并一直保持冻结状态的贮藏方式。由于温度在冰点以下，比0℃以上的低温贮藏能更好地抑制产品的新陈代谢和微生物活动，可以贮藏更长时间，品质得到更好的保持。

冻藏主要在我国北方，应用于耐寒的果蔬，如菠菜、芹菜、柿子等，这些果蔬能够经受一定的冻结低温而不产生冻害，解冻后能恢复新鲜状态。不耐寒的果蔬则不能采用此法，否则，解冻后会软烂、变色、变味，失去食用和商品价值。

冻藏要求冻结速度越快越好，并且要一直保持冻结状态，不能忽冻忽化。沟要挖得浅，一般超过蔬菜高度即可。宽度以0.3～0.5m为宜，大于1m时，要在沟底设通风道，以便散热降温，保持稳定的冻结状态。在沟边还要设荫障，以遮挡阳光、避免直射。这样，冬季冻结快，春天开化慢，贮藏期长。

（二）简易贮藏的特点

1. 温度变化

简易贮藏方式主要依靠自然温度调节，自然温度又包括环境温度和土壤温度。由于简易贮藏中的大部分贮藏方式都是将果蔬产品贮藏于土壤中，故土壤温度的稳定与否直接关系到果蔬产品的贮藏效果。土壤热容量大，贮藏的果蔬产品可借助土壤的热缓冲性能，使温度保持较低水平且波动不大。窖藏在地下，并有通风设施，是简易贮藏中调节温度手段较为完善的贮藏方法。

2. 相对湿度变化

简易贮藏方式主要依靠土壤的湿度调节，不需要控制湿度的特殊设备，但可以辅助一些人工手段，如在干燥的土壤处喷水，来实现更好的贮藏效果。故在贮藏前，首先应根据果蔬产品的种类选择适宜的场地修建贮藏场所，设计好其建筑参数，使其能够基本达到果蔬产品适宜的湿度，再经过贮期的控制使果蔬产品的贮藏达到更佳效果。

3. 通气性能

简易贮藏中，由于果蔬产品大量堆积在一起，故其通气性能一般较差。由于果蔬产品在贮藏前期仍有旺盛的呼吸活动，会使本身温度升高并造成大量积累，故在贮藏期间必须通过通风换气把呼吸热及时散发出去。然而，简易贮藏中有的贮藏方式没有专门通风口，即使有通风装置，出、进气口也往往在同一水平面上，无法利用空气温差造成垂直对流通风。短期贮藏对果蔬产品品质的影响还不大，但长期贮藏就容易造成产品的腐烂或病害。

（三）简易贮藏的管理

1. 温度管理

温度管理主要从两个方面考虑，首先在选择贮藏场所时要充分考虑果蔬产品的生理学特性，结合当地的地理条件、土壤状况及气候条件等因素，建造适宜特定果蔬产品贮藏的场所。其次要根据气候变化情况改变覆盖物的厚度，入贮初期由于果蔬带来的田间热及其旺盛的呼吸作用，在贮藏堆或窖顶应少盖或不盖干草、泥土等覆盖物，使其充分通风以迅速排除果蔬产品内部的热量，使温度降下来。此后随温度下降，逐渐加厚覆盖层，以利保温。

2. 相对湿度管理

简易贮藏方式贮藏果蔬产品时，贮藏场所中的相对湿度主要靠土壤的保湿性来维持。若贮藏环境相对湿度偏高，可用加强通风的方法除去；但相对湿度过低则会导致产品发生干耗，可通过喷水、空气喷雾等措施增湿来改善。

3. 通风量管理

简易贮藏的通风性能较差，故此方面的管理应当加强。堆藏及埋藏中覆盖物放置的位置应适当，以利于果蔬产品与外界环境相连通，助于通风换气。窖窖式贮藏果蔬产品时，可灵活控制通风口的数量、开闭程度、日夜通风时间等因素，以维持窖内适宜的温湿度并使窖内换气。

4. 其他管理

由于简易贮藏不易控制，故在长期贮藏中会经常出现果蔬产品腐烂变质的问题，可以采取在贮藏前期或贮藏期间使用防腐剂、被膜剂或植物生长调节物质等处理以降低果蔬产品的腐烂率。简易贮藏期间还应该做好病虫和鼠害的预防工作，以免造成经济损失。

二、土窑洞贮藏

（一）土窑洞贮藏的类型

主要有三种类型，即大平窑型、侧窑型（子母窑）及地下式砖窑型。前两种是选择土质紧密坚实（以红黏土、砾土最好）的山区、丘陵地带，根据地形、地势在崖边或陡坡处掏洞、挖窑建成。与窑窖一样，窖顶上部的土层在5m以上才能达到结构稳定和保温的要求。平原地区没有傍崖靠山的条件时，根据土窑洞的结构和原理开明沟建造砖窑洞。

（二）土窑洞的结构

1. 大平窑

主要由窑门、过渡间、贮果室和抽气筒组成，还有辅助设施排气窗、防鼠坑、冷气坑。大平窑通常设置两道门，第一道门的主要作用是在通风时起到防鼠的作用，门上面有通风孔。第二道门用于隔热，关闭时可阻止窑内外冷热空气的对流，起到防热防冻的作用。第二道门的外侧挖一宽0.7～0.8m、深0.8～1m、下底大而上口小的防鼠坑（坑内装水）。两道门之间有3～5m的宽度和高度与贮果室一样的15°左右下斜过渡间，也称进风道，其作用是防止冷空气进入窑洞后直接接触果实，造成伤害，同时也避免春季气温升高时很快改变洞内温度。窑身为贮藏果品的部位，宽2.5～3m，高约3m，长度为30～50m，超过50m通风效果就差一些。贮果室的前端要低于后部，以防积水和利于空气流通。抽气筒内径约1m，高7～10m，设在窑身后部的顶端，使冷风从窑门进入，内部热空气从其顶端排出。抽气筒与窑身连接处安装排气窗，可以打开和关闭，控制气流。抽气筒的下部挖一低于窑底1m左右的冷气坑。

2. 侧窑

又称子母窑，它由大平窑发展而成的，由下坡道、母窑、子窑和通气孔四部分组成。自窑门向内构成缓坡，窑身即母窑长10～20m，母窑作通道和通风用，也可以贮果。子窑与母窑水平方向垂直，构成"非"字或梳子型。抽气筒设在母窑后端，内径与高度根据产品的贮藏量确定，一般直径1.5m，高7～10m即可满足窑内通气的需要。子窑的宽、高与母窑相同，长度一般为10～15m。子窑是主要的贮果部位，子窑的数目可根据贮藏量确定，位于母窑同一侧的相邻两子窑之间的距离应在5m以上。若单靠母窑的抽气筒通风，子窑一般小于10m，否则，子窑要另设抽气筒。

3. 地下式砖窑

地下式砖窑建造时在地面开明沟，再用砖砌成高宽各为4m，窑墙直高为2m的拱形顶窑洞，然后在窑上覆土，窑顶土层厚度一般在4m以上，排气筒设在窑洞的顶端。其他的结构与大平"窑"和子母"窑"相似。

土窑洞的窑门一般朝北或朝冬季的迎风面开，这样可以避免日照而使窑温升高，并有利于窑内自然通风降温。

（三）土窑洞贮藏的管理

1. 温度管理

秋季白天高于窑温，夜间低于窑温。随着时间的推移，夜间低于窑温的时间逐渐延长。应随即开启窑门和通风孔筒进行通风，使冷空气迅速导入窑内，同时窑内的热气顺利排出。冬季要在不冻坏贮藏产品的前提下尽可能地通风，在维持贮藏要求的适宜低温的同时不断地降低窑洞四周的土温，加厚冷土层，尽可能地将自然冷蓄存在窑洞四周土层中。春夏季主要是防止或减少窑内外空气的对流，或者说窑内外热量的交流，最大限度地抑制窑温的升高。管理措施是：在外温高于窑温的情况下，紧闭窑门、通气筒和小气孔，尽量避免或减少窑门的开启，减少窑内蓄冷流失。

温度管理的总体原则是：当有寒流或低温出现时，一定要抓住时机通风，一则可以降温；二则可以排除窑内的有害气体。

2. 湿度管理

1）冬季贮雪、贮冰。冰雪融化吸热降温的同时可以增加窑洞的湿度。

2）窑洞地面洒水。地面洒水在增湿的同时，由于水分蒸发吸热，对于窑洞降温也有积极作用。

3）产品出库后窑内灌水。窑洞十分干燥时，可先用喷雾器向窑顶及窑壁喷水，然后在地面灌水。这样，水分可被窑洞四周的土层缓慢地吸收，基本抵消通风造成的土层水分亏损，避免窑壁裂缝及由此引起的塌方。

3. 窑洞消毒

在贮藏窑洞内存在着大量的有害微生物，尤其是引起果品蔬菜腐烂的真菌孢子，是贮藏中发生侵染性病害的主要病源。可在窑内燃烧硫黄，用 2% 的福尔马林（甲醛）或 4% 的漂白粉溶液进行喷雾消毒。

4. 封窑

当无低温气流可利用时，要及时封闭所有的孔道。窑门最好用土坯或砖及麦秸泥等封严，尽可能地与外界隔离，减少冬季蓄的冷在高温季节流失。

三、通风库贮藏

（一）通风贮藏库的设计和建造

1. 库型选择

通风贮藏库可分为地上式、半地下式和地下式三种类型，各有不同特点。具体选用的通风库型应根据当地的气候条件和地下水位的高低来确定。温暖地区一般建成地上库，库体全部建在地面上，受气温的影响最大，通风效果好而保温性能差。半地下式约有一半的库体在地面以下，因而增大了土壤的保温作用，华北地区多建成这样的库。地下式库体全部深入土层，仅库顶露在地面，保温性能最好，建在东北、西北等冬季严寒地区，有利于冬季的防寒保温。在地下水位高的地方，无法建成半地下库时也可建成地上库。

2. 建库地点

应选择在地势高燥，通风良好，没有空气污染，交通方便的地方。库的方向在北方以南北长为好，以减少冬季北面寒风的袭击面，避免库温过低；在南方则采用东西长，以减少冬季阳光向墙面照射的时间，并加大迎风面，以利于降低库温。

3. 库容以及库的平面配置

根据库容量计算出整座库的面积和体积。在计算面积时要考虑到盛装果实容器之间、容器与墙壁之间的间隔距离以及走道、操作空间所占的面积，除贮藏间外还应考虑防寒套间等设施的面积。通风库一般都建成长方形或长条形。为了便于使用管理，库房不宜太大。每一个库房贮藏量在 100～150t 较好。当贮藏量比较大时，可由几间小贮藏间组合而成库群，中间设有走廊，库房的方向与走廊相垂直，库房的大门开向共同的走廊。走廊既可作为缓冲地带，又便于装卸产品和相应的操作。

（二）通风库的库体结构

1. 隔热结构

通风库有适当的隔热结构以维持库内稳定的温度，使其不受外界温度变动的影响，特别是防止冬季库温过低或高温季节库温上升。通风库房的墙体常采用砖木结构和水泥结构，起到库的骨架和支承库顶重量的作用，即作为维护结构。要在库体的地上暴露部分，尤其是库顶、地上墙壁和门、窗等处设置隔热结构起隔热保温作用；地下部分则依靠土壤进行保温。一般是在库顶和库墙铺上用隔热性好的材料构成的隔热层，并根据所选用的隔热材料来决定隔热层的厚度。

选用的隔热材料不但应导热性能差（其热导率一般小于 0.2），还要有不易吸水霉烂，不易燃烧，无臭味和取材容易等特点。常见的隔热材料及其隔热性能（表 3-1）。

表 3-1　常见隔热材料及其隔热性能

材料名称	热导率 [kcal*/(m·h·℃)]	热阻 (℃/W)	材料名称	热导率 [kcal*/(m·h·℃)]	热阻 (℃/W)
聚氨酯泡沫塑料	0.02	50	蛭 石	0.082	12
聚苯乙烯泡沫塑料	0.035	28.5	泡沫混凝土	0.14～0.16	6.2～7.1
聚氯乙烯泡沫塑料	0.037	27	炉渣、木材	0.18	5.6
膨胀珍珠岩	0.03～0.04	25～33.3	干 土	0.25	4
铝箔波形板	0.048	23	湿 土	3	0.33
软木板	0.05	20	砖	0.65	1.5
油毛毡玻璃棉	0.05	20	玻 璃	0.68	1.5
芦 苇	0.05	20	干 沙	0.75	1.33
蒿 草	0.06	16.7	湿 沙	7.5	0.13
锯末、稻壳、秸秆	0.061	16.4	普通混凝土	1.25	0.8
加气混凝土	0.08～0.12	8.3～12.5	雪	0.4	2.5
刨 花	0.081	12.3	冰	2	0.5

* 1kcal＝4185.85J

在建造隔热层选用不同隔热材料时，所要求隔热层的厚度也不一样。如要达到 1cm 厚的软木板的隔热效果，用锯末时，厚度应达到 1.3cm 以上，用砖时则厚度应达到

13cm 以上才行。在建造隔热层时，除要考虑隔热材料的隔热性能外，还应考虑成本等因素。在生产实践中锯末、稻壳、炉渣等，既有较好的隔热性能，且成本低廉，易于就地取材，因而常被采用。为了便于使用这些材料建造隔热层，通常是将库墙建成夹墙，在两墙之间填充这些隔热材料。此外也可在库墙内侧装置隔热性能更高的软木板、聚氨酯泡沫板等，并要注意防潮。

2. 库顶结构

库顶最好采用拱顶式，库顶呈弧形，采用砖和水泥建成。根据贮藏的需要可制作成"单曲拱"、"双曲拱"和"多曲拱"。一般每曲 6m 左右宽度，从库内仰视库顶，单曲拱顶像半个长圆筒，表面平整；双曲拱顶是与整个大拱相垂直。因此，库顶的表面成为一条弧棱。拱顶式结构简单，施工方便。

3. 通风系统

通风系统的性能将直接决定着通风库的贮藏效果。单位时间内进出库的空气量越多，降温效果就越显著。通风系统应能满足秋季产品入库时应有的最大通风量。目前，通风库常用的有两种通风系统。

一种是利用库内外的温差及冷热空气的重量差异形成自然对流将库内的热空气排出、库外的冷空气引入。通风量决定于进排气口的面积和进出气口的结构构造和配置方式。保持进排气口的高度差，使进、排气口具有一定的气压差，从而使空气自然形成一定的对流方向和路线，不致产生倒流和混流现象；另一种是强制式通风系统，依靠风机强制把外界冷空气引入库内并排出库外。风机一般安装在排风口处，风机的风量和风压可由进出气口的大小和库体的结构以及降温时所要带走的最大热量等计算求得。进入库内的风量可通过出风口开启的大小来调节。

(三) 通风库的管理

1. 库房和器具清洗消毒

在产品入库（或进入土窑洞）贮藏前或出库后，应将库房打扫干净，一切可以移动和拆卸的设备、用具都搬至库外进行晾晒，将库房的门窗或土窑洞的排气窗全部打开，通风去除异味，并对库房（进入土窑洞）进行消毒，以防止和减少贮藏过程中病虫害的发生和发展。消毒可采用 2% 的甲醛或 5% 的漂白粉液喷雾的方法，也可用燃烧硫黄（硫黄用量一般为 $1\sim1.5kg/100m^3$ 空间）熏蒸的办法。进行熏蒸消毒时，可将各种容器、菜架等都放在库内，密闭 $24\sim28h$，然后通风排尽残留的药物。

库墙、库顶、果菜架等用石灰浆加 1%～2% 的硫酸铜刷白，也起到消毒作用。使用完毕的容器应立即洗净，再用漂白粉溶液或 2%～5% 的硫酸铜溶液浸泡，晒干备用。

2. 果蔬入库和码放

果蔬入库前除要对库房进行消毒外，还要通风降温，以便产品进入库内后就有一个温度适宜的环境，使其能够尽快降温。一般是夜间通风，白天关闭库，使温度降低。入库前库内湿度若低于贮藏所要求的相对湿度时，可以在地面喷水以提高库内的湿度。

通风库贮藏是利用通风对温度进行调节的，因此，果蔬产品在库内要码放得当，能使空气流动通畅，才能取得好的贮藏效果。一般要装箱、装筐分层码放，或在库内配有果、菜架，底部或四周要留有缝隙，堆码之间留有通风道。

3. 温湿度管理

温湿度管理就是依靠控制通风量和通风时间进行调节的，与前面叙述的棚窖的通风类似。为保持库内适宜的湿度，应在库内安装湿度计，库内湿度不足时可通过洒水、挂湿草帘等提高库内湿度。

当果实全部出库或出窖后，应将窖洞或通风库打扫干净，关闭、堵塞排气筒和窖门或通风系统，不让夏季高温的空气进入，到秋天贮果时再开启使用。

由于没有制冷系统，通风库和土窖洞贮藏效果仍难以达到十分理想的程度，若在库内建一贮冰室，则能更加充分地利用外界冷源，增进库的贮藏性能。

第二节　机械冷藏库

机械冷藏库是具备良好隔热库体和机械制冷设备的永久性库房，可以根据不同产品的贮藏特性，保持适合的贮藏温度，达到良好的贮藏效果。

冷藏库建造应选择交通方便、通风良好和地下水位低、排水条件好的地方。目前，多选择建在果蔬的产地，使产品采收后能尽快入库贮藏，减少由于不能及时运走和销售带来的损失。

一、机械制冷原理

热总是从温暖的物体上移到冷凉的物体上，从而使热的物体降温。制冷就是创造一个冷面或能够吸收热的物体，利用传导、对流或辐射的方式，将制热传给这个冷面或物体。在制冷系统中，这个接受热的冷面或物体正是系统中热的传递者——制冷剂，它是吸收冷库中热量的处所。液态的制冷剂在一定压力和温度下汽化（蒸发）而吸收周围环境中的热量，使之降温，即创造了前述所谓的冷面或吸热体。通过压缩机的作用，将气化的制冷剂加压，并降低其温度，使之液化后再进入下一个气化过程。如此周而复始，使库温降低，并维持适宜的贮藏温度。

在制冷系统中，制冷剂的任务是传递热量。制冷剂要具备沸点低、冷凝点低、对金属无腐蚀性、不易燃烧、不爆炸、无毒无味、易于检测和易得价廉等特点。

氨（NH_3）是利用较早的制冷剂，主要用于中等和较大能力的压缩冷冻机。作为制冷剂的氨，要质地纯净，其含水量不超过 0.2%。氨的潜热比其他制冷剂高，在 0℃时，它的蒸发热是 1260kJ/kg。而目前使用较多的二氯二氟甲烷的蒸发热是 154.9kJ/kg。氨的比容较大，10℃时，$0.2897m^3/kg$，二氯二氟甲烷的比容仅为 $0.057m^3/kg$。因此，用氨的设备较大，占地较多。氨的缺点是有毒，若空气中含有 0.5%（体积比）时，人在其中停留半小时就会引起严重中毒，甚至有生命危险。若空气中含量超过 16%时，会发生爆炸性燃烧。氨对钢及其合金有腐蚀作用。

二、冷藏库的设计

(一) 机械冷藏库的结构

机械冷藏库的库体结构与通风库基本相同，除了和一般房屋一样的承重结构（柱、梁、屋顶和楼板等）外，要有良好的防风、防雨、隔热和隔潮的库墙。冷库外墙由围护墙体、防潮隔气层、隔热层和内保护层组成，厚度一般为 240mm 左右。内墙只起分隔房间的作用，它有隔热和非隔热两种。围护墙体可用砖或预制钢筋混凝土墙。

1. 隔热性能要求

冷库比通风库对隔热性能要求更高，库体的六个面（库墙、库顶、库的地面）都要隔热，以便在高温季节也能很好地保持库内的低温环境，尽可能降低能源的消耗。

库墙一般是夹层的，在两墙中间设置隔热层。隔热层所用材料的隔热性能一般都是较好的。过去的冷库常用软木板、蛭石等，也有用木屑、稻壳的。目前迅速普及的隔热材料是聚氨酯泡沫塑料，它的热导率小、强度好、吸水率低，且无需黏结剂，可直接与金属、非金属材料粘接，能用于较低的温度（低达 $-100℃$），并可在常温下现场发泡制作。珍珠岩是一种天然无机材料，它虽然热导率小，无毒、价廉、容重小，施工方便，但它的吸水率高；常用做冷库的阁楼层和外墙的松填隔热材料。不管用何种材料，都应根据隔热要求和材料的隔热性能，精确计算出隔热层应达到的厚度。地面也要求有较好的隔热性能，以减少地温对库温的影响。

地面常采用炉渣或软木板为隔热层，但应有一定的强度，以承受产品堆积和运输车辆的重量。

门也要有很好的隔热性能，要强度好、接缝严密，开关灵活、轻巧。门还要设置风幕，以便在开门时利用强大的气流将库内外气流隔开。这样，可防止库温在产品出入库时受外界温度的影响。

2. 防潮要求

冷库还必须要有防潮层，用来防止在围护结构表面（特别是在隔热层中）产生结露。由于冷库墙壁处于内外低温和高温的交接面，在使用过程中，外界空气中的水蒸气在墙壁处遇到低温达到饱和时，就会产生结露现象。外界空气中的水蒸气不断渗透到建筑物和库墙内，将导致隔热层的隔热性能下降、隔热材料霉烂和崩解；引起建筑材料的锈蚀和腐朽；最终结果将导致围护结构破坏，使冷库报废。为此，要在隔热层的两侧设置防潮层。过去常用的防潮层材料有沥青、油毡、乳化沥青等。其做法为三油二毡即三层沥青刷于两层油毡的内外侧，在库内外温差较小，库外相对湿度较低的情况下，也有一毡二油的。现在，用厚度大于 0.07mm 的聚乙烯塑料薄膜作为防潮层比三油二毡的效果更好。采用聚氨酯隔热材料时，就可以不用做防潮层。

机械冷库一般都设有预冷间，以防止新入库的产品对贮藏间温度形成较大波动，同时也便于出入库时的操作。还要有包装间、工作间、工具间和库门外装卸货物台阶等附属设施。

（二）拼装式冷藏库的库体结构

1. 库板结构

隔热预制板一般是在两层铁板之间充入硬质聚氨酯泡沫或聚氯乙烯泡沫为隔热材料并使之连成整体。现在主要的是玻璃钢装配式和金属钢装配式两种，前者两面用玻璃钢、中间填充硬质聚氨酯泡沫，后者两面用彩色涂层钢板（或不锈钢板）、中间填充硬质聚氨酯泡沫。预制板的大小可根据需要自由设计，厚度则要根据贮藏库所要求的温度范围较为经济合理地使用。采用聚氨酯为隔热材料时，一般 0℃ 以上的高温库库板厚度需要 100mm，低温冷冻库为 108～150mm。在组合建造过程中，一定要在库板间的连接部位用密封胶黏结，并压上密封条，以防接口处隔热性能不好而造成漏冷。

2. 库体结构类型

拼装式冷藏库建造施工安装时，先铺设地坪隔热板，然后依次安装墙体和库顶隔热板，最后安装冷藏库库门和其他辅助设备。库体结构有两种结构类型。一般 100m² 以下小型库可利用库板自身支撑承载能力来建造，这类库的库体内部无支架和筋骨。

三、冷藏库的使用和管理

（一）入库前预冷

产品在入库前一定要先预冷，特别是在高温季节采收时，如直接入库热量散发不出，不但降温缓慢、增加湿度，容易结露而致腐烂，还加重制冷机负荷、缩短机器寿命。

（二）温度控制

冷藏库内温度要保持稳定，库温的较大幅度和频繁的波动对贮藏不利，这会加速产品品质的败坏。一般温度的波动不要超过 1℃，有的产品贮藏期间要求温度范围更小。要防止库温波动，首先要求库体具有良好的隔热性能，以减少外界气温的影响；同时制冷机的工作效能要与库容量相适应，若贮藏量超过制冷机的负荷，则降温效果差，易引起库温的波动。

冷藏库的温度分布也要均匀，不要有过冷或过热的死角，以避免局部产品受害。因此要注意库内的通风和空气对流的情况。通风不好时，果蔬产品堆的呼吸热积累，局部温度上升；远离蒸发器处的空气会因外界传入的热量而温度升高；而蒸发器附近则有可能温度过低。为了便于了解库内温度的变化情况，要在库内不同的位置处放置温度表或温度传感器，以便观察和记录贮藏期间冷藏库内各部温度变化情况。这样，就能更好地采取措施进行管理。

在运行期间湿空气与蒸发管接触时，由于蒸发器管道温度远低于库温，水分在蒸发管上将凝结成霜，形成隔热层就阻碍热的交换，影响冷却效应，应注意除霜问题。

（三）湿度管理

冷库的湿度变化根据贮藏产品和贮藏阶段而不同。在贮藏初期，若入库果蔬的温度较高，则呼吸旺盛，水分蒸散较快，容易出现湿度过大的情况（特别是贮藏叶菜类产品时）；同时，货物的频繁出入，往往会将外界绝对湿度较大的暖空气带入库内，导致库内湿度增加。贮藏期间温度波动过大，容易结露，也使湿度过大。因此，要通过预冷、快速入库、防止温度波动等措施防止库内湿度过大，必要时用无水氯化钙吸湿。多数情况下，由于蒸发器的结霜，造成库内的湿度过低。常采用地面洒水、包装、安装加湿器等方式提高产品环境中的水分含量。

（四）通风要求

冷库通风有两种。一种依靠风机进行的库内循环通风，目的是增加蒸发器的热交换效率，使库内各部分的温湿度均匀一致。尤其在产品贮藏开始时，即使经预冷的产品，一般也比冷藏库的温度稍高，在冷库中堆码起来，如果没有适当的通风，冷却是很难均匀进行的。通风的方法，一般是把通风道装置在冷藏库的中部产品堆叠的上方，向两面墙壁方向吹出，转向下方通过产品行列，而回到中部上升，如此循回川流。通常在冷库中安装有冷却柜，库内空气由下部进此柜，上升通过蒸发管将空气冷却，再经上部鼓风机将其吹出，沿着天花板分散到产品堆的上面。另一种是以更新空气为目的的通风。由于产品经过一定时间的贮藏后，会产生一些不良气体，如 CO_2、乙烯，为了保证产品的贮藏质量，需要定期将这些不良气体排出库外。排气主要靠通风窗或排风扇进行，排气时既要注意防冻，又要尽量少将库外的热空气引入库内，所以在温暖季节，排气一般在夜间或清晨进行，而在严冬季节应在气温较高时进行。

（五）产品码放

要使库内果蔬产品尽快降温、各部位的温度尽量一致，就要使库空气能够畅通循环，库内产品的堆码必须合理。堆垛之间，堆垛与墙壁、地面、库顶间均应留有适当的空间，果筐之间也要留有适当的缝隙，以利于空气的流通和循环。一般垛顶与天花板的间距50cm以上，垛与库墙间应有20cm风道，垛底用方木条或水泥条垫起以便底部通风。产品堆放要避开通风口，冷风口或蒸发器附近的果蔬应加以保护以防受冻。

（六）出库

一般，根据产品的入库顺序进行出库，即最先入贮的也最先出库。高温季节出库时，应将库温先升高，再出库，以防产品直接从低温取出遇到外界高温产生结露现象。升温的程度需根据出库时外界温度与库温相差的程度和外界相对湿度而定，以产品出库后不结露为准。

第三节　气调贮藏

一、气调贮藏的原理

（一）气调贮藏的概念

气调贮藏是调节气体成分贮藏的简称。它是将产品放在一个相对密闭的环境中，同

— 49 —

时调节贮藏环境中的 O_2、CO_2 和 N_2 等气体的比例，并使它们稳定在一定浓度范围内的一种贮藏方式。

（二）气调贮藏的原理

正常空气中，O_2 和 CO_2 的浓度分别为 20.9％和 0.03％，其余为氮气（N_2）等。采后的新鲜果蔬进行着正常的呼吸作用为主导的新陈代谢活动，表现为吸收消耗 O_2，释放大约等量的 CO_2 并释放出一定热量。适当降低 O_2 浓度或增加 CO_2 浓度，就改变了环境中气体成分的组成。在该环境下，果蔬出现以下的变化：

1. 抑制呼吸作用

降低其呼吸强度，推迟呼吸高峰出现的时间，延缓新陈代谢的速度，减少营养成分和其他物质的降低和消耗，从而推迟了成熟衰老，为保持新鲜果蔬的质量奠定了生理基础。

2. 抑制乙烯合成

削弱乙烯刺激生理作用的能力，有利于新鲜果蔬贮藏寿命的延长。

3. 抑制病害发生

减少产品贮藏过程中的腐烂损失。因此，气调贮藏能更好地保持产品原有的色、香、味、质地等特性以及营养价值，有效地延长新鲜果蔬产品的贮藏期和货架寿命。

（三）气调贮藏的特点

1. 适用范围较广

对于冷藏库难以贮藏的产品，如猕猴桃、枣都能达到很好的贮藏效果。

2. 延长果蔬贮期

由于贮藏条件的抑制作用，相比其他贮藏方式，果蔬产品的生理代谢下降程度更大，营养物质损耗更少，抑制贮藏库内的微生物作用更强，故在达到相同的保鲜质量的情况下，气调贮藏比冷藏或自然环境下贮藏的时间长，一般比普通冷库长 0.5～1.0 倍。

3. 保鲜质量高

在果蔬产品贮藏期间，通过调节库内的气体成分可以降低果蔬产品的呼吸作用及乙烯生成率，故可以推迟果蔬产品的衰老；由于其能够减小果蔬产品的呼吸作用、蒸腾作用及抑制微生物的作用，故可以减小贮藏过程中果蔬产品的质量损失及品质变劣；由于气调贮藏的环境是低氧环境，故可以有效抑制霉菌等好氧菌的生长繁殖，从而保持果蔬产品的品质。

二、气调贮藏的类型

（一）自发气调贮藏

1. 塑料薄膜小袋气调贮藏

小袋贮藏一般用厚度为 0.02～0.07mm 的聚乙烯薄膜，袋的大小依产品种类而定，每袋装产品量一般为 $10\sim20kg$，为便于管理和搬运，每袋重量一般不超过 $30kg$。使用时将果蔬装入袋中，然后扎口密闭。

对于较长期的贮藏，袋的厚度为 $0.05\sim0.07mm$。由于袋较厚，贮藏时间又长，内部的气体成分变化是符合自发气调双指标，一定的时间后 CO_2 积累过高会造成伤害，因此在贮藏期间应根据袋内气体情况间隔一段时间进行适当的开口放风。在贮藏库中的不同点可以选择一些代表袋，对小包装中 O_2 和 CO_2 进行检测，当 O_2 含量过低或 CO_2 含量过高时，开口放风更换新鲜空气后再扎口封闭。

短期贮藏时，袋的厚度为 $0.02\sim0.03mm$。由于袋很薄，具有相当的透气性能，因此在贮藏期间不用放风调气。

近年来，科研机构根据不同产品的生理特性，研制出了一些专用薄膜，用这类膜对产品进行小袋气调可获得更好的贮藏效果。

2. 塑料大帐气调贮藏

大帐常用 $0.1\sim0.2mm$ 厚低密度聚乙烯塑料薄膜和无毒聚氯乙烯，压制成的长方形大帐，大帐体积根据贮藏量而定。单帐的贮藏量要小于 $5000kg$，有 $1000kg$、$2000kg$、$3000kg$ 的。大帐可作成尖顶式或平顶式。

由于这种大帐所用的塑料薄膜一般没有什么透气性，所以没有自动调气功能。因此，为了充气及垛内气体循环，塑料封闭帐的两端设置袖形袋口（也用薄膜制成，简称袖口），在接近帐顶的上部设有充气袖口，靠近帐底的下部设有抽气袖口，帐体四壁中间部位均留有抽取气样的小孔，平时将袖形袋口塞住。

帐底是一块大小比帐体宽 $10\sim15cm$ 的塑料薄膜。贮藏使用时先将帐底铺在地面上或隔板上，采用尖顶式大帐就在帐底上放置架子，然后将产品码放于架子上或散堆于架子中，然后用塑料薄膜制成的大帐套在架子外边。采用平顶式大帐时，将果筐成垛堆放在帐底上，垛的长、宽、高均应略小于帐体，垛内果筐之间应有一定间隙，果筐下面用砖块支垫，果垛码好后将大帐扣在果垛上。扣帐后，将大帐四壁的底边与帐底的四边分别紧紧合在一起，然后用砖压住或用土埋住，再将充气袖口和抽气袖口扎紧，然后根据需要调节帐内气体成分。

大帐密闭后，随着贮藏时间的延长，产品在进行呼吸时使帐内 O_2 浓度逐渐下降，而 CO_2 浓度逐渐升高，使产品的呼吸作用受到抑制。为了去除过多的 CO_2，常用消石灰作为 CO_2 吸收剂。如果是控制 O_2 单指标，可以直接把消石灰撒在垛内底部。这样，在一段时间内可使垛内的 CO_2 维持在 1% 以下，等到消石灰行将失效时，CO_2 上升，这时便添加新鲜消石灰。如果是控制总和低于 21% 的双指标，则应每天向垛内撒入少量的消石灰，使正好吸收掉一天内产品呼吸释放的 CO_2。

为了保持帐内适宜的气体比例和浓度，要经常观察帐内气体浓度的变化，当 O_2 过低或 CO_2 过高时，打开大帐的袖口使新鲜空气进入。也可以将大帐看成密闭的库体，必要时通过袖口向帐内充入 N_2 来快速降低 O_2 含量。

3. 硅窗袋气调贮藏

硅橡胶薄膜具有透气性高并且 CO_2 与 O_2 透比大的特性，对 CO_2 和 O_2 的渗透系数要比聚乙烯膜大 200～300 倍，比聚氯乙烯大得更多，透过 CO_2 的速度为 O_2 的 6 倍，为 N_2 的 12 倍；对乙烯和一些芳香物质也有较大的透性。因此，可用硅橡胶膜做成气体交换窗，镶嵌在封闭薄膜上。用带有硅窗的塑料袋或塑料帐贮藏果蔬时，由于呼吸作用使 O_2 的消耗过大时，外界的氧可通过硅窗进入袋（帐）内，而袋（帐）内积累的 CO_2 也可通过硅窗排出来，这样就能很好地保持袋（帐）内气体成分的比例了。硅窗面积的大小应根据贮藏的产品种类、品种、成熟度、单位容积的贮量、贮藏温度、要求的气体组成、窗膜厚度等许多因素来计算确定。

自发气调虽然简单易行，但只有根据产品的特征，对贮藏温度，产品种类，贮藏数量，膜的种类和膜的厚度等因素进行综合选择，才能获得比较理想的效果。

（二）人工气调贮藏

人工气调必须要有一个性能优良的气调库，其特点是：一是具有良好隔热和气密性的库体；二是可以调节库内气体成分的调气装置；三是控制温度和湿度的制冷和加湿装置。

1. 气调库的结构

（1）库体结构。由于气调贮存要在适宜的低温下进行，因此气调库首先应是隔热良好的冷库，同时还要求具有较高的气密性。这样才能使库内构成的 CO_2 和 O_2 浓度在较长时间内维持不变或变化缓慢，保证贮藏的效果。用于气调库的气密材料有发泡聚氨酯、塑料膜、镀锌铁皮等。将发泡聚氨酯喷涂在墙壁上构成的气密层，既隔气又隔热，因而是应较普遍的气密材料。通常库房顶、地面及四周墙体结构上，都要有气密结构，气密层要连为一体，不能有任何缝隙，库门也是特制的密封门。观察窗和各种通过墙壁的管道也都要有气密构造。整个库房还应能承受一定的压力（正压和负压）。

气调贮藏库一般都由若干贮藏室组成。贮藏室与贮藏室之间是分隔开的，每个贮藏室都可以单独进行调节管理。对每一个贮藏室来讲，由于在同一时间内只能保持一种气体组成和温湿度条件，故仅能贮藏一种产品。与冷藏库一样，气调库的库体结构也可以是建筑式的或拼装式的。

（2）压力平衡装置。温度和气体的变化常常会使气调库内的压力发生变化，压力平衡装置起到保证库房气密性和安全运行的作用，通常由气压袋（也称缓冲气囊）和水封装置构成。气压袋常用软质不透气的聚乙烯制作，体积为贮藏室容积的 1%～2%，设在贮藏室的外面，用管子与贮藏室内连接。贮藏室气体发生变化时，带子膨胀或收缩以保持内外气压平衡。水封装置装于库墙，当库内正压超过一定值时，库内空气通过水封溢出；负压超过一定值时，外界空气通过水封进入库内。这样，就可以自动调节库内外压力差，使之不超过一定的值。

2. 气调库的调气设备

利用一定容量的气调库贮藏时，靠产品呼吸作用形成低 O_2 含量和高 CO_2 含量的环境气体，往往需要较长的周期，有时甚至需要 2～3 周的时间。因而，通常是利用一定的设备制造氮气并通入气调库内置换其中的普通空气，达到降低库中 O_2 浓度的目的；

库内 CO_2 浓度超过要求时，用清除 CO_2 的设备除去，创造出贮藏产品所适宜的 CO_2 和 O_2 的浓度比。

（1）碳分子筛气调机或制氮机。该制氮机有两个密封的吸附塔，塔内填充经特殊工艺制成的碳分子筛。塔与空气压缩机和真空泵连接，组成一种变压吸附系统。空气经压缩机加压后进入塔内，在高压下氧分子被吸附在碳分子筛上，空气变成高浓度的氮气之后被送入库内降低库中氧的浓度，吸附氧饱和后，机器会启动另一个吸附塔继续工作供氮，而另一个吸附塔中吸氧饱和后的分子筛经真空泵降压再生就又可以用于吸附氧分子了。碳分子筛在吸附氧的同时，也吸附 CO_2 和乙烯。因此，无需另设清除 CO_2 和乙烯的装置。

（2）膜分离制氮机。膜分离制氮机的主要工作部分是一组中空纤维，将洁净的压缩空气通过中空纤维组件，将 O_2 和 N_2 分开。更易于自动控制和操作，但目前价格较高。

三、气调贮藏的管理

（一）新鲜果蔬的原始质量

用于气调贮藏的新鲜果蔬原始质量要求很高。没有贮前优质的原始质量为基础，就不可能获得果蔬气调贮藏的效果。贮藏用果蔬最好在专用基地生产，且加强采前的管理。另外，要严格把握采收的成熟度，并注意采后商品化处理措施的综合应用，以利于气调效果的充分发挥。

（二）产品入库和出库

新鲜果蔬入库时要尽可能做到按种类、品种、成熟度、产地、贮藏时间要求等分库贮藏，不要混贮，以避免相互间的影响和确保提供最适宜的气调贮藏条件。气调条件解除后，应在尽可能短的时间内一次出库。

（三）温度、湿度管理

新鲜果蔬采收后应立即预冷，排除田间热后再入库贮藏。经过预冷可使果蔬一次入库，缩短装库时间及尽早达到气调条件；另外，在封库后应避免因温差太大导致内部压力急剧下降，从而增大库房内外压力差而造成对库体的伤害。贮藏期间的温度管理与机械冷藏相同。

气调贮藏过程中由于能保持库房处于密闭状态，且一般不进行通风换气，故能使库内维持较高的相对湿度，有利于产品新鲜状态的保持。气调贮藏期间可能会出现短时间的高湿度情况，一旦发生这种现象即需进行除湿（如用 CaO 吸收等）。

（四）空气清新

在气调贮藏条件下，果蔬易挥发出有害气体和异味物质且逐渐积累，甚至达到有害的水平，而这些物质又不能通过周期性的库房内外通风换气被排除，故需增加空气清新设备定期工作来保证空气的清新。

（五）气体调节

气调贮藏的核心是气体成分的调节。根据新鲜果蔬的生物学特性、温度与湿度的要求决定气调的气体组分,通过调节使气体指标在尽可能短的时间内达到规定的要求,并且整个贮藏过程中维持在合理的范围内。气调贮藏采取的调节气体组分的方法有调气法和气流法两类。调气法是使用机器人为地或利用产品自身的呼吸降低贮藏环境中的 O_2 浓度,提高 CO_2 浓度或调节其他气体成分的浓度至需要的水平。气流法是采用将不同气体按配比指标要求人工预先混合配制好后通过分配管道输送入气调贮藏库,从贮藏库输出的气体经处理调整成分后再重新输入分配管道注入气调库,形成气体的循环。

(六)安全性

气调贮藏时要注意对气体成分的调节和控制,并做好记录,以防止意外情况的发生。气调贮藏期间应坚持定期通过观察窗和取样孔加强对产品质量的检查。另外,工作人员的安全性不可忽视。气调库在运行期间门应上锁,工作人员不得在无安全保证下进入气调库。解除气调条件后应进行充分彻底的通风后,工作人员才能进入库房操作。

本 章 小 结

果蔬的贮藏方式很多,常用的有简易贮藏、土窑洞贮藏、通风库贮藏、机械冷藏和气调贮藏。各类贮藏方式各有其特点和管理技术,贮藏效果均由其具备的有利条件程度和水平高低所决定,在生产中应根据果蔬贮藏特性、当地气候条件和经济实力等具体情况选择适宜的贮藏方式。

思 考 题

1. 果蔬简易贮藏的方式有哪些?各有什么特点?
2. 简述机械制冷的基本原理和技术管理要点。
3. 什么是气调贮藏?气调贮藏有哪几种方式?
4. 气调贮藏保鲜的原理是什么?比较不同气调方法的优缺点。
5. 比较机械冷藏库和气调贮藏库在建筑结构及其构成上的差异,说明其贮藏特点。

第四章 常见果蔬贮藏技术

学习要求

(1) 掌握生产中栽培数量大，市场上常见果蔬的贮藏特性、贮藏条件、采后处理、贮藏方式；

(2) 了解贮藏中存在的问题，能制定出果蔬贮藏的技术方案并应用于生产实践。

第一节 果品贮藏

一、仁果类

(一) 苹果

1. 贮藏特性

苹果是比较耐贮藏的果品，但是品种不同，贮藏特性也不一样。早熟品种如祝光、伏锦等不耐贮藏，采后应立即上市。元帅、金冠、红玉、红星、乔纳金、嘎拉等中熟品种贮藏性有所提高，一般作中、短期贮藏。晚熟品种如红富士、印度、小国光、青香蕉等生长期长，干物质积累丰富，质地致密，保护组织发育良好，呼吸代谢低，故其耐藏性和抗病性都较强，在常温下一般可贮藏3～4个月，在冷库或气调条件下，可以贮藏5～8个月，并保持良好的品质。

苹果属于呼吸跃变型果实，对长期贮藏的苹果，应在呼吸跃变启动之前采收。

2. 贮藏条件

大多数苹果品种的贮藏适宜温度为-1～0℃。红玉、旭等对低温较敏感，在0℃贮藏易发生生理失调现象，故贮藏温度宜为2～4℃。在低温下应采用高湿度贮藏，库内相对湿度保持在90%～95%。如果是在常温下贮藏或者采用自发气调贮藏方式，库内相对湿度可稍低些，保持在 85%～90%。对于大多数苹果品种，2%～5%O_2 和 3%～5%CO_2 是比较适宜的贮藏环境气体组合，红富士对 CO_2 敏感，故应将 CO_2 控制在 3%以下。

3. 采后处理

（1）分级。要严格按照市场要求的质量标准进行，出口苹果必须按照国际标准或者协议标准进行分级。

（2）预贮。刚采收的苹果呼吸旺盛，并带有田间热量，因此必须采取措施使果实迅速冷却。预贮可利用夜间自然低温进行降温，通常在果园选择阴凉干燥处，将经过分级的果实层层堆码，高 4～6 层，四周培土埂，防止果实滚动。白天盖席遮阳，夜晚揭开降温，遇雨时遮盖，至霜降前后，气温下降时入贮。

（3）包装。包装采用定量的小木箱、塑料箱、瓦楞纸箱包装，每箱装 10kg 左右。机械化程度高的仓库，可用容量大约 300kg 的大木箱包装，出库时再用纸箱分装。不论使用哪种包装容器，堆垛时都要注意做到堆码稳固整齐，并留有一定的通风散热空隙。

4. 贮藏方式

（1）沟藏。在果园或果园附近选择地下水位较低、背风向阳的平坦地段挖沟。在气候寒冷地区沟的宽度要大，沟的深度达冻土层以下为宜。贮前将沟底整平，并铺 3～7cm 厚的细沙，将经过预冷降温的苹果一层层入沟，厚度为 60～70cm。贮藏初期，白天覆盖稻草、苇席等遮阳，夜晚揭开降温，随着气温的下降覆盖物逐渐加厚。为防止雨雪落入沟中，可在沟上方搭屋脊状支架。一般到 3 月下旬以后，沟温开始回升，结束贮藏。

（2）窑窖贮藏。在我国山西、陕西、甘肃、河南等产地多采用窑窖贮藏苹果。苹果采后待果温和窖温下降到 0℃左右入贮。将预冷的苹果装入箱或筐内，在窖的底部垫枕木或砖，苹果堆码在上面，各果箱（筐）要留适当的空隙，以利于通风。堆码离窖顶有 60～70cm 的空隙，与墙壁、通风口之间要留空隙。

入窖初期要注意降温，夜间打开窖口和通风口，快速降低窖内及产品温度；在冬季要保证产品不受冻害，在果蔬温度与外界温差较小时进行适当通风换气，使温度稳定在 0℃左右；春季来临后，管理与初期相同，只在夜间适量通风，尽量维持窖内低温。

（3）通风库贮藏。苹果入库前，库房要清扫、晾晒和消毒。苹果预冷后，待库温降至 10℃左右入库。果箱（筐）垛下垫砖或枕木，垛与墙留有空隙，垛间留通风道，以利通风。通风库温度、湿度的管理方法和技术要求与窖藏相似。

（4）机械冷库贮藏。冷库经消毒后开启制冷装置，使库温降至适合苹果贮藏的温度，将预冷后的苹果入库。入库堆码要求与通风库基本相同。

贮藏期间要定期检测库内的温度和湿度并及时调控，适当排除不良气体，及时除霜。湿度过低、过高时要进行人工或自动的加湿或排湿的处理。苹果出库前，要缓慢升温，以免苹果表面产生水珠，导致苹果腐烂。

（5）气调贮藏

1）塑料薄膜袋贮藏。在苹果箱中衬以 0.04～0.07mm 厚的塑料薄膜袋，装入苹果，扎口封闭后放入库房中，每袋构成一个密封的贮藏单位。初期 O_2 浓度较高，以后逐渐降低，在贮藏初期的 2 周内，CO_2 的上限浓度 7% 较为安全，但富士苹果的 CO_2 应不高于 3%。

2）塑料大帐贮藏。在冷库内，用 0.1～0.2mm 厚的塑料薄膜铺在地上做帐底，上放枕木或砖为垫，在其上将苹果箱（或筐）堆码成垛，然后将帐罩上，并将帐底和帐壁下边缘卷在一起，用土或砖压紧。封帐后要调节气体成分，先用抽气机将帐内气体抽出一部分，再通过充气袖口充入 N_2，并取帐内气体测定 O_2 和 CO_2 浓度，以调到所要求的标准。在贮藏期间 O_2 浓度低时要补入空气，CO_2 浓度过高时要脱除，常用消石灰来吸收，其用量为每 100kg 苹果用 0.5～1kg。也可在塑料薄膜上黏合一定面积的硅橡胶窗，自动调节贮藏环境中的气体成分。硅窗面积根据贮藏量和所需要的气体比例来确定。如 0～5℃时，贮藏 1000kg 苹果，为维持 O_2 在 2%～3%、CO_2 3%～5%，需要硅窗约为 0.3m×0.6m。

3）气调库贮藏。苹果气调库贮藏要根据不同品种的贮藏特性，确定适宜的贮藏条件。对于大多数苹果品种，控制 2%～5% O_2 和 3%～5% CO_2 比较适宜，而温度可以较一般冷藏高 0.5～1℃。在苹果气调贮藏中容易产生 CO_2 中毒和缺 O_2 伤害，故要经常检查贮藏环境中 O_2 和 CO_2 的浓度变化，及时进行调控，可防止伤害发生。

（二）梨

1. 贮藏特性

梨是我国北方主产水果之一，一般白梨系和秋子梨中优良品种较耐贮藏，砂梨系也较耐贮藏但不及白梨系，西洋梨多数耐藏性较差，在常温下极易后熟衰老。在同一系统中不同品种耐藏性也不同，中晚熟品种耐藏性较强，而早熟品种不易贮藏。白梨系中的蜜梨、苹果梨、黄梨、香梨、鸭梨、雪花梨、长把梨等都是品质好、耐贮藏的品种，而早酥梨、长郎等不耐贮藏。

梨属于呼吸跃变型果实，对于长期贮藏的梨要适当早采收。

2. 贮藏条件

大多数梨的贮藏温度控制在 0～3℃，湿度 90%～95%，O_2 3%～5%，CO_2 2%～5%。这样可以推迟呼吸高峰的出现，有利于贮藏。但有个别品种对低温或高 CO_2 比较敏感，如鸭梨、冬香梨、京白梨对低温敏感，采后若迅速降温至 0℃贮藏，果实易发生黑心病，采用缓慢降温或分段降温，可减轻黑心病发生。酥梨、鸭梨、雪花梨等在低 O_2 浓度下，CO_2 浓度超过 2% 时，果实会出现果心褐变。

3. 采后处理

（1）分级、预贮。梨的分级可参照苹果进行。梨分级后要及时装箱（筐）预贮。一般预贮场所设在阴凉通风的地方，也可在梨园树荫下预贮。预贮期间要防雨防晒。

(2) 包装。用 0.01~0.02mm 厚的聚乙烯小袋单果包装，既能起到明显的保鲜效果，又不至于使梨果实发生 CO_2 伤害。

4. 贮藏方式

梨同苹果一样，短期贮藏可采用沟藏、窖窖贮藏、通风库贮藏。中长期贮藏的梨，则应采用机械冷库贮藏，这是我国当前贮藏梨的主要方式。因为鸭梨、冬香梨、京白梨对低温敏感，采后不能直接进入 0℃ 的冷库，否则梨黑心严重。一般在 10℃ 以上入库，每周降低 1℃，降到 7~8℃ 时，再每隔 3 天降低 1℃，经过 30~50 天，把库温降到 0℃。

因为酥梨、鸭梨、雪花梨等品种对 CO_2 较敏感，所以塑料薄膜密封贮藏和气调库贮藏在梨贮藏上应用不多。如果生产上要采用气调贮藏方式，应该有脱除 CO_2 的有效手段。

二、核果类

桃、李、杏均属核果类果实，其成熟期早，对调节春末和夏季的市场供应起到了重要的作用。桃、李、杏成熟期温度高，果实采后呼吸十分旺盛，很快进入完熟衰老阶段。因此，一般只做短期贮藏。

(一) 贮藏特性

桃、李、杏属于呼吸跃变型水果，贮运用果实宜在七八成熟时采收。核果类果实不同品种的耐藏性差异很大，一般晚熟品种较耐藏，中熟品种次之，早熟品种不耐藏。例如，桃中大久保、肥城桃、中华寿桃、冬桃等晚熟种耐贮藏，李中牛心李、冰糖李、布李、香蕉李以及杏中的柿子红杏、银白杏等较耐贮藏。

(二) 贮藏条件

桃、李、杏适宜的贮藏温度为 0~1℃，相对湿度 90%~95%，O_2 2%~5%，CO_2 2%~5%。贮藏期为 20~40 天。

(三) 采后处理

1. 预冷

桃、李和杏采收季节气温高，果实新陈代谢旺盛。预冷是采后防止果实迅速后熟软化，保持果实品质和耐藏性的重要步骤。预冷可采用鼓风冷却方法，即用鼓风机对果箱鼓风进行冷却，此法冷却速度较快，但是容易导致果实失水萎蔫。也可采用冰水冷却法，即用冰水直接浸果，或配合防腐处理时，用冰水配药，达到防腐与预冷相结合的目的。冰水预冷可以减少果实的萎蔫失重，效果较好，但冷却后要晾干再包装。

2. 包装

采后果实经挑选、分级后进行包装。桃、杏、李的包装容器不宜过大，以防震动、碰撞与摩擦。一般用浅而小的纸箱或木箱盛装，用纸将果包后放入，箱内加衬软物或格板，每箱 5~10kg，为防受压，每个箱只放 2~3 层果实。也可在箱内铺设 0.02mm 厚的低密度聚乙烯袋，袋中加乙烯吸收剂后封口，可抑制果实软化。

（四）贮藏方式

1. 冰窖贮藏

这是我国北方常利用的一种简易贮藏桃、李、杏的方法。具体方法：在窖底和四壁放置冰块（约 50cm 厚），将预冷后的果筐（箱）码垛在冰上，果筐间距 6～10cm，空隙也用碎冰填充，堆完一层在上面撒一层碎冰，垛好后用碎冰覆盖果垛，冰厚 60～100cm，冰面覆盖塑料薄膜，在塑料薄膜上堆 70～100cm 厚的锯末、稻壳等隔热材料。窖门封严，保持温度 0～1℃。贮藏期需定时抽查，及时处理变质果。

2. 冷藏

果实装入内衬塑料保鲜袋的箱中，当天入库敞开袋口预冷至 0℃ 左右，加入乙烯利和 CO_2 脱除剂扎袋封箱码垛，在 0～1℃ 下贮藏。杏对 CO_2 的忍耐力通常低于桃和李，用保鲜袋贮藏装量大于 3kg 时最好采用掩口贮藏。

3. 气调贮藏

桃、杏和李在 0℃ 和 2% O_2 加 5% CO_2 下，可贮藏 6～8 周或更长的时间，并能减轻低温伤害。如果在气调帐或气调袋中，加入乙烯吸收剂则效果更好。

三、浆果类

（一）猕猴桃

1. 贮藏特性

猕猴桃皮薄、多汁，容易腐烂。我国主栽品种有中华猕猴桃（软毛猕猴桃）和美味猕猴桃（硬毛猕猴桃）两大类。品种不同，耐藏性相差很大，一般晚熟品种较早、中熟品种耐贮藏。耐藏品种有秦美、海瓦德等。

猕猴桃属于呼吸跃变型果实，并且呼吸强度大，所以贮藏用猕猴桃应在呼吸高峰期前采收，采后必须尽快入库。猕猴桃对乙烯极为敏感，严禁与苹果、梨等乙烯释放量高的水果混贮。

2. 贮藏条件

猕猴桃的适宜贮藏温度为 −1～0℃，相对湿度为 85%～95%，气体组合 2%～3% O_2 和 3%～5% CO_2，乙烯浓度小于 0.1mg/kg。

3. 采后处理

（1）预冷。果实采后当天入库预冷，在 24h 内将果实温度降到 5℃ 左右，然后尽快将库温降至 0℃。也可利用自然低温条件进行预冷，但所需时间长，效果较差。

（2）药剂处理。分级前用 0.5% 甲基托布津液稀释 1000 倍或 2000mg/kg 比久加 0.5% 甲基托布津液稀释 1000 倍后浸果 1～2min，具有很好的防腐效果。

4. 贮藏方式

(1) 简易贮藏。包括窑窖贮藏、通风库贮藏等。中晚熟品种的猕猴桃成熟时间是10月中下旬至11月上旬，此时北方气候已变得凉爽，利用这一气候条件，可对猕猴桃进行短期贮藏。具体方法：用塑料薄膜袋装猕猴桃，并在袋中放乙烯吸收剂，放于木箱中，在库内堆成"品"字形。贮藏初期要注意降温，使库内维持较稳定的低温。库内相对湿度控制在85%～95%。每15天检查1次，及时剔除软果和烂果。

(2) 冷藏。在−1～0℃，相对湿度为85%～95%下贮藏，贮藏期可达3～5个月，有些耐藏品种可达8个月。在贮藏中可用海绵砖吸足饱和高锰酸钾液分散放在冷库，可除去部分乙烯，对延长贮藏期有一定作用。

(3) 塑料薄膜封闭贮藏。将猕猴桃装入0.03～0.05mm厚的塑料薄膜袋，每袋5～10kg，若用塑料薄膜帐，则用厚度0.2mm的聚乙烯制作，每帐贮藏量1吨至数吨。将袋或帐置于冷库内，库温控制在−1～0℃，库内相对湿度85%以上，并使塑料袋、帐中的气体达到或接近猕猴桃贮藏要求的浓度。可在袋或帐中加一些乙烯吸收剂。这种方法是生产中应用最普遍的方式，晚熟品种可贮藏5～6个月。

(4) 气调库贮藏。在严格控制温度−1～0℃，相对湿度为90%～95%，气体组合2%～3%O_2和3%～5%CO_2的条件下，晚熟品种可贮藏6～8个月，果实新鲜、硬度好。若同时配制有乙烯脱除器，贮藏效果会更好。

(二) 葡萄

1. 贮藏特性

葡萄因品种不同而耐藏性差异很大。通常晚熟品种较早、中熟品种耐贮藏；有色品种较浅色品种耐藏。一般选择果皮厚韧，果面及穗轴含蜡质，果粒含糖量高，色泽鲜艳，果穗形态完整，成熟充分，无机械损伤、无病粒和烂粒的葡萄进行贮藏。耐藏品种有红提、龙眼、紫玫瑰香、红宝石、意大利等。

2. 贮藏条件

温度控制在−1～0℃，相对湿度90%～95%。一般将气体成分控制在$O_2$2%～4%，$CO_2$2%～5%。

3. 采后处理

采后将葡萄先码放在阴凉处，进行预冷，待果温降至0℃时再将葡萄入库贮藏。在葡萄预冷前或预冷中可用0.5%的SO_2熏蒸20～30min，可减少由病原微生物引起的腐烂。

4. 贮藏方式

(1) 沟藏。挖沟时选南北向，沟宽100cm，深1～1.2m。沟底铺5～10cm的干净河沙，将预冷过的果穗排放在沟底细沙上，一般摆放2～3层，越紧越好，以不挤坏果粒为原则。贮藏初期，白天沟顶盖草席，夜晚揭开；当气温降低，白天沟温度在1～2℃时，昼夜盖草席；白天沟温降至0℃时，要加厚覆盖物保温防冻。

（2）窖藏。葡萄采收时穗梗上剪留一段 5～8cm 结果枝，以便挂果穗用。预冷后，待窖温降到 5℃以下入窖贮藏。入窖前 1 周，燃烧硫黄对窖内进行熏蒸灭菌，用量为 20g/m³。入窖后改用 2～3g/m³ 硫黄熏蒸 30min，每隔 10～20 天熏蒸 1 次，硫黄用量可适当减少。当窖温降至 0℃，每月熏蒸 1 次。入窖初期窖温较高，应加强通风换气，待窖温降至 0℃，封闭所有气孔，使窖温保持在 0℃，相对湿度 90%。此法可使葡萄贮藏 2～3 个月。

（3）冷藏。采后葡萄经挑选、分级后立即在 100mg/kg 萘乙酸溶液中浸泡 15s，沥干后装入 0.07mm 厚的聚乙烯薄膜袋，迅速放入冷库开袋预冷，然后入库贮藏。库温维持在 -1～0℃，相对湿度维持在 90% 左右。

四、柑橘类

（一）贮藏特性

柑橘类果实种类繁多，不同种类、品种柑橘的贮藏性相差很大。一般柠檬较耐藏，其次为柚类、橙类、柑类、橘类；皮厚致密、果肉含酸量高、果心维管束小、晚熟的品种比较耐贮藏耐贮藏的柑橘有柠檬类、甜橙类、沙田柚、蕉柑等。

柑橘类属于非跃变型果实，果实无后熟作用。一般成熟度稍高的柑橘类耐藏性好。

（二）贮藏条件

不同种类和品种的柑橘，适宜的贮藏温度不同。柠檬和葡萄柚贮藏温度一般为 10～15℃；宽皮柑橘类除个别以外，适合的温度为 4～10℃；甜橙类为 1～5℃。相对湿度甜橙类为 90%～95%，宽皮柑橘类为 80%～85%。贮藏中 CO_2 应控制在 1% 以下，一般不采用气调贮藏。

（三）采后处理

1. 防腐处理

柑橘采后 2 天内应及时进行药液浸果防腐处理。常用 0.2% 的 2,4-D 与各种类杀菌剂混合浸果 1～2min。常用的药液有特克多、苯莱特、多菌灵、托布津、抑霉唑（500～1000mg/kg）、施保功（250～500mg/kg）等，这些浸果处理对护蒂、防腐、保鲜都有较好的效果。

2. 晾果

采后将果实在冷凉通风的室内或凉棚内放置 7～10 天，温度控制在 7～10℃，相对湿度 80%～85%，使宽皮橘失重率达 3%～5%、甜橙失重率达 3%～4% 即可。通过晾果可起到预冷散热、蒸发水分及愈合伤口的作用，可防止宽皮橘类的浮皮病、甜橙的疤病等生理病害。

3. 包装

晾果后，用 0.015～0.02mm 的聚乙烯薄膜袋单果包装，这样可减少贮运中的失重、交叉感染和腐烂损耗。但需注意的是聚乙烯薄膜包裹在贮运温度较高时，可能会增加果实的腐烂。

（四）贮藏方式

1. 地窖贮藏

贮藏前先将窖内整平，入窖前 1 个月，适当给窖内灌水，保持相对湿度 90%～95%。入窖前 15 天用乐果 200 倍喷洒灭虫，密封 7 天后敞开。入窖前 2～3 天再用托布津 800 倍杀菌，喷后关闭窖口。产品入窖前，窖底铺一层稻草，将果实沿窖壁排成环状，果蒂向上一次排列放置 5～6 层，在果实交接处留 25～40cm 的空间，供翻窖时移动果实。窖底中央留空间供工作人员站立。窖藏初期果实呼吸旺盛，窖口上的盖板需留孔隙以降温排湿，当果面无水汽后再将窖口封闭。贮藏期间，每隔 2～3 周检查一次，及时剔除腐烂果、褐斑、霉蒂、表面下陷等果实。如温度过高，湿度过大，应揭开盖板，敞开窖口调节。此法可贮藏 6 个月，腐烂率仅为 3%。

2. 通风库贮藏

果实经防腐处理并晾果后，装箱入库，贮藏后 1 个月检查一次，剔除烂果。贮藏期间，保持库内温度 14～15℃，相对湿度为 85%～90%，若太低可通过地面、墙壁洒水，喷布水雾，放置加湿器等提高库内湿度。

3. 冷藏

由于柑橘的种类、品种不同，贮藏的适宜温度也不一致。库内的湿度不可过高或过低，一般保持相对湿度为 85%～90%。贮藏管理的关键是控制适宜的低温和湿度，并且要注意通风换气。柑橘在适宜的温度和湿度下贮藏 4 个月，风味正常，可溶性固形物、酸和维生素 C 含量无明显变化。

五、坚果类

（一）板栗

1. 贮藏特性

板栗品种不同，贮藏性差异较大。一般北方栗耐藏性优于南方栗；中、晚熟品种强于早熟品种；同一地区，干旱年份的板栗较多雨年份的耐藏；同一品种，颗粒越大，耐藏性越差。

板栗属于呼吸跃变型果实，特别在采后第 1 个月内，呼吸作用十分旺盛。板栗贮藏中既怕热、怕干，又怕水、怕冻，贮藏中常因管理不当，发生霉烂、发芽和生虫等。

2. 贮藏条件

板栗适宜贮藏温度为 0℃ 左右，相对湿度 90%～95%。适宜气调贮藏，气体指标为：O_2 3%～5%，CO_2 不超过 10%。

3. 采后处理

（1）预冷。采后选择凉爽通风的场所，将板栗堆成 0.6～1m 厚的堆，不可压实，以利通风降温。经 7～10 天，将板栗从栗苞中取出，剔除病虫果以及其他不合格果，再摊凉 5～7 天即可入贮。

（2）防腐处理。用 500 倍甲基托布津或 0.1％的高锰酸钾溶液浸果 3min 或 0.1％的高锰酸钾和 0.125％的敌百虫混合浸果 1～2min 有较好的防腐效果。

（3）杀虫处理。可用二氧化硫 50g/m³，在密闭室内或箱、坛内熏蒸 18～24h；或用溴甲烷 40～56g/m³，熏蒸 3～10h；也可用磷化铝熏蒸。

（4）防止发芽处理。在贮藏前用 1％的比久、青鲜素或 2,4-D、萘乙酸等浸果，都可较好的抑制发芽。

4. 贮藏方式

（1）沙藏法。在室内阴凉地面上铺一层高粱秸秆或稻草，然后铺沙约 6cm 厚，沙的湿度以手握成团、手松散开为宜。然后以 1 份栗 2 份湿沙混合堆放，或栗和沙交互层放，每层约 10cm 厚，最上层覆沙 5～7cm，然后用稻草覆盖，高度约 1m。每隔 20～30 天翻动检查一次，若沙较干燥则及时喷水保湿。

（2）架藏。在阴凉的室内或通风库中，用毛竹制成贮藏架，每架 3 层，长 3m，宽 1m，高 2m。架顶用竹制成屋脊形，再用 0.08mm 厚的聚乙烯大帐罩上，每隔一段时间揭帐通风 1 次，每次 2h。贮藏后期，可用 2％的食盐水加 2％的纯碱混合液浸泡栗果，捞出后放入少量松针，罩上聚乙烯薄膜继续贮藏。一般贮藏栗果 3～4 个月，好果率在 85％，且无发芽现象。

（3）冷藏。在温度为 0～2℃、相对湿度为 90％～95％的冷库内，用纸箱或麻袋包装，贮藏时每隔 4～5 天在袋外适当喷洒水，以保持袋内湿度。可贮藏 5～6 个月。

（4）简易气调贮藏。将经过预冷的栗果装入 0.05mm 厚的聚乙烯薄膜袋，袋容量约 10kg，扎紧袋口，放置在阴凉通风和气温较低并相对稳定的房间或通风库内贮藏。贮藏期间，每隔 10 天左右翻果检查 1 次，发现霉烂果及时剔除。此法贮藏栗子可保鲜到元月，霉变果仅 1％～2％，栗果基本保持原来的品质风味。

（二）核桃

1. 贮藏特性

核桃含水量低，有坚硬的果壳，较耐贮藏。但核桃脂肪含量高，如果贮藏过程管理不当，常发生酸败、霉变、虫害。

2. 贮藏条件

核桃适宜的贮藏温度为 0～1℃，相对湿度 75％～80％。适宜贮藏的气体环境为 1％～3％O_2 和 50％以上的 CO_2。采用避光隔氧能大大延长贮藏期。

3. 采后处理

选择室外阴凉处，按 50cm 左右厚度堆积采收后的核桃，上面覆盖草席、干草或干树叶等，一般 5～7 天后青皮可脱落。脱皮后的核桃及时用清水漂洗，阴干，再晾晒。晾晒过程中，不宜淋雨和夜间受潮，要经常翻动，否则易裂果腐烂；也不宜过度日晒，以免果壳破裂。翻晒 1 周左右，待核仁皮色由白变为金黄、隔膜易于折断、内种皮不易和种仁分离、碰敲声音响亮时为止。

4. 贮藏方法

(1) 常温贮藏。将晒干的核桃装入布袋或麻袋吊在室内，或装入筐内堆放在冷凉、干燥、通风、背光的地方，可贮藏到第二年夏季前。贮藏期间要防止鼠害、霉烂和发热现象发生。

(2) 沟藏。在地势高燥、排水良好、背阴避风处挖沟，深 1m、宽 1～1.5m。在沟底铺 10cm 左右厚的湿沙，然后一层核桃一层沙，铺到距离沟口 20cm 时，再盖湿沙与地面持平，沙上培土呈屋脊形，其跨度超过沟宽。沟四周开排水沟，避免雨水渗入太多。若沟长超过 2m 时，每隔 2m 竖一把稻草作通气孔用，草把高度以露出屋脊为度。覆土厚度随气候而定，冬季寒冷地区要盖厚一些。

(3) 冷藏。将晒干的核桃装入麻袋、竹筐或木箱中，在冷库中堆码，四周留出通风道，库温保持在 0～1℃，相对湿度为 75％～80％，贮藏期在 2 年以上。

六、其他热带、亚热带果品贮藏

(一) 香蕉

1. 贮藏特性

香蕉属于典型呼吸跃变型水果，绿熟果在常温下 2 周后便出现呼吸高峰，果皮变黄，果实变软、变甜、涩味消失，散发出诱人的果香味。此时已进入最佳食用期，不能再进行贮藏。香蕉对乙烯非常敏感，避免与产生乙烯的水果如苹果混放。

2. 贮藏条件

香蕉适宜贮藏温度为 11～13℃。香蕉对低温很敏感，环境温度低于 11℃，果实就会产生冷害。但过高温度又会使果实成熟时不能正常转黄，甚至引起高温烫伤，使果皮变黑，果肉糖化，失去商品价值。适宜贮藏条件为：相对湿度 90％～95％，O_2 3％～5％，CO_2 5％～7％。

3. 采后处理

(1) 去轴落梳。去轴落梳时，用半弧形落梳刀将香蕉分割，要保证刀口平整。为了减少机械伤，也可直接在水池中落梳。落梳后立即用水洗净切后的蕉身。

(2) 防腐处理。一般用 500～1000mg/L 特克多加 500～1000mg/L 扑海因进行防腐处理。方法可采用浸泡 0.5～1min 或喷淋法。晾干后即可进行包装。

(3) 包装。香蕉按级包装，不宜统装，外包装用竹筐或纸箱。目前香蕉包装正在逐步以纸箱取代竹筐。选用的瓦楞纸箱强度必须较坚硬与耐压，内衬聚乙烯薄膜袋，袋厚度宜在 0.03～0.04mm。在包装内加入乙烯吸收剂，可显著延长香蕉的贮藏期。

4. 贮藏方式

（1）常温贮藏。在包装内放乙烯吸收剂，在常温下贮运。此法保鲜时间较短，一般为 10～20 天，特别在夏季常温下，一般 3～5 天后果实即失去商品价值。

（2）冷藏。经预冷（12～13℃）后的香蕉可进行冷藏。冷藏温度为 13～14℃（短期贮藏可用 11℃）、相对湿度 85%～95%，并注意通风换气排除自身产生的乙烯。一般可保鲜 60～100 天，如包装内加乙烯吸收剂，贮藏期更长。

（二）荔枝

1. 贮藏特性

荔枝原产亚热带地区，但对低温不太敏感，能忍受较低温度；荔枝属非跃变型果实，但呼吸强度比苹果、香蕉大 1～4 倍；荔枝极易失水，且果皮富含单宁物质，在 30℃下荔枝果实中的多酚氧化酶非常活跃，因此果皮极易发生褐变，导致果皮抗病力下降，色香味衰败。所以，抑制失水、褐变和腐烂是荔枝保鲜的主要问题。

2. 贮藏条件

荔枝的贮藏条件因品种不同而异，但一般低温贮藏适温为 2～4℃，相对湿度为 90%～95%。适宜的气调条件为：温度 4℃，CO_2 3%～5%，O_2 3%～5%。

3. 采后处理

荔枝采后应迅速进行预冷及杀菌处理，待果温降低，果面药液干后再包装贮运。常用杀菌药剂有 250×10^{-6} 苯莱特、多菌灵、抑霉唑，也可用 500×10^{-6} 仲丁胺、涕必灵。包装常采用小包装（0.25～0.5kg）。

4. 贮藏方式

（1）冷藏。保持库内温度 2～4℃，相对湿度为 90%～95%，且温度、湿度相对稳定，在此条件下荔枝保鲜期约 30 天。

（2）气调贮藏。荔枝采后经过药剂处理并晾干后装入聚乙烯塑料小袋或盒中，袋厚 0.02～0.04mm，每袋 0.2～0.5kg，并加入一定量的乙烯吸收剂后封口，在 2～5℃下可保鲜 45 天。也可将荔枝装入衬有塑料薄膜袋的果箱中，每箱装果 15～25kg，并加入乙烯吸收剂，将薄膜袋基本密封，在 3～5℃下可保鲜 30 天左右。

（3）辐射保鲜。用 50～100Gy γ 射线辐射后的荔枝，在常温下可贮藏 1 周左右，低温下贮藏时间更长。

第二节　蔬　菜　贮　藏

一、根菜类

（一）贮藏特性

萝卜和胡萝卜性喜冷凉多湿的环境，没有生理休眠期。在贮藏中温度过高或空气干燥时就容易出现糠心。糠心后的萝卜和胡萝卜品质下降，组织疏松、软绵、无味，甚至完全失去食用价值。

从栽培季节和成熟期来看，秋播的皮厚、质脆、干物质含量高的晚熟品种较耐贮藏。萝卜从皮色泽上看，一般青皮种比白皮种、红皮种耐贮藏，如北京心里美，青皮脆等品种。胡萝卜中皮色鲜艳的、根细小的、根茎小、心柱细的品种耐贮藏，如鞭杆红、小顶金红等品种。

（二）贮藏条件

通常最适宜贮藏温度为 0～3℃，相对湿度为 90％～95％。由于萝卜和胡萝卜肉质根长期生长在土壤中，加之其细胞间隙很大，通气良好，因而它们能忍受较高浓度的 CO_2，所以萝卜和胡萝卜适宜于密闭贮藏，如堆藏、气调贮藏等。

（三）贮藏方式

1. 沟藏

北方地区应用较多。选择地下土层深厚，地下水位低的地段挖东西方向长沟，宽为 1～1.5m，深度应比冻土层稍深一些。表面土堆在沟的南侧，用来遮阴，深层土用来覆盖用。将挑选好的萝卜或胡萝卜散堆在沟内，土层、萝卜层交错排列，一般码 3～4 层。萝卜的堆积厚度应不大于 0.5m。在产品表面覆盖一层薄土，随着气温的下降逐渐加土，最后土层应高于当地冻土层 10～15cm。要保证覆盖土壤的含水量达 18％～20％，可在盖土时适当浇些水，在浇水前应将覆土层踩实，使水分均匀而缓慢地向下渗透。此法一般为一次出沟上市。

2. 窖藏

萝卜经短期预贮后入窖堆放。先在窖底层铺 9cm 厚的湿沙，然后一层萝卜一层沙交替放置，萝卜可以散堆也可码垛。如果垛太大不利于通风散热，可在萝卜码垛时每隔 1.5m 左右放一层稻秆做出的通气管来通气。一般堆成高为 2m 左右的土堆。初期夜晚气温低时通风降温，控制窖内的温度为 2℃，若空气干燥时，应向沙堆适量洒水，保持相对湿度 90％～95％，以防糠心。此法可贮藏 3～4 个月。

3. 通风库贮藏

将萝卜或胡萝卜在库内散堆或码垛，萝卜堆高 1.2～1.5m，胡萝卜堆高 0.8～1m。为提高通风散热效果，在堆内每隔 1.5～2m 设一通风筒。贮藏中注意库温的变化，必要时用草帘等加以覆盖，以防受冻。立春前后可视贮藏情况进行全面检查，发现病烂产品及时清除。

4. 简易气调贮藏

（1）塑料薄膜袋贮藏。萝卜去缨后，装入长 1m，宽 0.5m 的塑料薄膜袋中，用草帘等遮盖，待结冻前移入窖内。入窖后，1 个月内，每 7～10 天打开袋口通风 1 次（4～6h），以后每 20～30 天 1 次。贮藏期间，温度控制在 1～3℃，相对湿度要求 90％～95％。

（2）塑料薄膜帐贮藏。先在冷库内将萝卜堆成宽 1～1.2m、高 1.2～1.5m，长 4～

5m 的长方形堆，到初春萌芽前用薄膜帐扣上，堆底不铺薄膜。这种方法可以适当降低帐内 O_2 浓度，积累 CO_2 浓度，保持高湿，从而延长贮藏期。贮藏期间应定期揭帐换气，进行检查挑选，除去腐烂产品。

二、茎菜类

（一）洋葱

1. 贮藏特性

洋葱具有明显的生理休眠期，成熟收获后的洋葱外层鳞片干缩成膜，能阻止水分和气体交换，具有耐热耐干的特性。洋葱的休眠期长短因品种而异，一般为 1.5～2.5 个月，休眠期结束后遇到合适的外界环境条件便能出芽生长，故延长洋葱的休眠期，防止其萌发是贮藏洋葱的关键。洋葱按颜色分为黄皮种、红皮种和白皮种，按形状可分扁圆和凸圆两类。在我国，以黄皮品种较为耐藏。从形状上看，扁圆、含水少、辣味重的品种较耐贮藏。

2. 贮藏条件

洋葱适于在冷凉干燥下贮藏。温度 0～1℃，相对湿度 ＜80%，O_2 3%～16%，CO_2 8%～12%。

3. 贮藏方式

（1）挂藏。将预贮后的葱鞭挂在阴凉、通风、干燥的室内，不接触地面。也可挂在荫棚或屋檐下，但要注意防止雨淋。此法简单，腐烂少，但休眠期短，发芽早。

（2）垛藏。选择地势较高、干燥通风处，下垫枕木，上面铺一层秸秆，将葱辫子纵横交错摆齐，码成垛，垛宽 1～1.5m、长 5～6m、高 1.5m，每垛 5000kg。垛顶覆盖 3～4 层席子，四周围上两层席子，用绳子扎紧，防止日晒雨淋，雨后注意检查晾晒，入冬后应转入室内贮藏。

（3）冷藏。在洋葱处于休眠期时，将葱头装筐或装入塑料袋内架藏或垛藏，冷库温度控制在 0℃。湿度高时可在冷库内放置无水氯化钙、生石灰等吸湿剂吸潮，同时用 0.01mL/L 的克霉灵熏蒸贮藏库。

（4）气调贮藏。先在库内地面上铺一块塑料薄膜，然后将装有洋葱的筐或箱堆码在上面，罩上塑料薄膜帐，将帐底与铺在地面上的塑料薄膜卷在一起，用土埋好封严。依靠洋葱自身的呼吸作用或人工抽气充氮，使帐内 O_2 浓度降低，CO_2 浓度升高，以抑制洋葱的呼吸作用和发芽。贮藏期间要尽量维持帐内温度稳定和配合使用适当的吸湿剂。

（二）马铃薯

1. 贮藏特性

马铃薯块茎成熟后有一个较长的休眠期，一般为 2～4 个月。当进入休眠期时，即使条件适宜也不会发芽。生理休眠期后，如能继续保持一定的低温，并加强通风，可使块茎处于被迫休眠状态，延后萌芽；但如环境条件适宜，就会发芽生长。马铃薯品种很多，应选择晚熟品种或在寒冷地区栽培的秋作的马铃薯品种贮藏。

2. 贮藏条件

适宜贮藏温度为 3～5℃。0℃时，淀粉会转化为糖，使品质降低。适宜的相对湿度为 80%～85%。另外，马铃薯应避光贮藏。

3. 采后处理

用萘乙酸甲酯或萘乙酸乙酯处理薯块，对抑制发芽有明显效果。每 10t 薯块用药 0.4～0.5kg，将药品拌入 15～30kg 细土中，撒入薯堆中，应在薯块休眠期结束前进行，过晚会降低药效。在收获前 3 周左右，用 0.25% 的青鲜素在田间喷洒，对抑制发芽也有较好的效果。

4. 贮藏方式

(1) 沟藏。我国东北地区多采用。马铃薯 7 月下旬收获后，在荫棚内预贮，直到 10 月份才下沟贮藏。沟深 1～1.2m，宽 1～1.5m，长度由贮藏量定。沟内薯块堆放距离地面 0.2m 处，上面覆土保温，随气温的变化分批次加添土，添土的总厚度约为 0.8m。

(2) 窖藏。西北地区多用井窖或窑窖。每窖可贮藏 3～5t，由于只利用窖口通风调节温度，所以保温效果较好，但入窖初期不易降温，因此产品不能装得太满，一般堆放高度不超过 1.5m。贮藏期间注意窖口的启闭。窖藏马铃薯易在薯堆表面"出汗"，为此可在严寒季节在薯堆表面铺放草毡，以吸收汗层，防止萌芽腐烂。也可采用定期打开窖口的方式进行通风换气和降温。马铃薯入窖后一般不必翻动，但在气温较高地区可酌情翻动 1～2 次，去除病烂薯块，以防蔓延。

(3) 通风库贮藏。将薯块装筐堆于库内，要求薯堆高不超过 2m，堆内放有通风塔，以排除堆内湿热空气。贮藏期间控制库温为 3～5℃，相对湿度在 80%～85%。

三、果菜类

(一) 番茄

1. 贮藏特性

番茄的耐藏性随品种不同而有差异，一般晚熟品种比早熟品种耐贮藏，黄果品种比红果品种耐贮藏。作为长期贮藏的番茄应选择皮厚、肉质致密、干物质含量高、子室少、种子腔小的品种，如满丝、强力米寿、橘黄加辰、厚皮小红均较耐藏。

番茄具有明显的呼吸跃变期，长期贮藏时应选择绿熟期至顶红期的果实。

2. 贮藏条件

番茄的贮藏温度与成熟度有关，红熟番茄适宜的温度为 0～2℃，绿熟番茄为 10～13℃，若低于 10℃ 极易产生冷害。番茄贮藏适宜的相对湿度为 85%～90%，气体组成 O_2 和 CO_2 浓度均为 2%～5%。

3. 采后处理

番茄采收后，应先放在冷凉处短时间预贮，散发部分田间热后再入贮。入贮前要用杀菌剂洗果消毒，常用的有 0.1％次氯酸钙、0.2％苯甲酸钠、250～500mg/kg 特克多等。另外，对装番茄的筐或箱等容器也要用 0.5％漂白粉预先消毒，贮藏室要用 0.5g/m³ 高锰酸钾加甲醛提前 2 天消毒。

4. 贮藏方式

（1）窖藏和通风库贮藏。夏季在窖和通风库内贮藏时，主要是设法降温，可利用夜间气温较低时进行通风降温，尽量将窖或库温控制在 10～13℃，相对湿度为 85％～90％。秋季贮藏因为气温已较低，应注意低温危害，加强防寒措施。期间一般每 7～10 天倒菜 1 次，已成熟的可供应市场，或在 0～2℃下继续贮藏。

（2）冷藏。将番茄装在清洁、干净、透气的筐或箱中，每筐装果高度不应超过 25cm。贮藏期间应保持稳定适宜的温度和相对湿度，并定期检查。此法番茄贮藏期为 30～45 天。

（3）塑料薄膜袋贮藏。将番茄装入厚度为 0.06mm 的聚乙烯薄膜袋，每袋 5kg 以内，扎紧袋口放在阴凉处或库内。贮藏初期每隔 2～3 天，在清晨或傍晚将袋口打开 15min，排出果实呼吸产生的 CO_2，补入新鲜空气，同时将袋壁上的水珠擦干，然后将袋口扎好密封。一般，贮藏 1～2 周番茄就逐渐转红，若需要继续贮藏，则应减少袋内番茄数量，只平放一层或两层，以免互相挤压。果实红熟后，把袋口敞开，不需扎紧。

（4）塑料薄膜帐贮藏。贮藏前先将贮藏库消毒，并在库内先铺一层 0.1～0.2mm 厚的塑料薄膜，上面放枕木，在枕木间散放消石灰（用量为番茄重量的 1％），然后将番茄箱堆码到枕木上，每垛果实 750～1000kg，最后扣帐密封，进行人工气调或靠果实呼吸自然降低 O_2 浓度。为防止贮藏期间凝集水掉落到果实上，应在垛顶放置一些吸水物（如纸板），或者将帐顶制成"人"字形或弓形。可在帐内放入防腐剂（如漂白粉、仲丁胺等）和乙烯吸收剂，来延长番茄的贮藏期。

封帐后，由于番茄呼吸作用，帐内 O_2 含量下降，当 O_2 降到 2％～3％时，应通风补 O_2；当 CO_2 高于 6％时，则要更换一部分消石灰，以避免因缺 O_2 和高 CO_2 造成的伤害。另外，每隔 10～15 天，应打开帐子检查一次，并更换漂白粉等防腐剂和乙烯吸收剂。

（二）辣椒

1. 贮藏特性

辣椒包括辣椒和甜椒。辣椒有辣味，包括辣、麻辣和微辣；甜椒无辣味，味感发甜。辣椒以嫩绿果供食为主，含有大量的水分，在贮藏中易出现萎蔫、腐烂和后熟转红。在果实转红时期，有明显的呼吸高峰。辣椒对低温比较敏感，当环境温度低于 8℃时就能产生冷害。辣椒的品种很多，贮藏差异也很大。一般认为甜椒、油椒耐藏，尖椒不耐藏。应选色泽深绿、肉厚、表皮光亮、干物质含量高的晚熟品种供贮藏。如辽椒 1号、茄门椒、冀椒 1 号、牟农 1 号、麻辣三道筋、吉林四方头均较耐贮藏。

2. 贮藏条件

适宜的贮藏温度为 9～11℃，相对湿度为 90%～95%，气体成分为 O_2 3%～5%，CO_2 1%～2%。

3. 贮藏方式

(1) 缸藏。多用于农家小批量贮藏。贮藏前将缸洗干净，用 1% 的漂白粉消毒后自然晾干，然后将辣椒柄向上整齐放在缸内，装满后，用塑料薄膜封口，并在薄膜上打 3～4 个 $1cm^2$ 大的通气孔，或者不用打孔，但必须每隔 5～8 天打开薄膜，通气 15min。贮藏期间保持适宜的温度，如温度低时，可围盖草苫防冻。

(2) 沟藏。选择地势干燥的地方挖一东西向沟，沟宽 1m、深 1～2m，以越过冻土层为宜，长度以贮藏量定。沟底铺一层细沙，辣椒采摘后，不经预冷直接入沟，散堆或装筐或同细沙、稻壳等交替层积，层积厚度不超过 50cm。上面加覆盖物，覆盖物厚度随气温变化而加厚。贮藏期间注意防冻防雨水，每隔 15～20 天翻检 1 次。

(3) 窖藏。收获早的辣椒可先预贮，收获晚的可直接入窖贮藏。先在窖底铺沙，辣椒在沙上面散堆，堆高以 30～40cm 为宜，上面用湿草袋（或湿蒲包）覆盖。也可用筐装堆码贮藏，垛面用湿蒲包覆盖。贮藏初期白天关闭所有通风口，夜间打开进行通风降温；中后期关闭通风口，以保温为主，可在白天气温最高时进行适量通风换气。如果湿度过低，可以换湿草袋。贮藏期间要勤检查，剔除腐烂果实，对不宜贮藏的果实供应市场。

(4) 气调贮藏。在温度为 9～11℃ 的条件下贮藏。用厚度为 0.06mm 的聚乙烯制成小包装袋，每袋辣椒装量约为 12.5kg，扎口后放在菜架上贮藏。贮藏中如果袋内水珠较多，应每 2～3 天开袋换气一次，若水珠不多，则 4～5 天换气一次，每次 30min。换气与库内换气一起进行，最好在库内与外界温差最小的时间通风换气。也可将辣椒装筐堆垛，每垛 300～500kg，用 0.1～0.2mm 的塑料帐封闭。帐内 O_2 浓度保持在 3%～6%，CO_2 控制在 6% 以下。封帐前可在帐内放入消石灰吸收多余的 CO_2。

四、叶菜类

(一) 大白菜

1. 贮藏特性

大白菜品种很多，不同品种的生长习性和耐藏性也不同。一般，中熟、晚熟种比早熟品种耐藏，青帮品种比白帮品种耐藏，青白帮介于二者之间。直筒形的比圆球形的耐藏，在成熟度方面"八成心"的比满心的耐藏。生产上主要用于贮藏的品种有青麻叶、郑杂 1 号、青白帮、白帮河头、大青帮、青帮河头、青口、通圆 1 号等。

大白菜性喜冷凉湿润，故贮藏大白菜要求低温条件。它的贮藏损失主要由脱帮、腐烂和失水造成的。

2. 贮藏条件

温度为 0℃，相对湿度 85%～90%。气体成分为 1%～2% O_2，10% CO_2。

3. 贮藏方式

(1) 堆藏。白菜采后经过适当晾晒,堆放在地下水位低、土壤干燥的田间或浅坑中,表面用席子、秸秆等覆盖。具体方法:将大白菜两行相对,底部相距 30cm 以便通风,菜根向内,菜叶向外,逐渐缩小距离。堆放时,菜要挤紧,每层菜间要交叉斜放一些细架杆,以便支撑菜体。堆 5～6 层后,两排菜根相接,然后在堆顶部根朝下竖放一层菜,菜堆上部和两头用草帘等覆盖保温。贮藏期间,应随气温的降低逐渐加厚覆盖物,一般覆盖物厚约 15cm。此法贮藏期短,寒冷地区不宜采用。

(2) 窖藏。窖藏是北方地区贮藏大白菜的主要方法。有垛贮、筐贮、架贮等几种方式。

垛贮是将大白菜在窖内码成数列高近 2m,宽 1～2m 的条形垛,垛间有一定距离,以便通风和管理。一般寒冷地区采用实心垛,根朝外,有利于保温防寒,实心垛堆码简便整固,贮量大,但通风效果不好。为了提高通风量,可采用花心垛,花心垛内每层之间都有较大的空隙,便于通风散热,但贮量小。具体方法可根据当地的具体贮藏环境和贮藏量灵活掌握。

架贮法是把菜摆放在分层的菜架上,每层菜架放 1～2 层大白菜。架贮大白菜在每层之间都有一定空隙,从而改善了菜体周围的通风散热效果,所以贮藏期长,效果好。

筐贮是将大白菜装入条筐或塑料筐,容量为每筐 15～20kg。菜筐在窖内码成 5～7 层,垛与垛、箱与箱、垛与窖壁之间都留有适当的空隙,同样能起到架贮的作用。

窖藏初期,夜间把窖门打开通风,勤倒菜,一般 3 天 1 次,去除烂叶,以后根据情况减少倒菜次数。贮藏中后期减少通风次数,要防冻。

(3) 通风库贮藏。此法适于大白菜的集中大规模贮藏。白菜采后经晾晒、整理、预贮并及时入库。贮藏初期,开放全部通风口,以防热为主,勤倒菜。倒菜方式为上下倒和里外倒,使所有的菜尽量处于均匀的环境中。随着外界气温下降,逐渐关闭通风孔,尤其到严冬季节,要注意防冻、保温,在白天气温最高时适当通风。到春季来临,要加大通风,防止窖温回升,并勤检查,摘除烂叶,去除白头和破肚菜。

(4) 假植贮藏。将菜连根拔起,假植在沟中,菜棵与菜棵之间留有空隙。中原地区沟深以高出菜顶 20cm 为宜,东北地区应高出菜顶 50cm。贮藏前将沟内一次浇足水,等水下渗后将白菜立放于沟内,气温下降时再覆盖一层草帘。此法不适于寒冷地区和大规模采用。

(5) 冷藏。大白菜经预处理后,装箱堆码在冷库中,库温保持在 0℃左右,相对湿度 85%～90%。贮藏期间定期检查。

(6) 气调贮藏。白菜入库后,控制温度 0℃左右,相对湿度 85%～90%,O_2 浓度为 1% 以下,贮藏期可达 6 个月。

(二) 菠菜

1. 贮藏特性

菠菜采后极易脱水萎蔫、黄化和腐烂,不耐贮藏。一般选尖叶品种或尖圆形的杂交种贮藏。如黑龙江双城菠菜、唐山牛舌菠菜、山东大叶、沈阳快菠菜和北京红头菠菜等都属于尖叶品种。菠菜耐寒性很强，地上部分可忍受−9℃低温，因此菠菜保鲜宜采用冻藏和低温贮藏。用作贮藏的菠菜应适当的晚播。

2. 贮藏条件

适宜冻藏温度为−2～−4℃，冷藏为0℃左右；相对湿度为90％～95％；O_2浓度2％～4％，CO_2为1％～2％。

3. 贮藏方式

(1) 冷冻埋藏法。在背阴处挖一沟，沟深30cm，宽70～100cm，将菠菜捆成0.5～1kg的捆，平放在沟中。在土壤封冻前盖土15cm左右，天冷时再覆以秸秆、草帘等，沟内温度保持在−4～−2℃，使菠菜处于冻结状态。贮藏结束后，菠菜需经过2～3天的解冻过程，使之充分恢复新鲜状态方可上市。

(2) 简易气调贮藏。将菠菜经整理后捆扎成0.5kg左右的捆，放入筐中，每筐10kg左右，在0～1℃的冷库内预冷24小时。然后将菠菜采用叶对叶的摆放方式装入厚0.08mm，长、宽分别为1.1m、0.8m的聚乙烯袋中。装好后平放在冷库内的架子上，敞口24小时，次日松扎袋口。库内温度维持在−0.5～0.5℃。贮藏期间，每隔7～10天取气检测CO_2含量。若含量高于1％～5％时应及时开口放气调节，然后再松扎袋口。此法可将春菠菜贮藏1个月，秋菠菜贮藏近3个月。

五、花菜类

(一) 花椰菜

1. 贮藏特性

花椰菜贮藏中容易松球、花球褐变（变黄、变暗、出现褐色斑点）及腐烂，使质量降低。采收期延迟或采后高温、低湿等贮藏环境，都可能引起松球。花球褐变主要是由于花球在采收前或采收后较长时间暴露在阳光下，花球遭受低温冻害，以及失水和受病菌感染等原因造成。褐变严重时花球表面还能出现灰黑色的污点，甚至腐烂失去食用价值。贮藏用花椰菜，最好选择晚熟、品质好、抗寒力强的品种，如北京雪球、荷兰雪球等。

2. 贮藏条件

贮藏温度为0℃；相对湿度为90％～95％；适宜的气体组成是$O_2$2％～5％、$CO_2$1％～3％。

3. 贮藏方式

(1) 假植贮藏。在冬季温暖地区，入冬前后可利用棚窖、贮藏沟、阳畦等场所，将尚未成熟的幼小花球带根拔起，按行距26cm，株距9～13cm植于沟内，用湿土埋住根部，适量灌水即可进入假植。贮藏初期防热，后期防冻，根据气温变化情况适时增加覆盖物。如叶片上出现黑霉，说明温度过高，应适当通风；如菜花不长，或叶子有受冻的表现，则说明温度过低，应加盖草苫或塑料薄膜等御寒，将温度维持在 2～3℃，塑料薄膜昼揭夜盖。

（2）窖藏。花椰菜采收时将花球带 2～3 轮叶片，捆扎在一起，留根长 3～4cm，散堆、装筐或放在窖内菜架上都可。散堆时可稍加铺垫，花椰菜最好不接触地面，菜堆也不宜过高过大，以便通风散热。贮藏初期防止高温、高湿，后期保温防寒。平时多检查，及时倒菜。

（3）冷库贮藏。将花椰菜根部朝下码在筐中，最上层菜花低于筐沿。将筐堆码在库中，要求稳定而适宜的温度和湿度，每隔 20～30 天倒筐一次，将脱落及腐败的叶片摘除，并将不宜久藏的花球挑出上市。也可在库内搭菜架，每层架上铺上塑料薄膜，菜放其上。为了保湿，可在架的四周罩上塑料薄膜，但帐边不需密封。也可将花球单独套袋后，折叠袋口装筐码垛或直接放在菜架上进行贮藏，这种方法能有效减少水分蒸发，减少花球之间相互擦伤和病菌传染的机会，可使花球保持洁白，不散花，贮藏效果优于直接装筐和上架贮藏。

（4）大帐气调贮藏。将花椰菜装筐码垛后用塑料薄膜封闭贮藏。封闭后，降氧的方法有两种：一种是人工降氧法，使气体控制在 O_2 浓度为 2%～5%、CO_2 浓度 1%～3%。另一种是自然降氧法，即靠花椰菜自身的呼吸作用降氧。刚进帐后几天呼吸作用旺盛，必须每天或隔天透帐，随后呼吸减弱，可 2～3 天透帐一次。一般隔 15 天左右倒动一次，同时剔除黄叶、烂叶。当 CO_2 浓度超过 5% 时，应在帐底放置消石灰吸收多余的 CO_2，同时在顶层放置乙烯吸收剂。

（二）蒜薹

1. 贮藏特性

蒜薹采收后呼吸强度大，花茎表面缺少保护组织，采收时又正值高温季节，故脱水老化和腐烂，并导致薹苞膨大开裂。老化的蒜薹变黄变空，纤维增多，失去食用品质。

2. 贮藏条件

蒜薹比较耐寒，但对湿度要求较高，若湿度过低，则易失水变糠。蒜薹适宜的贮藏条件为：温度 -1～0℃，相对湿度 90%～95%，O_2 浓度 2%～4%，CO_2 浓度 5%～7%。

3. 采后处理

蒜薹贮藏前要进行挑选整理，剔除过细、过嫩、过老、带病和有机械伤的薹条，剪去薹条基部老化部分（约 1cm 长），用塑料绳在距离薹苞 3～5cm 处扎成 0.5～1kg 的小把，然后放入冷库菜架上进行预冷，最好在 2～3 天内将蒜薹的温度降到 0～5℃。预冷期间用液体保鲜剂喷洒薹梢，以防薹梢霉烂。当蒜薹温度降到 0℃时装袋封口，进行贮藏。

4. 贮藏方式

(1) 冰窖贮藏。这是我国传统的蒜薹贮藏方法。蒜薹经过预处理后，装入湿蒲包中，每包 10~15kg，包严后用绳子捆成十字形。先在窖底铺两层冰块，四周摆两排冰块，做成 1m 厚的冰墙，将蒜薹包放在冰上压紧，用碎冰填满空隙，上面再铺一层大冰块，然后上面再依次贮藏第二层、第三层，在最上层的大冰块上再铺 20cm 后的碎冰，拍平、踩实，碎冰上覆盖约 1m 厚的稻壳或木屑作隔热层。

贮藏期间应保持冰块缓慢地融化，窖内温度在 0~1℃，相对湿度接近 100%。贮藏到第 2 年，损耗约为 20%。冰窖贮藏时不宜从外观发现蒜薹的质量变化，所以蒜薹入窖后 3 个月应检查一次。如个别地方凹陷，必须及时补冰，如发现异味，则应及时处理。

(2) 冷藏法。将挑选并预冷的蒜薹，装入箱中，或直接码在架上，库温控制在 0~1℃。采用这种方法，贮藏时间较长，但容易脱水及失绿老化。

(3) 气调贮藏

1) 塑料薄膜袋贮藏：待蒜薹预冷到 0℃时，将蒜薹薹梢向外，码放在聚乙烯袋内，每袋装蒜薹 18~20kg，扎紧袋口，置于架上或包装容器内。当袋内 O_2 降到 1%~2%，CO_2 在 12% 左右时，开袋通气，使袋内 O_2 上升到 18% 以上，CO_2 降到 1%~2%，然后重新封袋。在 0℃ 冷库中小包装贮藏的蒜薹，放风周期为 10~15 天。贮藏中后期放风周期逐渐缩短到 7~10 天。

2) 塑料薄膜大帐贮藏：先在冷库地面上铺聚乙烯薄膜，将预冷后的蒜薹装入塑料箱内，每箱 20kg，在上面码成垛，然后扣帐，扣帐时最好将帐顶做成脊形，防止凝结水下滴。最后将帐身边沿与铺在地面的塑料薄膜一起卷起来，用砖块或其他物品压紧，造成密闭环境。大帐密封后，降氧的方法有两种：一种是利用蒜薹自身呼吸使帐内氧气含量降低；另一种是快速充氮降氧，先将帐内的空气抽出一部分，再充入 N_2，反复几次，使帐内 O_2 含量控制在 2%~4%。CO_2 也会在帐内逐渐积累，当 CO_2 浓度高于 8% 时，可被消石灰吸收或气调机脱除。

3) 硅窗袋贮藏法：将预冷到 0℃ 的蒜薹，薹梢向外装在 0.06~0.08mm 厚、100~110cm 长、70~80cm 宽的，嵌有面积为 9cm×13cm 硅橡胶窗的硅窗袋中，置于菜架或包装容器中。在 0℃ 条件下可使袋内的 O_2 浓度达到 2%~5%，CO_2 浓度 3%~8%，蒜薹贮藏期为 8 个月。

本 章 小 结

本章主要介绍了生产上栽培数量较大、市场上比较常见的果品、蔬菜的贮藏保鲜知识与技术。主要从各种果品、蔬菜的贮藏特性、贮藏条件、采后处理及贮藏方式方面进行阐述，为各种果品、蔬菜在生产上的保鲜提供了理论依据。

思 考 题

1. 说明苹果、梨、柑橘、葡萄、香蕉等常见果品的贮藏特性。

2. 分别说明根茎类、叶菜类、花菜类、果菜类蔬菜的贮藏特性。

3. 从每一类果蔬中各选1～2个具有代表性的果品、蔬菜种类，叙述其贮藏方式及其管理技术要点。

4. 简述本地区主要果品、蔬菜的贮藏特性、贮藏条件和贮藏方式。

第五章　果蔬加工原料及预处理

学习要求

　　(1) 了解果蔬加工对原料、水质、添加剂的要求；
　　(2) 了解水的一般处理方法；
　　(3) 掌握果蔬原料的各种预处理方法及原料半成品的保存方法。

第一节　果蔬加工对原料的要求

一、原料的成熟度和采收期

　　果蔬原料的成熟度、采收期适宜与否，将直接关系到加工成品质量高低和原料的损耗大小。不同的加工品对果蔬原料的成熟度和采收期要求不同。在果蔬加工学上，一般将成熟度分为三个阶段，即可采成熟度、加工成熟度（也称食用成熟度）和生理成熟度（过熟成熟度）。

　　可采成熟度是指果实充分膨大长成，但风味还未达到顶点。这时采收的果实，须经后熟方可达到加工的要求。果脯类产品的原料如苹果、香蕉、桃等水果可在此时采收。工厂为了延长加工期也常在此时采收入贮，以备以后加工。

　　加工成熟度是指果实已具备该品种应有的加工特征，又可分为适当成熟与充分成熟。根据加工类别的不同而要求的成熟度也不同。如制造果汁类，要求原料充分成熟，色泽好且香味浓，糖酸适中，榨汁容易，吨耗低；制造干制品类，果实也要求充分成熟，否则缺乏应有的果香味，制品质地坚硬，而且有的果实若青绿色未褪尽，干制后会因叶绿素分解变成暗褐色，影响外观品质；制造果脯、罐头类则要求原料成熟适当，这样的果实因含原果胶较多，组织比较坚硬，可以经受高温煮制；果糕、果冻类加工时，也要求原料具有适当的成熟度，其目的是利用原果胶含量高，使制成品具有凝胶特性。

　　生理成熟度是指果实质地变软或老化，营养价值降低。这种果实除了可制成果汁和果酱外，一般不适宜加工其他产品。

蔬菜供食用的器官不同，在田间生长发育过程中变化很大，因此采收期选择得恰当与否，对加工至关重要。如采收过早，果实发育不充分，难以加工，产量也低；如过老，则组织木质化或糠心，不堪食用。

果蔬加工品种类繁多，每种加工品所需原料成熟度有所不同，且果蔬种类也繁多，而用于加工的每种原料的最适宜的采收期也不同。故在确定最佳采收期时可根据大小、色泽、硬度、主要化学成分的变化以及结合实际经验来判断。

二、原料的新鲜度、安全性与果蔬加工的关系

（一）原料的新鲜度与果蔬加工的关系

加工用原料越新鲜完整，加工品的品质也就越好，吨耗率也就越低。但是果蔬是鲜活易腐品，在采收、搬运过程中极易造成机械损伤，被微生物大量侵染，给以后的杀菌工序带来困难，甚至这些原料严重腐烂，彻底失去加工价值。另外，果蔬采后仍然是一个有生命的个体，继续进行一系列代谢活动，从而使体内积累的营养物质不断地进行降解，使品质劣化。例如，青刀豆采后不立即加工，其豆类的纤维化速度很快，糖的含量减少。蘑菇等食用菌采后会迅速褐变变质。荔枝、杨梅及其他浆果会迅速腐烂、软化。甜玉米采后 30h 就会迅速老化，含糖量下降近 1 倍，淀粉含量增加近一半，水分也大大下降，势必影响到加工品的质量。总之，果蔬加工要求从采收到加工的时间尽量缩短，如果必须放置或进行远途运输，则应有一系列的保藏措施，以保证果蔬的新鲜、完整。同时，在装卸、运输过程中应尽量避免伤害果蔬组织。

（二）原料的安全性与果蔬加工的关系

随着经济的发展和社会的进步，污染是当前最受人们关注的问题。工业"三废"、现代农业生产中大量施用化肥和农药、食品加工过程中滥用食品添加剂等都会直接或间接影响食品的安全性，如果蔬原料中有机农药残留已经成为制约我国农产品出口的最大障碍。因此专家指出，21 世纪的食品的发展方向将是绿色食品。绿色食品的含义是无污染、安全、优质、营养的食品。果蔬加工制品要想达到绿色食品的标准，满足人们对食品安全的需要，保证人体健康，其最根本的一点就是选择加工的原料也要达到绿色食品的要求，若采用被农药或其他有毒物质污染的原料进行加工，即使采用最先进的生产技术，也生产不出优质的绿色食品。

第二节 果蔬加工用水的要求

一、水质与产品质量的关系

果蔬加工用水量远大于其他食品加工的用水，除日常的锅炉用水和场地、设备的清洁用水外，大量的是直接加工产品用水，如原料清洗、烫漂、硬化、护色、制浆用水。加工直接用水是许多果蔬加工产品中的主要成分，水质的好坏直接影响到加工产品的品

质，如果水的硬度过大，水中可溶性的钙盐、镁盐加热后生成不溶性的沉淀；钙、镁还能与蛋白质一类的物质结合，产生沉淀，致使罐头汁液或果汁发生浑浊或沉淀。硬水中的钙盐还能与果蔬中的果胶酸结合生成果胶酸钙，使果肉表面粗糙，加工制品发硬。镁盐如果含量过高，如 100mL 水中含 MgO 4mg 便会尝出苦味。此外，水中如含有硫化氢、氨、硝酸盐和亚硝酸盐，或含有过多的铁、锰等盐，将会引起加工品的变色，影响外观。因此，水的质量控制是果蔬加工过程中的一个十分重要的环节。

二、加工用水的标准与处理

（一）加工用水的标准

果蔬加工所用的水必须符合国家规定的《生活饮用水卫生标准》，即完全透明、无悬浮物、无异臭味、无致病菌、无耐热性微生物及寄生虫卵，不含对人体有害的物质。加工用水的 pH 一般为 6.5～8.5，pH 过低，说明水质污染严重，不符合卫生要求；过高，说明各种金属离子含量过高。

对加工用水硬度的要求则随不同产品的加工工艺而异，除了制作果脯蜜饯、蔬菜的腌制及半成品的保存，以防止煮烂和保持脆度外，其他一切加工品用水的硬度不宜超过 8°。锅炉用水要求硬度不得超过 0.035°～1°，pH 7～8 为宜，否则 CaCO₃、MgCO₃ 在锅炉内壁形成水垢，既影响传热，又可能使锅炉发生爆炸事故。

加工用水如来源于自来水或深井水，不需要处理即可直接使用。若来源于江河、湖泊、水库，则必须经过澄清、过滤、软化、消毒等处理后，才能用作加工用水。

（二）加工用水的处理

目前，工厂中常用的水处理方法有过滤、软化、除盐和消毒等。

1. 过滤

水的过滤是指当原水通过滤料层时，原水中的一些悬浮物、胶体物质等被截留在孔隙中或介质表面中，从而使原水得以净化的过程。水的过滤是一系列不同过程的综合，包括阻力截留、重力沉降和接触凝聚。

（1）过滤的工艺过程。过滤的基本工艺过程由过滤和冲洗两个过程组成。过滤为生产清水的过程，冲洗为除掉滤料表面污物、恢复过滤能力的过程，由于在大多数情况下，冲洗和过滤水流方向相反，因而冲洗又称为反冲或反洗。

（2）过滤的形式

1）池式过滤：池式过滤是指过滤介质（滤料）填于池中的过滤形式，适宜于用水量较大，含有较多杂质的原水处理。滤料是完成过滤作用的基本介质，滤料的粒径大小及形状直接决定着杂质去除的效果。常用的过滤介质有砂、石英砂、石头、无烟煤、磁铁矿等。

滤池有单层滤池和多层滤池。池式过滤根据水过滤的快慢又可分为快速过滤和慢速过滤两种。上层的清水以 5m/h 的速度通过砂滤层为快速过滤，可以除去水中悬浮物，但对离子、胶体及微生物不能完全去除，需进一步处理；上层的澄清水以 2～5m/d 的速度通过砂滤层，称为慢速过滤，可以除去水中悬浮物、胶体及大部分微生物，还可以改善水的味道。

滤池使用一段时间后，滤料及滤层吸附、聚集了悬浮物等杂质，使滤池过滤能力下降，水压损失增大，无法达到水处理的目的，需要进行清洗。清洗的方法采用水反冲或反冲时通压缩空气，并结合高压清水冲洗表面。

2）砂滤棒过滤：当用水量较少，原水中只含有少量有机物、细菌和其他杂质时，可采用砂滤棒过滤器。水处理时，待处理水在外压作用下，通过砂滤棒的微小孔隙，水中存在的少量有机物及微生物被微孔吸附截留在砂滤棒表面（图 5-1）。滤出的水基本无菌，达到饮用水国家标准。

砂滤棒过滤器是我国水处理设备中的定型产品，根据处理的水量选择其适用的型号。考虑到生产的连续性，生产时至少有两台砂滤棒过滤器并联安装，当一台清洗时，可使用另一台。

在使用中，由于砂滤棒过滤器的材料较脆，当水压太高时容易破碎，造成污染。所以，在操作中要严格注意表压，见表压突然下跌，应立即停用，待检修后方能使用。砂滤棒使用一段时间后，表压逐渐升高，那是因为砂滤棒外壁积垢较多，滤水量下降引起。当表压升至一定值时，应立即停止使用。将砂滤棒卸出，用水砂纸轻轻擦去表面的污垢层，经刷洗冲净恢复至砂滤棒原色，即可安装重新使用。若使用洗涤剂，也可作封闭冲洗，不用卸出砂滤棒。

砂滤棒在使用前需消毒处理，一般用 75% 酒精或 0.25% 的新洁尔灭或 10% 漂白粉，注入砂滤棒内，堵住出水口，使消毒液和内壁完全接触，数分钟后倒出。安装时凡是与净水接触的部分都要消毒。

3）活性炭过滤：活性炭具有多孔性，可以吸附异味，去除各种杂质。适宜于原水用氯消毒后余氯的吸附清除。实际生产中，活性炭过滤（图 5-2）常和砂滤器串联使

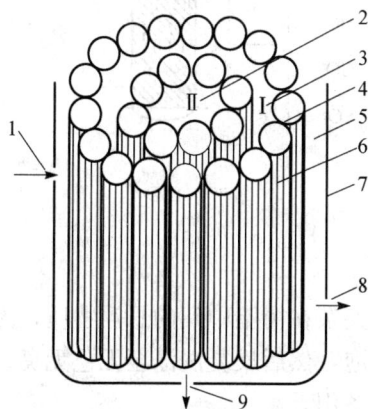

图 5-1　砂滤棒工作示意图
1—进水；2—Ⅱ区进水；3—Ⅰ区净水；4—内棒；5—污水区；
6—外棒；7—外壳；8—污水排放管；9—净水出水管

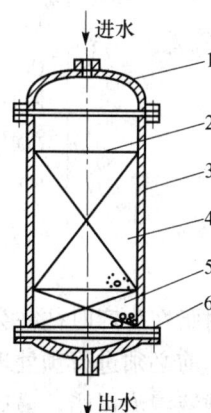

图 5-2　活性炭过滤器
1—上盖；2—盖板；3—壳体；4—活性炭层；
5—承托层；6—支撑层

用。活性炭使用一段时间后，也需要进行清洗再生。由于活性炭具有腐蚀性，使用铁质容器装活性炭时要进行防腐蚀处理。

另外还有钛棒过滤器、化学纤维蜂房式过滤器、大孔吸附树脂过滤器等。其中，大孔吸附树脂是近年来新发展起来的分离材料，具有比表面积大，吸附有机大分子能力强，机械强度高和化学稳定性好，易再生，可反复使用等优点。

2. 软化

为满足加工用水的水质要求，不仅要除去水中的悬浮杂质，还要进行软化处理，以降低水的硬度。一般硬水软化常用石灰软化法和离子交换法等方法。

（1）石灰软化法。在水中加入石灰等化学药剂，可以在不加热的条件下除去 Ca^{2+}、Mg^{2+}，降低水的硬度，达到水质软化的目的，此法称为石灰软化法，是一种既简单又经济的方法。石灰软化法适宜碳酸盐硬度较高，非碳酸盐硬度较低，不要求高度软化的水，可以作为离子交换处理的预处理。另外，石灰软化还可除去水中的 CO_2、部分的铁和硅的化合物。

石灰软化法处理水时，投加的石灰量要精确。根据经验，$1m^3$ 水降低 $1°d$，需要添加纯生石灰 $10g$；$1m^3$ 水中的 CO_2 浓度降低 $1mg/L$，需要添加纯生石灰 $1.27g$。经石灰软化后，水中的暂时硬度大部分被除去，暂时硬度降到 $0.4\sim0.8°d$，碱度降至 $0.8\sim1.2mmol/L$，有机物除去 25%，硅酸化合物降低 $30\%\sim35\%$，原水铁残留 $<0.1mg/L$。

（2）离子交换法。离子交换法是利用离子交换树脂的交换能力，将原水中不需要的离子交换出来，从而使水得到软化的方法（图 5-3）。水中溶解的阴阳离子被树脂吸附，离子交换树脂中的 H^+ 和 OH^- 进入水中，从而达到水质软化的目的。

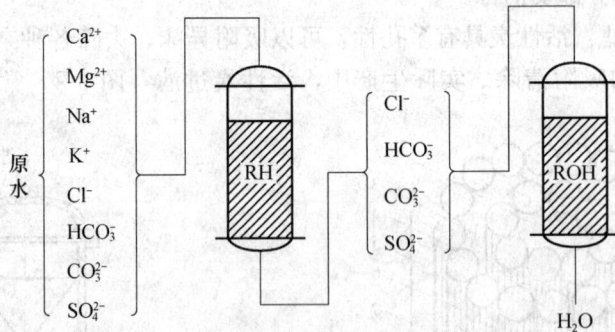

图 5-3　树脂去离子作用示意图

新树脂在生产时往往会混有可溶性低聚物和夹杂在树脂中间的悬浮物质，因此新树脂在使用前必须进行预处理。可以先用自来水浸泡，然后反复洗涤至无色无臭，再分别用酸或碱液浸泡树脂，最后用去离子水反复冲洗备用。

离子交换树脂经长期使用后，其交换性能下降，处理水的数量和质量也下降。为了有效地使用离子交换树脂制备高质量的水，必须使失效的树脂重新恢复到原来的工作状态，这就是离子交换树脂的再生。一般用 $2\sim3$ 倍树脂质量的 $5\%\sim7\%HCl$ 溶液处理阳树脂，用 2～3 倍树脂质量的 5%～8% NaOH 溶液处理阴树脂，然后用去离子水洗至 pH 分别为 3～4 和 8～9，使树脂重新活化备用。

3．除盐

（1）电渗析法。电渗析技术常用于海水或咸水的淡化，或用自来水制备初级纯水，是膜分离技术的一种。它是在外加直流电场的作用下，根据同性相斥、异性相吸原理，原水中的阴、阳离子分别通过具有选择透过性和良好导电性的阴、阳离子膜而达到净化作用的一项技术（见图 5-4）。

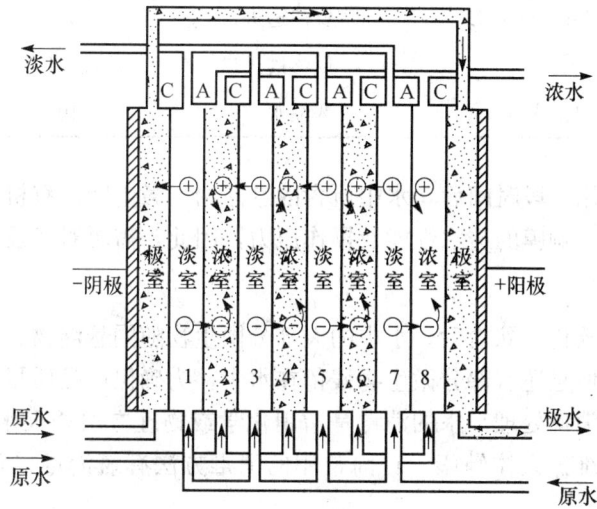

图 5-4　电渗析工作原理示意图

电渗析不能除去水中的不溶性杂质。原水在使用电渗析处理前必须进行预处理，保证水质符合要求：非电解质杂质要少；浑浊度宜小于 1mg/L；游离性余氯不得大于 0.3mg/L，以免余氯对膜的氧化作用；铁含量≤0.3mg/L，锰含量≤0.1mg/L；水温应在 4～40℃。如果水质污染较严重，不符合上述要求，需要在电渗析前先进行预处理，以达到良好的软化效果。

（2）反渗透法。当溶液两侧达到平衡时溶液的液面会形成高度差，由此高度差产生的压力叫渗透压。此时，如果在浓溶液一侧施加一个大于渗透压的压力时，浓溶液中的溶剂就会透过半透膜进入稀溶液一侧，此现象称为反渗透。反渗透作用的结果是浓溶液变得更浓，稀溶液变得更稀，最终达到分离软化的目的。

反渗透技术去除杂质的范围广，可以将原水中的无机离子、细菌、病毒、有机物及胶体等杂质去除，能获得高质量的纯净水。反渗透按其膜的形状分为板式、管式、卷式和中空纤维式 4 种。不同形式膜单位体积和膜面积不同，处理水的能力不同。

为了使反渗透水处理顺利进行，提高效果，延长膜的寿命，对进入反渗透器的水质有一定的要求，见表 5-1。

表 5-1　反渗透器对水质的要求

项　目	取样点	中孔聚酰胺膜	卷式醋酸纤维膜
水温/℃	反渗透进口	20～35	20～30
pH	反渗透进口	4～11	4～6
浊度/NTU	反渗透进口	<0.5	<1
污染指数 FI	反渗透进口	<3	<5
余氯/(mg/L)	反渗透进口	<0.1	0.2～0.5
化学含氧量（COD，Mn)/(mg/L)	反渗透进口	<2	<2
Fe/(mg/L)	反渗透进口	<0.1	<0.1
$(Ca^{2+}$，$SO_4^{2-})/(mg/L)$	浓缩水	<10	<10

　　反渗透器在使用一段时间后，水中所含的悬浮物、微生物、有机物等杂质易在膜表面结成一层薄垢，影响膜的透水性能及操作压力，因此，需要对膜及时进行清洗。

　　4. 消毒

　　原水经过滤、软化、除盐后，水中的大部分微生物随同悬浮物、胶体物质和溶解性杂质等已被除去，但是还有部分微生物残留在水中，为确保产品质量和广大消费者的安全，需要对水进行消毒处理。水的消毒是指用化学或物理方法杀灭水里的病原微生物，以防止疾病传染，维护人体健康。目前常用的消毒方法有氯消毒、紫外线消毒和臭氧消毒。

　　其中，氯消毒是目前广泛使用的简单而有效的消毒方法。它是通过向水中加入氯气或其他含有效氯的化合物，如漂白粉、氯胺、次氯酸钠、二氧化氯，依靠氯原子的氧化作用破坏细菌的某种酶系统，使细菌无法吸收养分而自行死亡。氯的加入方法可以根据其添加是在原水过滤前后而分为滤前加氯和滤后加氯（表 5-2）。

表 5-2　氯的添加方法

添加方法	原水质量	添加时机	添加量
滤前加氯	较差，有机物含量大	滤前加氯防止沉淀池中微生物繁殖	加氯量大
滤后加氯	较好，有机物含量小	原水沉淀和过滤后添加	加氯量小，消毒效果好

　　原水中氯的添加量需要考虑作用氯和余氯两个方面。作用氯是指与水中微生物、有机物及亚铁盐、亚硝酸盐等还原性盐类直接作用的部分；余氯是为了保持水在加氯消毒处理后仍具有持久的杀菌能力，防止水中残留的和外界侵入的微生物生长繁殖的部分。

　　我国生活饮用水水质标准为，自来水管网末端游离性余氯的含量在 0.1～0.3mg/L，为了保持其余氯含量在 0.1mg/L，一般总投氯量为 0.5～2.0mg/L。

第三节　原料的预处理

果品蔬菜加工前处理包括选别、分级、清洗、去皮、切分、修整、烫漂、硬化、抽空等工序。在这些工序中，去皮后还要对原料进行各种护色处理，以防原料发生变色而品质变劣。尽管果蔬种类和品种各异，组织特性相差很大，加工方法不同，但加工前的预处理过程却基本相同。对于加工前的选别、分级及清洗等工序，可参考本书第二章相应内容。

一、原料去皮、切分、去心、去核及修整

(一) 原料去皮

除叶菜类外，大部分果蔬外皮较粗糙、坚硬，虽有一定的营养成分，但口感不良，对加工制品有一定的不良影响。如柑橘外皮含有精油和苦味物质；桃、李、梅、杏、苹果等外皮含有纤维素、果胶及角质；荔枝、龙眼的外皮木质化；甘薯、马铃薯的外皮含有单宁物质及纤维素、半纤维素等；竹笋的外壳高度纤维化，不可食用。因而，一般要求去皮。只有在加工某些果脯、蜜饯、果汁和果酒时，因为要打浆、压榨或其他原因才不用去皮。加工腌渍蔬菜也常常无需去皮。

去皮时，只要求去掉不可食用或影响制品品质的部分，不可过度，否则会增加原料的消耗，且产品质量低下。去皮的方法很多，应针对不同的果蔬，不同的加工品，选用不同的方法。常见的去皮方法有手工去皮法、机械去皮法、碱液去皮法、酶法、冷冻去皮法。

手工去皮法应用较广，去皮干净，损失率少，并有修整的作用，同时也可以将去心、去核、切分等工序同时进行。但手工去皮需要大量的人力，生产效率低。机械去皮法比手工去皮法的效率高，质量好，但一般要求去皮前原料有较严格的分级。另外，用于果蔬去皮的机械，特别是与果蔬接触的部位应用不锈钢制造。碱液去皮法常用氢氧化钠或氢氧化钾溶液，有浸碱法和淋碱法两种。所用设备必须由不锈钢或用搪瓷、陶瓷制成，不能用铁或铝器。碱液去皮操作简单，可节省人工、设备，且对表面不规则、大小不一的原料也能达到良好的去皮效果，去皮完整，原料出品率高，所以广泛应用于生产中。热力去皮原料损失少、色泽好、风味好。但只用于皮易剥离的原料，要求充分成熟，成熟度低的原料不适用。酶法去皮条件温和，产品质量好。其关键是要掌握酶的浓度及酶的最佳作用条件如温度、时间、pH 等。冷冻去皮法去皮损失率小，质量好，但费用高。真空去皮法适用于成熟的果蔬如桃、番茄等。

综上所述，去皮的方法很多，且各有其优缺点，生产中应根据实际的生产条件、果蔬的状况来选用。而且，许多方法可以结合在一起使用，如碱液去皮时，为了缩短浸碱或淋碱时间，可将原料预先进行热处理，再碱处理。

(二) 原料切分、去心、去核及修整

体积较大的果蔬原料在罐制、干制、加工果脯、蜜饯及蔬菜腌制时，为了保持适当

的形状，需要适当地切分。切分的形状则根据产品的标准和性质而定。核果类加工前需去核，仁果类则需去心。枣、金橘、梅等加工蜜饯时需划缝、刺孔。

罐制加工时为了保持良好的形状外观，需对果块在装罐前进行修整，例如除去果蔬碱液未去净的皮，残留于芽眼或梗洼中的皮，除去部分黑色斑点和其他病变组织。柑橘全去囊衣罐头则需去除未去净的囊衣。

上述工序在小量生产或设备较差时一般手工完成，常借助于专用的小型工具。如枇杷、山楂、枣的通核器；匙形的去核心器；金橘、梅的刺孔器等。

规模生产常有多种机械，主要有：劈桃机、多功能切片机、专用切片机、去心去核机。

二、原料的破碎与取汁

制汁是果蔬汁及果酒生产的关键环节。果蔬的汁液被包含在果蔬的细胞结构中，只有破坏果蔬组织，打破细胞壁，才能使细胞结构中的汁液流出。为了提高出汁率和果蔬汁的质量，取汁前需要进行破碎、加热和灭酶等预处理。

（一）破碎和打浆

破碎果蔬原料的目的是为了提高出汁率，尤其是一些果皮较厚、果肉致密的原料。不过，破碎程度要适中，破碎后的果块要大小均匀，不可过大或过小。果块过大，影响出汁率；果块过小，会造成榨汁时外层果汁被迅速榨出，剩余果渣形成一层厚皮，使内层果汁难以流出，同样影响出汁率。不同果蔬原料品种和成熟度对破碎程度要求不同。对于通过压榨取汁的果蔬，如苹果、梨、菠萝、胡萝卜等质地较坚硬的水果，破碎后果块以 3～4mm 见方为宜；樱桃、草莓、番茄等破碎后果块控制在 3～5mm 见方。对于果汁含量较低的原料通常采用浸提取汁，如山楂等，浸提前也需要破碎，但不宜过度，否则浸汁中细小果肉含量较高，增加过滤和分离困难。对于一些成熟度较高的原料，可直接破碎打浆取汁。果浆的破碎程度主要取决于打浆机筛孔，孔径一般 10～20mm。

果蔬原料破碎和打浆常用的破碎机或磨浆机有辊式破碎机、锤式破碎机、挤压式破碎机、打浆机等。不同果实应选用不同类型的破碎机械。如葡萄等浆果类水果去梗后选用挤压式破碎机；组织致密的苹果、梨、桃等，可选用锤式破碎机、辊式破碎机；生产桃、杏等果肉果蔬饮料，除去果核、果皮后可用磨浆机；大部分蔬菜汁，可用打浆机打浆后分离渣液。破碎时果肉组织由于接触氧气，会发生氧化反应，破坏果蔬汁的色泽、风味和营养成分等，因此，需要采用措施防止氧化，如在密闭环境下破碎、充 N_2 气、使用抗坏血酸等。

（二）取汁前预处理

果蔬原料经破碎为果浆。这时果蔬组织被破坏，各种酶从破碎的细胞组织中逸出，活性大大增强。同时，果蔬表面积急剧增大，大量吸收氧，致使果浆产生各种氧化反应。此外，果浆又为来自于原料、空气、设备的微生物生长繁殖提供了良好的营养条件，极易使其腐败变质。因此，必须对果浆及时采取措施，钝化果蔬原料自身含有的酶，抑制微生物繁殖，以保证果蔬汁的质量，同时，提高果浆的出汁率。通常采用的方法有加热处理和酶法处理工艺。

果蔬破碎后采用热处理，可以使细胞原生质中的蛋白质凝固，改变细胞的通透性，同时果肉软化，果胶物质水解，降低汁液黏度，提高出汁率。还有助于色素溶解和风味物质的溶出，并能杀死大部分微生物。一般加热温度为 60～80℃，最佳温度为 70～75℃，加热时间为 10～15min。也可采用高温瞬时加热方式，加热温度为 80～90℃，时间为 1～2min。

对于果胶含量丰富的核果类和浆果类水果，在榨汁前添加一定量的果胶酶可以有效地分解果肉组织中的果胶物质，使果汁黏度降低，容易榨汁、过滤，提高出汁率。酶处理的效果取决于酶解温度、加酶量和酶解时间。一般，果胶酶制剂的添加量为果蔬浆重量的 0.01%～0.03%，温度在 45～50℃，酶解时间在 2～3h。为了防止酶处理阶段的果蔬浆过度氧化，通常将热处理和酶解处理相结合，先将果浆在 90～95℃下杀菌，然后冷却至 45～50℃加酶酶解。

(三) 榨汁和浸提

1. 榨汁

目前，绝大多数果蔬汁生产企业都采用压榨取汁工艺。果实的出汁率取决于果实的种类、品种、质地、成熟度、新鲜度、加工季节、榨汁方法和榨汁效能。常见的设备有螺旋式榨汁机、带式榨汁机、液压式榨汁机、柑橘全果榨汁机和切半锥式机等。

在榨汁过程中，为了提高出汁率，缩短榨汁时间，需要注意以下两个方面。

1) 使用榨汁助剂，如稻糠、硅藻土、珠光岩、人造纤维和木纤维等，榨汁助剂的添加量，取决于榨汁设备的性能、榨汁助剂的性质以及果蔬的组织结构等。如压榨苹果时，添加量为 0.5%～2%，可提高出汁率 6%～20%。使用榨汁助剂时，必须使之均匀地分布于果浆中。

2) 榨汁过程要求迅速，连续，最大限度地防止和减轻果蔬汁的色香味和营养成分的损失。结合原料的状态，尽可能提高榨汁设备的性能，缩短榨汁时间，减少设备内的滞留量，维持高而稳定的生产能力和始终如一的高品质产品。

2. 浸提

浸提是把果蔬细胞内的汁液转移到液态浸提介质中的过程，适用于一些汁液含量较少，难以用压榨法取汁的水果原料，如山楂、梅子、酸枣等。采用浸提工艺，若浸提温度高、时间长，则果汁质量差。国外常用低温浸提，温度为 40～65℃，时间为 60min 左右，浸提汁色泽明亮，易于澄清处理，氧化程度小，微生物含量低，芳香成分含量高，适于各种果蔬汁饮料，是一种比较好的加工工艺。但浸提取汁时间长，效率较低。

三、烫漂与硬化

(一) 烫漂

烫漂是将已切分的或其他预处理的新鲜原料进行短时间热处理，在生产上也称预煮、热烫，这是许多加工品制作工艺中的一个重要工序。烫漂处理的好坏，将直接关系到加工制品的质量。

1. 烫漂的作用

1）破坏酶活性，减少氧化变色和营养物质的损失。果蔬受热后氧化酶类可被钝化，从而停止其本身的生化活动，防止品质进一步劣变。这在速冻和干制品中尤为重要。一般认为氧化酶在 71～73.5℃，过氧化酶在 90～100℃ 的温度下，5min 即可遭受破坏。

2）热烫后果蔬体积变小，组织变得柔软且有弹性。同时，制品的透明度增加，叶绿素的颜色更加鲜艳，增加美观。生产罐头制品时，不仅可改善制品的品质，还有利于按照成品的质量紧密装罐，而不致果蔬组织破损。

3）增加细胞透性，有利于水分蒸发，可缩短干燥时间；同时热烫过的干制品复水性也好。

4）可以排除某些果蔬原料的不良气味如苦、涩、辣味，使制品品质得以改善。

5）可以杀灭果蔬表面附着的部分微生物和虫卵。

2. 烫漂的方法

烫漂方法常用热水法和蒸汽法两种。

(1) 热水法。热水法是在不低于 90℃ 的温度下热烫 2～5min。质地幼嫩的原料可以采用较低的温度，如制作脱水蔬菜的菠菜及小葱，只能在 70℃ 左右的温度下热烫几秒或几分钟，否则感官及组织状态受到严重影响。烫漂操作可以在夹层锅内进行，也可以在专门的连续化机械，如链带式连续烫漂机和螺旋式连续烫漂机内进行。有些绿色蔬菜为了保持绿色，常常在烫漂液中加入碱性物质如小苏打、氢氧化钙等。但此类物质对维生素 C 损失影响较大，为了保存维生素 C 有时也加亚硫酸盐类。除此之外，制作罐头的某些果蔬也可以采用 2% 的食盐水或 0.1%～0.2% 的柠檬酸液进行烫漂。

热水烫漂的优点是物料受热均匀，升温速度快，方法简便；缺点是部分维生素及可溶性固形物损失多，一般损失 10%～30%。

(2) 蒸汽法。蒸汽法是将原料装入蒸锅或蒸汽箱中，用蒸汽喷射数分钟后立即关闭蒸汽并取出冷却。采用蒸汽热烫，可避免营养物质的大量损失，但容易加热不匀。

3. 操作注意事项

1）热烫适度。果蔬热烫以烫透为宜，不可过度。外观上半生不熟，组织较透明，失去新鲜状态时的硬度，但又不像煮熟后的那样柔软。通常以果蔬中过氧化物酶的活性全部破坏为宜。

2）烫后冷却。果蔬烫漂后应立即冷却，防止余热对产品造成不良影响并保持原料的脆嫩，一般采用流动水漂洗冷却或冷风冷却。

3）烫漂用水可重复使用，这样可减少原料中可溶性物质的流失，有些原料的烫漂液甚至可收集进行综合利用，如制成蘑菇酱油、健肝片等。

（二）硬化

硬化是指为了增加制品的硬度，将原料放入石灰、氯化钙等稀溶液中浸泡的过程。果蔬经浸泡，溶液中的钙离子、镁离子与原料细胞中的果胶物质反应生成不溶性的果胶盐类，从而提高制品的硬度和脆性。一些果蔬制品，要求具有一定的形态和硬度，而原料本身较为柔软、难以成形、又不耐热处理时，可采用硬化处理。

一般进行石灰水处理时，其浓度为 1％～2％，浸泡 12～24h；用氯化钙处理时，其浓度为 0.1％～0.5％。经过硬化处理的果蔬，必须用清水漂洗 6～12h。

四、果蔬加工过程中的护色措施

（一）烫漂护色

烫漂可钝化酶活性、防止酶褐变、稳定或改进色泽，已如前所述。

（二）食盐溶液护色

食盐溶液具有护色作用，原因是食盐对酶的活力有一定的抑制和破坏作用；另外，氧气在盐水中的溶解度比空气中小，故有一定的护色效果。果蔬加工中常用 1％～2％ 的食盐水护色，桃、苹果、梨、枇杷及食用菌类均可用此法。但蘑菇也用近 30％ 的高浓度盐渍并护色。食盐溶液护色常在制作水果罐头和果脯中使用。同理，在制作果脯、蜜饯时，为了提高耐煮性，也可用氯化钙溶液浸泡，因为氯化钙既有护色作用，又能增进果肉硬度。用此法护色应注意漂洗净食盐，特别是对于水果尤为重要。

（三）酸溶液护色

酸性溶液既可降低 pH、降低多酚氧化酶活性，又由于氧气的溶解度较小而兼有抗氧化作用。而且，大部分有机酸还是果蔬的天然成分，所以优点甚多。生产上多采用柠檬酸，浓度为 0.5％～1％。

（四）硫处理

SO_2 或亚硫酸盐处理是果蔬加工中原料预处理的重要环节。

1. 亚硫酸的作用

（1）护色作用。亚硫酸对氧化酶的活性有很强的抑制或破坏作用，可防止酶促褐变；同时又能与还原糖起加成反应，改变了还原糖的结构，防止羰氨反应的进行，从而可防止非酶褐变。

（2）防腐作用。亚硫酸能消耗组织中的氧气，可抑制好气性微生物的活动，并能抑制某些微生物活动所必需的酶活性。防腐作用随其浓度提高而增强，对细菌和霉菌作用较强，对酵母菌作用较差。

（3）抗氧化作用。叶绿素能消耗组织中的氧，抑制氧化酶的活性，对防止果蔬中维生素 C 的氧化破坏很有效。

（4）促进水分蒸发。硫处理增大了细胞透性，缩短了干燥时间，且使干制品具有良好的复水性能。

（5）漂白作用。SO_2 与许多有色化合物结合而变成无色的衍生物，特别是对花青素中的紫色及红色特别明显，对类胡萝卜素影响则小，对叶绿素不起作用。SO_2 解离后，有色化合物又恢复原来的色泽。所以，用 SO_2 处理保存的原料，色泽变淡，经脱硫后色泽复显。

硫处理一般多用于干制品和果脯的加工中，以防止在干燥或糖煮过程中的褐变，使制品色泽美观。在果酒酿造中，一般在人工发酵接种酵母菌前用硫处理，既可防止有害微生物的生长发育，保证人工发酵的成功，又能加速果酒澄清，增进果酒色泽。罐头加工过程中不得使用 SO_2。

2. 处理方法

（1）熏硫法。将原料放在密闭的室内或塑料帐内，燃烧硫黄产生 SO_2 或由钢瓶直接将 SO_2 压入。SO_2 浓度宜保持在 $1.5\%\sim2\%$，也可根据每立方米空间燃烧硫黄200g，或者可按每吨原料用硫黄 $2\sim3kg$ 计。熏硫程度以果肉色泽变淡，核窝内有水滴，并带有浓厚的 SO_2 气味，果肉内含 SO_2 达 0.1% 左右为宜。熏硫结束，将门打开，待空气中的 SO_2 驱尽后，才能入内工作。

（2）浸硫法。将原料浸没在一定浓度的亚硫酸盐溶液中。亚硫酸（盐）的浓度以有效 SO_2 计，一般要求为果实及溶液总重的 $0.1\%\sim0.2\%$。各种亚硫酸盐含有效 SO_2 的量不同，处理时应根据亚硫酸盐所含的有效 SO_2 计算用量。各种亚硫酸盐中有效 SO_2 的含量见表 5-3。

表 5-3 亚硫酸盐中有效 SO_2 的含量

名 称	有效 O_2 的含量（%）	名 称	有效 O_2 的含量（%）
液态二氧化硫（SO_2）	100	亚硫酸氢钾（$KHSO_3$）	53.31
亚硫酸（H_2SO_3）	6	亚硫酸氢钠（$NaHSO_3$）	61.95
亚硫酸钙（$CaSO_3 \cdot 1.5H_2O$）	23	偏重亚硫酸钾（$K_2S_2O_5$）	57.65
亚硫酸钾（K_2SO_3）	33	偏重亚硫酸钠（$Na_2S_2O_5$）	67.43
亚硫酸钠（Na_2SO_3）	50.84	低亚硫酸钠（$Na_2S_2O_4$）	73.56

3. 使用注意事项

（1）亚硫酸和 SO_2 对人体有毒，一般要求在 $20mg/kg$ 以下。硫处理的半成品不能直接食用，必须经过脱硫处理再加工制成成品。

（2）经硫处理的原料，只适宜于干制、糖制、制汁、制酒等。包装容器不能采用马口铁，否则易受 SO_2 腐蚀。

（3）硫处理时添加部分钙盐既起到护色的作用，又能防止果肉变软。因为亚硫酸对果胶酶活性抑制甚小，一些水果经硫处理后果肉仍将变软。这对一些质地柔软的水果如草莓、樱桃等合适。

（4）亚硫酸盐类溶液易于分解失效，最好是现用现配。

（5）亚硫酸处理在酸性环境下作用明显，一般应在 pH 3.5 以下，不仅发挥了它的抑菌作用，而且本身也不易被解离成离子降低作用。所以，对于一些酸度偏小的原料处理时，应辅助加一些柠檬酸，其效果会更加明显。

（6）硫处理时应避免接触金属离子，因为金属离子可以将残留的亚硫酸氧化，且还会显著促进已被还原色素的氧化变色，故生产中应注意不要混入铁、铜、锡等重金属离子。

（五）抽空处理

果蔬内部都含有一定的空气，不同果蔬组织中的空气含量有所不同。果蔬内部含有空气，对加工特别是制作罐头极为不利，易致使原料变色、组织松软、装罐困难、腐蚀罐壁及降低罐内真空度等，因此对于一些含空气较多或易变色的品种，在装罐前最好采用抽空处理，即将原料在一定的介质里置于真空状态下，使内部空气释放出来，代之以糖水或无机盐水等介质的渗入。

果蔬的抽空装置主要由真空泵、气液分离器、抽空锅组成。真空泵采用食品工业中常用的水环式，除能产生真空外，还可带走水蒸气。抽空锅为带有密封盖的圆形筒，内壁用不锈钢制造，锅上有真空表、进气阀和紧固螺丝。果蔬抽空的具体方法有干抽和湿抽两种。

1. 干抽法

将处理好的果蔬装于容器中，置于 90kPa 以上的真空室或锅内抽取组织内的空气，然后吸入规定浓度的糖水或盐水等抽空液，使之淹没果面 5cm 以上。当抽空液吸入时，应防止真空室或锅内的真空度下降。

2. 湿抽法

将处理好的果实，浸没于抽空液中，放在抽空室内，在一定的真空度下抽去果肉的空气，抽至果蔬表面透明。果蔬所用的抽空液常用糖水、盐水或护色液三种，因种类、品种和成熟度不同而选用。原则上抽空液的浓度越低，渗透越快。

本 章 小 结

水是果蔬生产中的主要原料之一，水质的好坏，直接影响成品的质量。因此，对于不符合标准的水源，必须经过过滤、软化、除盐和消毒等处理后，才能用作加工用水。

食品添加剂是为改善食品的色、香、味和食品品质，以及防腐和加工工艺的需要而加入食品中的化学物质或天然物质。食品添加剂的使用，必须是在国家规定的范围内，不能破坏加工品的营养和化学结构，也不能掩盖加工品本身的变质。目前，果蔬加工中使用的食品添加剂主要有调味剂、防腐剂、抗氧化剂、乳化剂、增稠剂、漂白剂、酶制剂、强化剂、增香剂、食用色素等。

果蔬原料的好坏直接决定着制品的质量。果蔬加工对原料总的要求是要有合适的品种、适当的成熟度、良好的新鲜度和安全性。为了保证质量、降低损耗，顺利完成加工过程，必须对原料进行预处理，包括常规处理（挑选、分级、洗涤、去皮切分、去核、修整）、热烫处理、硬化处理、护色处理等。

思 考 题

1. 果蔬加工对原料的种类、成熟度、采收期以及新鲜度有什么要求？

2. 加工用水的水质不合格对果蔬加工及其制品有什么不利影响？

3. 水处理的基本方法有哪些？

4. 果蔬加工过程中常用的食品添加剂有哪些？

5. 果蔬加工中，原料去皮的方法有哪些？其中碱液去皮和热力去皮方法的原理和技术要点有哪些？

6. 果蔬破碎后取汁前，为什么要对其果浆进行预处理？常见的预处理有哪些方法？

7. 烫漂处理的作用是什么？具体有哪些方法？

8. 果蔬加工过程中为什么一定要进行护色处理？常用的护色处理方法有哪些？

第六章　果蔬罐制

　　果蔬罐制是将果蔬原料经预处理后密封在容器或包装袋中，通过杀菌工艺杀灭有害微生物并使果蔬所含的酶失活，在维持密闭和真空的条件下，得以在室温下长期保存的果蔬保藏方法。凡用罐制方法加工的食品称为罐制（藏）食品，也就是通常所说的罐头。

　　罐制食品具有营养丰富、安全卫生，且运输、携带、食用方便等优点，可不受季节和地区的限制，随时供应消费者，无需冷藏就可长期贮存，可以调剂食品的供应，改善和丰富人民生活，更是航海、勘探、军需、登山、井下作业及长途旅行者的方便食品。

第一节　罐制容器

一、罐制容器具备的条件

　　为使罐制食品能够长期储存，使制品保持一定的色、香、味，保持原有的营养价值，符合食品卫生要求，同时又适应工业化生产，所以要求罐藏容器应具备如下条件。

　　(1) 对人体无毒害，即食品在长期与容器内壁直接接触的过程中，不应起有害人体健康的化学反应，也不给食品带来污染而影响食品风味。

　　(2) 具有良好的密封性能，保证食品经消毒杀菌之后与外界空气隔绝，防止微生物污染，使食品能长期贮存而不致变质。

（3）具有良好的耐腐蚀性能，使食品中有机酸、蛋白质等有机物质对容器腐蚀作用降低到最低程度。

（4）适合工业化生产，能承受各种机械加工。

（5）容器应易于开启，取食方便，体积小，重量轻，便于携带，利于消费。

二、罐藏容器的种类

当前，普遍使用的罐藏容器有马口铁罐、玻璃罐、铝合金罐和软包装（蒸煮袋）。

（一）马口铁罐

马口铁罐是由两面镀锡的低碳薄钢板（俗称马口铁）制成，其优点是能完全密封、耐高温，而且耐高压、耐碰撞。其缺点是不透明，封罐后看不到内容物，且重复利用性差，成本较高。

马口铁罐按其不同的制罐方式可分为三片罐和二片罐。由罐身、罐盖、罐底三部分焊接密封而成，称为三片罐，因其罐身有接缝，又称接缝罐。二片罐是指由罐身和一体成型的罐筒两个部分组成的容器，又称冲底罐。马口铁镀锡的均匀与否影响到铁皮的耐腐蚀性。有些罐头品种因内容物 pH 较低，或含有较多的花青素苷，或含有丰富的蛋白质，故在马口铁与食品接触的一面涂上一层符合食品卫生要求的涂料，这种马口铁又称涂料铁。根据使用范围一般含酸量较多的果蔬采用抗酸涂料铁，含蛋白质丰富的食品采用抗硫涂料铁。抗酸涂料常用油树脂涂料，此涂料色泽金黄，抗酸性好，韧性及附着力良好；抗硫涂料常用环氧酚醛树脂，色泽灰黄，抗硫、抗油、抗化学性能好。在罐头生产中选用何种马口铁为好，要依食品原料的特性、罐型大小、食品介质的腐蚀性能等情况综合考虑来决定。

（二）玻璃罐

玻璃罐是用石英砂、纯碱和石灰水等按一定比例配合后，在 1500℃ 高温下熔融，再缓慢冷却成型。在冷却成型时，使用不同的模具即可制成各种不同容积、形状的玻璃罐。玻璃罐在罐头工业中应用广泛，其优点是性质稳定，与食品不起化学变化；可直观罐内产品的色泽、形状，产生吸引力；可以重复使用；原料丰富，成本低；硬度高，不变形。其缺点是重量大，质脆易破，运输和携带不便；要求温度变化均匀缓和；因其透光，所以易导致内容物褪色或变色。目前，玻璃罐正向薄壁、高强度发展，新的瓶型不断问世，在一些工业发达国家，卫生部门规定婴幼儿食品只能使用玻璃罐。

玻璃罐的形式很多，但现在使用最多的是四旋罐，其次是卷封式的胜利罐。玻璃罐的关键是密封部分，包括金属罐盖和玻璃罐口。胜利罐由马口铁或涂料铁制成的罐盖、橡皮圈及玻璃罐身组成，其密封性能好，能承受加热加压杀菌，但开启不便，造型还需改进，它的容积为 500mL。四旋罐由马口铁制成的罐盖、橡胶或塑料垫圈及罐颈上有螺纹线的玻璃罐组成。当罐盖旋紧时，则罐盖内侧的盖爪与螺纹互相吻合而压紧垫圈，即达到密封的目的。

（三）软包装

软包装又称蒸煮袋，是由一种能耐高温杀菌的复合塑料薄膜制成的袋状罐藏包装容器，俗称软罐头。与其他罐藏容器相比，软包装的优点是重量轻，体积小，易开启，携带方便；耐高温杀菌，贮藏期长；封口、成型等加工方法简便，而且杀菌时传热速度快，可缩短杀菌时间；不透气、水、光，能较好地保持食品的色香味，可在常温下贮存，质量稳定。

软包装材料一般是采用聚酯、铝箔、尼龙、聚烯烃等薄膜借助胶黏剂复合而成，一般有 3~5 层，多者可达 9 层。外层是 12μm 的聚酯，起加固及耐高温作用，如果强度不够则可用尼龙 66 或尼龙 6，但这些材料易吸湿。中层为 9μm 的铝箔，具有良好的避光性，防透气，防透水。也可用乙烯与乙烯醇的聚合物，聚丙烯腈等取代。内层为 70μm 的聚烯烃，有良好的热封性能和耐化学性能，能耐 121℃ 高温，又符合食品卫生要求。典型的结构见图 6-1。

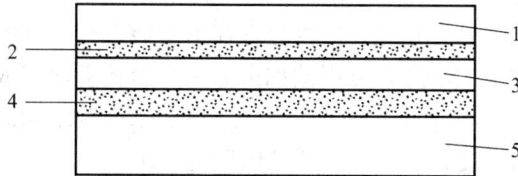

图 6-1　蒸煮袋薄膜各层叠合示意图
1—聚酯薄膜（外层）；2—外层黏合剂；3—铝箔（中层）；4—内层黏合剂；5—聚烯烃薄膜

（四）铝合金罐

铝合金罐是由纯铝或铝锰、铝镁按一定比例配合经过铸造、压延、退火而成的金属板制成，其具有金属光泽、质量轻、能耐一定的腐蚀。由于铝材具有良好的延展性，故大量用于制造两片罐，特别是用于制造小型的冲底罐和易开罐等。用于制作冲底罐时内壁须涂布涂料。

水果或番茄制品采用涂料铝罐包装，可延长保质期。用铝罐装制肉类、水产品类具有较好的抗腐蚀性能，不会发生黑色硫化铁污染。

第二节　罐制原理

一、罐制原理

罐头食品之所以能长期保藏主要是借助于罐制条件（排气、密封和杀菌）杀灭罐内所引起败坏、产毒、致病的微生物，破坏原料组织中自身的酶活性，并保持密封状态使罐头不再受外界微生物的污染来实现的。

（一）罐头食品与微生物的关系

许多微生物能够导致罐头食品的败坏，罐头食品如果杀菌不够，残存在罐头内的微生物当条件转变到适于其生长活动时，或由于密封不严而造成微生物重新侵入时，就能造成罐头食品的败坏。正常的罐藏条件下，霉菌和酵母不能耐罐制的热处理和在密封条件下活动。导致罐头食品败坏最重要的微生物是细菌。目前，所采用的杀菌理论和计算标准都是以某类细菌的致死为依据。细菌对环境条件的适应性各有不同，简述如下。

1. 细菌对营养物质的需求

细菌的生长繁殖必须有营养物质的提供，而食品原料含有细菌生长活动所需要的全部营养物质，是微生物生长发育的良好培养基。微生物的大量存在是罐头食品败坏的重要原因。因此，原料的新鲜清洁和工厂车间的清洁卫生工作就显得很重要，必须加以充分的重视。

2. 细菌对水分的要求

细菌对营养物质的吸收，是靠在溶液状态下通过渗透和扩散作用，穿过细胞壁和膜而进入细胞内部。因此，只有在充分的水分存在下才能进行正常的新陈代谢。果蔬原料及其罐头制品中含有大量的水分，可以被细菌利用，但随着盐水或糖液浓度的增高，水分活性降低，细菌能够利用的自由水分减少，这有利于抑制细菌的活动。因此，对于水分活性低的制品，杀菌温度相应低些，杀菌时间也可缩短。

3. 细菌对氧气的要求

不同种类的细菌对氧气的需要有很大的差异，依据细菌对氧的要求可将其分为需氧菌、厌氧菌和兼性厌氧菌。在罐制的排气密封条件下，需氧菌受到控制，而厌氧菌和兼性厌氧菌是罐头中食品败坏的重要因子，如果在加热杀菌时没有被杀死，则会造成罐头的败坏。

4. 细菌对酸的适应性

酸度或 pH 对细菌的重要作用是影响其对热的抵抗能力，酸度越高亦即 pH 越低，在一定温度下，降低细菌及孢子的抗热力越显著，也就提高了杀菌的效应。

不同的细菌适应的 pH 范围要求不同，因而不同的食品 pH 就限制了细菌活动范围。绝大多数罐头食品的 pH 都在 7.0 以下，属于酸性。根据食品酸性强弱，可分为酸性食品（pH 4.5 以下）和低酸性食品（pH 4.5 以上）。也有将罐头食品分为低酸性食品（pH 5.0～6.8）、中酸性食品（pH 4.5～5.0）、酸性食品（pH 3.7～4.5）和高酸性食品（pH 3.7 以下）（表 6-1）。在实际应用中，一般以 pH 4.5 作为划分的界限，在 pH 4.5 以下者为酸性食品（水果罐头、番茄制品、酸泡菜和酸渍食品等），通常杀菌温度不超过 100℃。在 pH 4.5 以上的为低酸性食品（大多数蔬菜罐头），通常杀菌温度要在 100℃以上。这个界限的确定是根据肉毒梭状芽孢杆菌在不同 pH 下的适应情况而定的，低于此值，生长受到抑制不产生毒素，高于此值适宜生长并产生致命的外毒素。

表 6-1　罐头食品按照酸度的分类

酸度级别	pH	食品种类	常见腐败菌	热力杀菌要求
低酸性	5.0 以上	虾、蟹、贝类、禽、牛肉、猪肉、火腿、羊肉、蘑菇、青豆、青刀豆、芦笋	嗜热菌、嗜温厌氧菌、嗜温兼性厌氧菌	高温杀菌 105～110℃
中酸性	4.5～5.0	蔬菜肉类混合制品、汤类、面条、沙司制品、无花果		
酸性	3.7～4.5	荔枝、龙眼、桃、樱桃、李、枇杷、梨、苹果、草莓、番茄、什锦水果等果蔬及其果汁	非芽孢耐酸菌、耐酸芽孢菌	沸水或 100℃ 以下介质中杀菌
高酸性	3.7 以下	菠萝、杏、葡萄、柠檬、葡萄柚、草莓酱、酸泡菜、酸渍食品等	酵母、霉菌、酶	

5. 细菌的耐热性

每种细菌都有一定的温度适应范围。当温度高于或低于这个范围时，就会使细菌的正常生命活动受到影响，微生物受抑制甚至死亡。根据微生物对温度的适应范围，细菌可分为嗜冷性细菌、嗜温性细菌和嗜热性细菌三类。嗜冷性细菌的最适生长温度为 14.4～20.0℃，耐热性较差，所以此类细菌对食品安全影响较小。嗜温性细菌的最适生长温度为 30.0～36.7℃，在这个温度范围内生长的细菌，往往是引起食品原料和罐制品发生败坏的主要类型。另外，还有很多不产毒素的败坏细菌也适应此温度。嗜热性细菌的最适生长温度为 50.0～65.6℃，有的可以在 76.6℃ 下缓慢生长。这类细菌的孢子抗热能力较强，有的甚至能在 121℃ 条件下存活 1h，但此类细菌在食品败坏中一般不会产生毒素。

在罐头食品工业中，腐败菌耐热性的大小常用以下几种数值来表示。

(1) TDT 值。即热力致死时间，表示在一定的温度下，杀死一定数量的微生物所需要的时间。如 121.1℃ 下肉毒梭状芽孢杆菌的致死时间为 2.45min。杀灭某一对象菌，使之全部死亡的时间随温度不同而异，一般来说，温度越高，时间越短。从实验中测定，对象菌为一定浓度芽孢数时，致死温度与时间的关系描绘在半对数坐标图上，成一条直线，即为热力致死时间曲线，见图 6-2，表明该菌耐热性的温度与时间的关系。

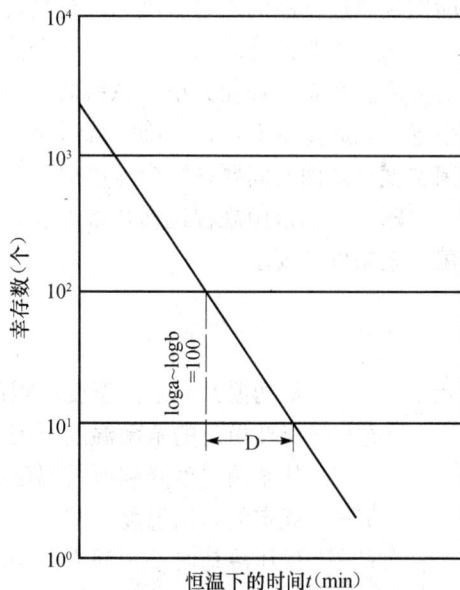

图 6-2　热力致死速率曲线图

（2）D 值。也称指数递减时间，指利用一定的致死温度（121.1℃或100℃）进行加热时，杀死 90%原有微生物芽孢或营养体细菌数所需要的时间（min），相当于热力致死时间曲线通过一个对数循环的时间，见图 6-2。例如，对含有某种细菌的悬浮液杀菌，含菌数为 10^5 个/mL，在 100℃的水浴温度下，活菌数降至 10^4 个/mL 所需要的时间为 10min，则该菌的 D 值即为 10min，即 $D_{100}=10$。测定 D 值时的加热温度，表示时需要在 D 的右下角标明。若加热的温度为 121℃，则 D 值常可写成 D_r。D 值大小与该微生物的耐热性有关，D 值越大，它的耐热性越强，杀灭 90%微生物芽孢所需的时间越长。

（3）Z 值。在加热致死时间曲线中，时间降低一个对数周期（即缩短 90/100 的加热时间）所需要升高的温度数。Z 值越大，说明该微生物的耐热性越强。

（4）F 值。指在一定的致死温度（121.1℃或100℃）下，杀死一定数量的细菌营养体或芽孢所需要的时间（min），也称为杀菌效率值、杀菌致死值或杀菌强度。在制定杀菌规程时，要选择耐热性最强的常见腐败菌或引起食品中毒的细菌作为主要杀菌对象，并测定其耐热性。计算 F 值的代表菌，一般采用肉毒梭状芽孢杆菌或 P. A. 3679，其中以肉毒梭状芽孢杆菌最常用。F 值通常以 121.1℃的致死时间表示，如 $F_{121.1}^{20}=5$，表示 121.1℃时对 Z 值为 20 的对象菌，其致死时间为 5min。F 值越大，杀菌效果越好。F 值的大小还与食品的酸碱度有关，低酸性食品要求 F 值大小为 4.5，中酸性食品 F 值为 2.45，酸性食品 F 值为 0.5~0.6。

（二）罐藏制品杀菌公式

罐头食品杀菌的目的是杀死食品中所污染的各种致病菌、腐败菌，并破坏食品中的酶类，使产品得以稳定保存。但热力杀菌必须注意尽可能保存食品品质和营养，最好还能做到改进食品的质地和风味，提高食品的品质。

杀菌工艺条件的确定并不是一个简单的问题，需要考虑诸多方面的因素，包括产品的酸度、状态、颗粒大小、原料的污染情况、污染来源、生活习性、耐热性、罐头的规格等。在此基础上，首先确定罐头杀菌的对象菌，一般以对象菌的热力致死温度作为杀菌温度。杀菌时间要在综合考虑的基础上通过计算和试验来确定。

罐头食品杀菌规程包括杀菌温度、杀菌时间和反压，生产中常用杀菌公式来表达杀菌工艺条件和要求：

$$\frac{t_1-t_2-t_3}{T}(P)$$

式中：t_1——从初温升到杀菌温度所需的时间，即升温时间（min）；

t_2——保持恒定的杀菌温度所需的时间（min）；

t_3——从杀菌温度降到所需温度的时间，即降温时间（min）；

T——规定的杀菌温度（℃）；

P——反压冷却时杀菌锅内采用的反压力（Pa）。

二、影响罐头杀菌效果的因素

影响罐头杀菌效果的因素很多，主要有微生物的种类和数量、食品的性质和化学成分、传热的方式和传热速度、海拔高度等。

（一）微生物的种类和数量

不同的微生物抗热能力有很大的差异，嗜热性细菌耐热性最强，而芽孢又比营养体更加抗热。食品中细菌数量也有很大影响，特别是芽孢存在的数量，数量越多，在同样的致死温度下杀菌所需时间越长。

食品中细菌数量的多少取决于原料的新鲜程度和杀菌前的污染程度，而罐头制品加工过程中，从原料处理至杀菌前各个环节，食品均会受到不同程度的微生物污染。所以采用的原料要求新鲜清洁，从采收到加工要及时，加工的各工序之间要紧密衔接，尤其是装罐以后到杀菌之间不能积压，否则罐内微生物数量将大大增加而影响杀菌效果。另一方面，工厂要注意卫生管理、用水质量以及与食品接触的一切机械设备和器具的清洗、消毒管理工作，使食品中的微生物数量减少到最低限度。

（二）食品的性质和化学成分

1. 原料的酸度（pH）

原料的酸度对微生物耐热性的影响很大。大多数产生芽孢的细菌在 pH 中性时耐热性最强，食品 pH 的下降可以减弱微生物的耐热性，甚至抑制它的生长，如肉毒杆菌在 pH 小于 4.5 的食品中生长受到抑制，也不会产生毒素，所以细菌或芽孢在低 pH 的条件下耐热性减弱，因而可以在低酸性食品中加酸以提高杀菌和保藏效果。

2. 食品的化学成分

罐头内容物中的糖、淀粉、油脂、蛋白质、低浓度的盐水等能增强微生物的抗热性。如装罐的食品和充填液中的糖浓度越高，杀灭微生物芽孢所需的时间越长，浓度很低时，对芽孢耐热性的影响也很小。0～4％的低浓度食盐溶液对微生物的耐热性有保护作用，而高浓度食盐溶液则降低微生物的耐热性。另外含有植物杀菌素的食品，如洋葱、大蒜、生姜、芹菜等，则具有对微生物抑菌或杀菌的作用，如果在罐头食品杀菌前加入适量的具有杀菌素的蔬菜或调料，可以降低罐头食品中微生物的污染率，就可以使杀菌条件降低。

酶也是食品的成分之一。在罐头的杀菌过程中，几乎所有的酶在 80～90℃的温度下几分钟就可被破坏，但其中的过氧化物酶对高温有较大的抵抗力。它对高温短时杀菌处理的抵抗力比许多耐热性细菌还强，常引起酸性和高酸性食品风味、色泽和质地的败坏。所以，在采用高温短时杀菌和无菌装罐时，将果品中过氧化物酶的钝化作为酸性罐头食品杀菌的指标。

（三）传热方式和传热速度

罐头加热杀菌时，热的传递主要是以热水或蒸汽为介质，所以杀菌时必须使每个罐头都能直接与介质接触。另外，热量由罐头外部传至罐头中心的速度，对杀菌来说也是至关重要的。罐头杀菌传热方式主要有传导和对流两种。影响罐头食品传热速度的因素有罐头容器的种类和形式、食品的种类和装罐状态、罐头的初温、杀菌锅的形式和罐头在杀菌锅中的位置等。

（四）海拔高度

海拔高度影响气压的高低，故能影响水的沸点温度。海拔高，水的沸点低，杀菌时间应相应增加。一般海拔升高 300m，常压杀菌时间在 30min 以上的，应延长 2min。

第三节　果蔬罐头生产技术

一、工艺流程

果蔬罐头生产的工艺流程如下。

空罐 → 清洗 → 消毒 → 检验

原料选择 → 预处理 → 装罐 → 排气 → 密封 → 杀菌 → 冷却 → 检验 → 包装 → 成品

罐液配制

二、操作要点

原料的选择及预处理（如清洗、选别、分级、去皮、去核、切分、修整、护色）已在第一章中叙述，本节自装罐开始，分别加以叙述。

（一）装罐

1. 容器的准备和处理

原料装罐前应检查空罐的完好情况。对马口铁罐要求罐型整齐、缝线标准、焊缝完整均匀、罐口和罐盖边缘无缺口或变形、马口铁皮上无锈斑和脱锡现象。玻璃罐要求形状整齐、罐口平整光滑、无缺口、罐口正圆、厚度均匀、玻璃罐壁内无气泡裂纹。

空罐在使用前要进行清洗和消毒，以清除污物、微生物及油脂等。马口铁空罐可先在热水中冲洗，然后放入清洁的沸水中消毒 30~60s，倒置沥水备用。罐盖也进行同样处理，或前用 75%酒精消毒。清洗消毒后的空罐应及时使用，不宜长期搁置以免生锈和重新污染。玻璃罐容器常采用有毛刷的洗瓶机刷洗，然后用清水或高压水喷洗数次，倒置沥水备用。

2. 罐液的配制

果蔬罐藏时除了液态食品（如果汁、蔬菜汁）、黏稠食品（如番茄酱、果酱）或干制品外，一般都要向罐内加注液汁，称为罐液或汤汁。果品罐头的罐液一般是糖液，蔬菜罐头多为盐水，也有只用清水的。罐头加注汁液后有如下作用：增加罐头食品的风味，改善营养价值；有利于罐头杀菌时的热传递，升温迅速，保证杀菌效果；排除罐内大部分空气，提高罐内真空度，减少内容物的氧化变色；罐液一般都保持较高的温度，可以提高罐头的初温，提高杀菌效率。有的为了增进风味同时起到护色、提高杀菌效果，可在果蔬罐头罐液中加入适当的柠檬酸。

（1）糖液配制。糖液的浓度，依果品种类、品种、成熟度、果肉装量及产品质量标准而定。我国目前生产的糖水果品罐头，一般要求开罐糖度为 14%～18%（折光计）。装罐时罐液的浓度计算方法如下：

$$Y = \frac{W_3 Z - W_1 X}{W_2} \times 100\%$$

式中：Y——需配制的糖液浓度，%；

　　　W_1——每罐装入果肉重，g；

　　　W_2——每罐注入糖液重，g；

　　　W_3——每罐净重，g；

　　　X——装罐时果肉可溶性固形物含量，%；

　　　Z——要求开罐时的糖液浓度，%。

配制糖液的主要原料是蔗糖，要求纯度在 99% 以上，色泽洁白、清洁干燥、不含杂质和有色物质。除蔗糖外，如转化糖、葡萄糖、玉米糖浆也可使用。另外，配制糖液的水也要求清洁无杂质，符合饮用水质量标准。

糖液配制方法有直接法和间接法两种。直接法是根据装罐所需的糖液浓度，直接称取蔗糖和水，在化糖锅内加热搅拌溶解，煮沸、过滤待用。例如，装罐需用 30% 浓度的糖液，则可按蔗糖 30kg、清水 70kg 的比例入锅加热配制。间接法是先配制高浓度的浓糖浆，一般浓度在 65% 以上，装罐时根据装罐要求的浓度加水稀释。

糖液配制时，必须经过煮沸。如需在糖液中加酸必须做到随用随加，防止积压，以免蔗糖转化为转化糖促使果肉色泽变红、变褐。配制的糖液浓度一般采用折光计测定。

（2）盐水的配制。原料食盐的纯度应不低于 98.0%，洁白，无苦味，无杂质，钙含量不超过 100mg/kg，铅、铜含量不超过 1mg/kg。

盐水大多数采用直接配制法，配制时将食盐加水煮沸，除去上层泡沫，经过滤、静置，达到所需浓度即可。一般蔬菜罐头所用盐水浓度为 1%～4%。测定盐液的浓度，一般采用波美比重计。

3. 装罐

经预处理整理好的果蔬原料应迅速装罐，不应堆积过多，停留时间过长，否则易受微生物污染，影响其后的杀菌效果；同时应趁热装罐，可提高罐头中心温度，有利于杀菌。装罐时应注意以下问题：

（1）确保装罐量符合要求。装入量因产品种类和罐型大小而异，罐头食品的净重和固形物含量必须达到要求。净重是指罐头总重量减去容器重量后所得的重量，它包括固形物和罐液。固形物含量指固形物（即固态食品）在净重中所占的百分率，一般要求每罐固形物含量为 45%～65%。各种果蔬原料在装罐时应考虑其本身的缩减率，通常按装罐要求多装 10% 左右；另外，装罐后要把罐头倒过来倾水 10s 左右，以沥净罐内水分，保证开罐时的固形物含量和开罐糖度符合规格要求。

（2）保证内容物在罐内的一致性。同一罐内原料的成熟度、色泽、大小、形状应基本一致，搭配合理，排列整齐。有块数要求的产品，应按要求装罐，然后注入罐液。罐液温度应保持在 80℃ 左右，以便提高罐头的初温，这在采用真空排气密封时更重要。

（3）罐内应保留一定的顶隙。所谓顶隙是指罐头内容物表面和罐盖之间所留空隙的距离。顶隙大小因罐型大小而异，一般装罐时罐头内容物表面与翻边相距 4～8mm，在封罐后顶隙为 3～5mm。罐内顶隙的作用很重要，但须留得适当。顶隙过小，即内容物多，在加热杀菌时，由于内容物受热膨胀而内压增大，可能造成罐头变形，密封不良，冷却时微生物会乘机而入。顶隙过大，罐内食品装量不足，排气不充分，造成残留空气量多，促进罐头容器的腐蚀和引起食品变质变色。热装果酱等浓稠食品是趁热装罐后立即密封的，可以不留顶隙，而含淀粉较多的产品，因受热容易膨胀，罐内顶隙可适当大些。

（4）保证产品符合卫生要求。装罐时要注意卫生，严格操作，防止杂物混入罐内，保证罐头质量。

（二）排气

排气是指食品装罐后，密封前将罐内顶隙间的、装罐时带入的和原料组织细胞内的空气尽可能从罐内排除，从而使密封后罐头顶隙内形成部分真空的过程。排气是罐头食品生产中维护罐头的密封性和延长贮藏期的重要措施。

1. 排气的作用

（1）可抑制好气性细菌及霉菌的生长发育，减轻杀菌负担。

（2）防止或减轻因加热杀菌时内容物的膨胀而使容器变形，影响罐头卷边和缝线的密封性；防止加热时玻璃罐"跳盖"。

（3）减轻铁罐内壁的氧化腐蚀和内容物的变质，减少维生素 C 和其他营养物质的损失，较好地保持产品的色、香、味，减少或防止氧化变质，延长罐头制品的贮藏寿命。

（4）使罐头内保持一定的真空状态，罐头的底盖维持一种平坦或向内凹陷的状态，这是正品罐头的外部特征，便于成品检查。

（5）因为容器内含有较多空气时，空气的热传导系数远小于水，传热效果差，加热杀菌过程中的传热就会受阻，所以排气可加速杀菌时热的传递。

2. 排气的方法

（1）热力排气法。利用空气、蒸汽和内容物受热膨胀的原理，将罐内空气排除。热力排气法就是将食品加热到一定的温度（一般在 82℃ 以上）后立即装罐密封的方法。采用这种方法一定要趁热装罐、迅速密封，不能让食品温度下降，否则罐内的真空度相应下降。密封后要及时进行杀菌，否则嗜热性细菌容易生长繁殖。此法只适用于高酸性的流质食品和高糖度的食品，如果汁、番茄汁、番茄酱和糖渍水果罐头等。

加热排气除了排除顶隙空气外，还能去除大部分食品组织和罐液中的空气，故能获得较高的真空度。加热排气的温度越高，时间越长，则罐内及食品组织中的空气被排除越多。但过高的排气温度，易引起果蔬组织软烂及糖液溢出，同时造成密封后真空度过高，形成瘪罐。一般排气箱温度为 82～98℃，时间 7～20min，罐中心温度达到 82℃ 或以上。

（2）真空排气法。装有食品的罐头在真空环境中进行排气密封的方法。常采用真空封罐机进行，因排气时间很短，所以主要是排除顶隙内的空气，而食品组织及罐液内的空气不易排除。故对果蔬原料和罐液有事先进行抽空处理的必要。

采用真空排气法，罐头的真空度取决于真空封罐机密封室内的真空度和密封时罐头的密封温度，密封室真空度高和密封温度高，则形成的罐头真空度也高，反之则低。但密封室的真空度与密封温度要互相配合，若密封温度过高，超过当时真空度的沸点时，就会造成罐液的沸腾和外溢，从而造成净重不足，所以要达到罐头最大真空度，必须使密封室的真空度与密封温度互相补偿，即其中一个数值提高，则另一个数值必须相应地下降。一般密封室的真空度控制在 31.98～73.33kPa。采用真空封罐机封罐，生产效率高，减少一次加热过程，使成品质量较好。但此法不能很好地排除食品组织内部和罐头中下部空隙处的空气；密封过程中容易产生爆溢现象，造成净重不足，严重时可能产生瘪罐。

（三）密封

罐制食品之所以能长期保存而不变质，除了充分杀灭能在罐内环境生长的腐败菌和致病菌外，主要是依靠罐头的密封。容器经密封可以断绝罐内外空气的流通，防止外界细菌入侵污染，密封食品经杀菌后可长期保藏不坏。若密封性不好，产品预处理、排气、杀菌、冷却及包装等操作将会变得毫无意义，故密封是罐藏工艺中的一项关键性操作，直接关系到产品的质量。密封必须在排气后立即进行，以免罐温下降而影响真空度。罐头密封的方法和要求视容器的种类而异。

（四）杀菌

罐头经排气和密封后，并未杀死罐内微生物，仅仅是排除了罐内部分空气和防止微生物的感染。只有通过杀菌才能破坏食品中所含的酶类，杀死罐内的微生物，从而达到商业无菌状态，得以长期保存。因此，杀菌是罐制工艺中的一道把关的工序，它关系到罐头生产的成败和罐头品质的好坏，必须认真对待，严加操作。一般来说，杀菌是指罐头由初温升到杀菌所要求的温度，并在此温度下保持一定时间，达到杀菌的目的。

果蔬罐头的杀菌根据果蔬原料的性质不同，杀菌方法一般可分为常压杀菌和加压杀菌两种。

1. 常压杀菌

常压杀菌适用于 pH 在 4.5 以下的酸性和高酸性食品，如水果类、果汁类、酸渍菜类等。常用的杀菌温度是 100℃ 或以下。一般用双层锅，锅内盛水，水量要漫过罐头 10cm 以上，用蒸汽管从底部加热至杀菌温度，将罐头放入杀菌锅中继续加热，待达到规定的杀菌温度后开始计算杀菌时间，经过规定的杀菌时间，取出冷却。

2. 加压杀菌

加压杀菌是在完全密封的加压杀菌器中进行，靠加压升温来进行杀菌，杀菌的温度在 100℃ 以上。此法适用于低酸性食品（pH 大于 4.5），如蔬菜类、肉禽和水产类的罐头。在高温加压杀菌中，依传热介质不同有加压蒸汽杀菌和加压水杀菌。加压杀菌按操作的连续性又分为间歇式杀菌和连续式杀菌，而以间歇式杀菌为常用。无论采用哪一种加压杀菌方法，其共同的杀菌操作步骤可分为三个阶段。

第一，排气升温阶段，为达杀菌温度，首先将杀菌器内的空气排出，然后升温至杀菌温度。

第二，杀菌阶段，维持在一定杀菌温度下的杀菌阶段。

第三，消压降温阶段，罐头加压杀菌结束后，必须逐渐消除杀菌器内的压力并降温后方可将杀菌器的密封盖打开，而后进行罐头的冷却。

操作过程是，罐头装入加压杀菌器后，将密封盖锁紧，打开排气阀和泄气阀，同时打开蒸汽阀并以最大的流量冲击排出杀菌器内的空气。杀菌器内开始升温，升温的时间以短为宜，但要以排出杀菌器内的空气为前提。升温阶段特别需要注意的是，杀菌器内的温度和压力是否相符。如果杀菌器内的温度低于压力表上所示压力的相应温度，即说明空气未排净，应继续排气，直至温度与压力相符，关闭排气阀，停止排气，而进行杀菌。

杀菌结束后，进行消压降温。消压降温操作至关重要，因为在加压高温条件下杀菌，罐头内容物膨胀，压力增大。如果消压过快，会使罐头变形、罐盖脱落，甚至爆破。因此，杀菌器的上部常安装有压缩空气装置，以均衡罐头内外的压力，而维持罐盖的密封及安全。也可以利用冷水反压降温替代空气压缩机，即向杀菌器内注入高压冷水，以水的压力代替热蒸汽的压力，既能逐渐降低锅内的温度，又能使其内部的压力保持均衡的消降。这样，杀菌后的降压时间由原来的 20～30min，缩短为 7～10min，防止因消压过快而造成的物理性胀罐及罐瓶的破裂现象，降低了废品率。

（五）冷却

罐头食品加热杀菌结束后应当迅速冷却，否则罐内果蔬内容物继续处于较高的温度，会使果蔬色泽变暗、风味变差、组织软烂，甚至失去食用价值。此外，冷却缓慢时，在高温阶段（50～55℃）停留时间过长，还能促进残存嗜热性细菌如平酸菌繁殖活动，致使罐头变质腐败。另外，高温也会加速罐内壁的腐蚀作用，特别是含酸高的食品。因此，罐头杀菌后冷却越快越好，对食品的品质越有利；但对玻璃罐的冷却速度不宜太快，常采用分段冷却的方法，即 80℃、60℃、40℃ 三段，以免爆裂受损。

罐头杀菌后一般冷却到 38～43℃ 即可，过高会影响罐内食品质量，过低则不能利用罐头余热将罐外水分蒸发，造成罐外生锈。冷却后应放在冷凉通风处，未经冷凉不宜入库装箱。

目前，罐头生产普遍使用冷水冷却的方法。常压杀菌的罐头可采用喷淋冷却和浸水冷却，以喷淋冷却的效果较好。喷淋的水滴与热的罐头接触时，水滴遇到罐头热量蒸发变成水汽吸收大量潜热。加压水杀菌及加压蒸汽杀菌的罐头内压较大，需采用反压冷却，在冷却时补充杀菌器内压力。目前，最常用的是用压缩空气打入来维持外压，然后放入冷水，随着冷却水的进入，杀菌锅压力降低。因此，冷却初期是压缩空气和冷水同时不断地进入锅内。冷却水进锅的速度，应使蒸汽冷凝时的降压量能及时地从压缩空气中获得补偿，直至蒸汽全部冷凝后，即停止进压缩空气，使冷却水充满全锅，调整冷水进出量，直至罐温降到所需温度为止。

一般，用于罐头的冷却水含活菌数以不超过 50 个/mL 为宜。为了控制冷却水中微生物含量，常采用加氯处理。一般控制冷却水中含游离氯 3～5mg/kg。

（六）检验

为了确保罐头质量，必须加强罐头食品的质量检验工作。罐头质量检验通常采用感官检验、理化检验和微生物检验。

1. 感官检验

（1）罐头容器检验。观察外观的商标及罐盖码印是否符合规定，底盖有无膨胀现象，接缝及卷边是否正常，焊锡是否完整均匀，封罐是否严密，罐体是否清洁及锈蚀等。

用打检法敲击罐盖，以声音判断罐内的真空度，进而判断罐内食品的质量状况。一般发音清脆而坚实的真空度较高，发音混浊的，真空度较低。装量满的声音沉着，否则声音空洞。真空度低的罐头可能是工艺操作上的缺陷，也可能是罐内已有产气性细菌存在，或内容物已发生物理、化学变化。

（2）罐头内容物质量检验。开罐后，观察内容物的色泽是否保持本品种应有的正常颜色，有无变色现象，气味是否正常，有无异味。根据要求，果实是否去皮、去核，果块软硬程度，块形是否完整，同一罐内果块大小是否均匀一致，有无病虫、斑点等。汁液的浓度、色泽、透明度、沉淀物和夹杂物是否合乎规定要求。品评风味是否正常，有无异味或腐臭味。

2. 理化检验

包括罐头的总重、净重、固形物的含量、糖水浓度、罐内真空度及有害物质等。

净重的公差每罐允许±3%，但每批罐头平均值不应低于净重。固形物含量测定时，一般用筛滤去除汁液后，称取固形物质量。糖水浓度最简单的测定方法是用折光仪（手持糖量计）测定。罐内真空度用真空计测定，一般应达 26.67kPa 以上。有害物质的检验包括罐内重金属含量、防腐剂及农药残留的测定按国标进行。

3. 微生物检验

将罐头堆放在保温箱中，维持一定的温度和时间。一般中性和低酸性食品在37℃保存一周，酸性食品在25℃下保温7～10天，之后观测罐头的质量情况。如果罐头食品杀菌不彻底或再侵染，在保温条件下，便会使罐头变质。

为了获得可靠的数据，取样要有代表性。通常每批产品至少取12罐。在保温培养期间，应每日进行检查，若发现有败坏现象的罐头，应立即取出，开罐接种培养、镜检，确定细菌种类和数量，查找带菌原因及制定相应的防止措施。

第四节　果蔬罐头常见问题及控制措施

果蔬罐头在生产过程中由于原料处理不当、加工不合理、操作不谨慎或成品贮存不恰当等原因，常会使罐头发生败坏。罐头败坏引起两种后果：一是失去食用价值，不能食用；二是失去商品价值，即罐头外形失去正常状态，色泽改变，内容物质量变化不大，还能食用，但不能被消费者接受，只能作为次品罐头来处理。引起罐头败坏的原因总体上归纳为物理性、化学性和生物性三类。果蔬罐头常见的败坏现象表现在以下几个方面。

一、胀罐

合格罐头的底盖中心部位略平或呈凹陷状态。当罐头底或盖向外凸出时，形成胀罐，俗称胖听。胀罐可分为软胀和硬胀，软胀包括物理性胀罐及初期的氢胀或初期的微生物胀罐。硬胀主要是微生物胀罐，也包括严重的氢胀罐。

（一）物理性胀罐

1. 原因

罐头内容物装的太满，顶隙过小，加热杀菌时内容物膨胀，冷却后即形成胀罐；加压杀菌后，消压过快，冷却过速；排气不足或贮存温度过高。都可能形成胀罐，这种罐头的变形称为物理性胀罐。此种类型的胀罐，内容物并未坏，可以食用。

2. 防止措施

（1）严格控制装罐量，切勿过多。

（2）注意装罐时，罐头的顶隙距离适宜，控制在4～8mm。

（3）提高排气时罐内的中心温度，排气要充分，封罐后能形成较高的真空度。

（4）加压杀菌后的罐头消压不能太快，使罐内外的压力平衡，切勿悬殊过大。

（5）控制罐头制品适宜的贮存温度（0～15℃）。

（二）化学性胀罐（氢胀罐）

1. 原因

罐头食品中的有机酸（果酸）与金属包装容器内壁（露铁）作用引起金属罐内壁腐

蚀而产生氢气，内压增高，从而引起胀罐。严重时能使制品产生金属味，且重金属含量超标。高酸性果蔬罐头常易出现此类败坏。

2. 防止措施

（1）防止空罐内壁受机械损伤，以防出现露铁现象。

（2）空罐宜采用涂层完好的抗酸涂料罐，以提高对酸的抗腐蚀性能。

（三）细菌性胀罐

1. 原因

这类胀罐产生的原因往往是杀菌不彻底或密封不严，二次污染而导致微生物生长繁殖所致。尤其是产气微生物的生长，产生大量的气体而使罐头内部压力超过外界气压而出现胀罐。这种胀罐除产生气体外，一般还常伴有恶臭味和产生毒素。

2. 防止措施

（1）对罐制原料充分清洗或消毒，严格注意加工过程中的卫生管理，防止原料及半成品的污染。

（2）在保证罐头食品质量的前提下，对原料的热处理（预煮、杀菌等）必须充分，以消灭产毒致病的微生物。

（3）在预煮水或糖液中加入适量的柠檬酸，降低罐头内容物的 pH，提高杀菌效果。

（4）严格封罐质量，防止密封不严而泄漏，冷却水应符合食品卫生要求。

（5）罐头生产过程中，及时抽样保温检测，发现带菌问题，要及时处理。

二、罐壁的腐蚀

（一）原因

罐壁的腐蚀主要是指马口铁罐，可分为罐头外壁的锈蚀和罐头内壁的腐蚀。罐头外壁的锈蚀主要是由于贮存环境中湿度过高而引起马口铁与空气中的水汽、氧气作用，形成黄色锈斑，严重时不但影响商品外观，还会促进罐壁腐蚀穿孔而导致食品的变质和腐败。罐头内壁的腐蚀情况较为复杂，主要可分为：

1. 均匀腐蚀

马口铁罐内壁在酸性食品的腐蚀下，常会全面地、均匀地出现溶锡现象，致使罐壁内锡层晶粒体全面外露，在表面出现出鱼鳞斑纹或羽毛状斑纹的现象就是均匀腐蚀的表现。随着时间的延长，腐蚀继续发展，造成罐内壁锡层大片剥落，罐内溶锡量增加，食品出现明显的金属味。

2. 集中腐蚀

在罐头内壁上出现有限面积内金属（锡或铁）的溶解现象，称为集中腐蚀。表现出麻点、蚀孔、蚀斑，严重时能导致罐壁穿孔。常在酸性食品或空气含量较高的水果罐头中出现。

3. 其他腐蚀现象

顶隙中残存的氧气会与罐壁发生氧化，从而在液面处形成暗灰色的氧化圈，这也是罐内壁腐蚀的表现。另外，硫及含硫化合物混入罐头引起罐壁的腐蚀，罐头中的硝酸盐对罐壁也有腐蚀作用。如在罐头中添加盐水、酱油、醋和各种香辛料等调味料，会加剧罐内壁的腐蚀。

（二）防止罐壁腐蚀的措施

（1）对果实加强清洗及消毒，可用0.1%盐酸浸泡5～6min，再冲洗，以脱去农药。

（2）对含空气较多的果实，采取抽空处理，减少原料组织中空气的含量，进而降低罐内氧的浓度。

（3）加热排气要充分，提高罐内真空度。

（4）对于含酸或含硫高的内容物，容器内壁一定要采用抗酸或抗硫涂料。

（5）控制罐头制品贮藏环境的相对湿度，以防罐外壁锈蚀，罐头制品贮藏环境的相对湿度应保持在70%～75%。此外，要在罐外壁涂防锈漆。

三、变色及变味

（一）变色

1. 原因

许多果蔬罐头在加工过程中或在贮藏运销期间，常发生变色现象。这主要有金属离子作用的影响，以及果蔬中的某些化学物质在酶或罐内残留氧的作用下或长期贮温偏高而产生的酶褐变和非酶褐变所致。变色发生后会影响产品的质量指标，虽然一般无毒，但直接影响到外观色泽，故应尽量防止。

2. 防止措施

（1）选用含花青素及单宁物质低的原料制作罐头。如加工桃罐头时，核洼处的红色素应尽量去净。

（2）加工过程中，对某些易变色的果蔬原料如苹果、梨等，去皮、切分后，迅速浸泡在稀盐水（1%～2%）或稀酸中护色。此外，果块抽空时，防止果块露出液面。

（3）装罐前根据不同品种的制罐要求，采用适宜的温度和时间进行热烫处理，破坏酶的活性，排除原料组织中的空气。

（4）加注的糖水中加入适量的抗坏血酸，对苹果、梨、桃等有防止变色效果。

（5）原料去皮、切分后应浸泡在0.1%～0.2%的柠檬酸溶液中。

（6）配制的糖水应煮沸，随配随用。如需加酸，则加酸的时间不宜过早，避免蔗糖的过度转化，否则过多的转化糖遇氨基酸等易产生非酶褐变。

（7）加工中，所用器具通常用不锈钢制品。

（8）控制罐头的贮存温度，温度低褐变轻，高温加速褐变。

（二）变味

罐头变味的原因比较多，主要表现在以下几个方面。

（1）微生物引起的变味，这种变味会导致罐头不能食用，如罐头内产酸菌的残存，导致食品变质后呈酸味。

（2）加工过程中热处理过度会使内容物产生蒸煮味。

（3）罐壁的腐蚀会使食品产生金属味，即铁腥味。

（4）原料品种不合适，给内容物带来异味。如杨梅的松脂味、柑橘制品中由于橘络及种子的存在而带有的苦味。

四、罐内汁液的浑浊和沉淀

引起罐内汁液发生混浊、沉淀现象的原因有多种，如加工用水中钙、镁等金属离子含量过高（水的硬度大）；原料成熟度过高，热处理过度，罐头内容物软烂；制品在运销中震荡过剧，而使果肉碎屑散落；罐头贮存过程中内容物由于物理的或化学的影响而发生沉淀。应针对上述原因采取相应的措施。

本 章 小 结

果蔬罐制法是将果蔬原料经预处理后密封在容器或包装袋中，经杀菌杀灭有害微生物并使果蔬所含的酶失活，在维持密闭和真空的条件下，得以在室温下长期保存的果蔬保藏方法。

当前，普遍使用的罐藏容器有马口铁罐和玻璃罐，此外，还有铝合金罐和软包装（蒸煮袋）。

果蔬罐头生产的工艺要点有空罐的清洗、消毒、罐液的配制、原料选择、预处理、装罐、排气、密封、杀菌、冷却、检验及包装等。罐头食品之所以能长期保藏主要是借助于罐制条件（排气、密封和杀菌）杀灭罐内所引起败坏、产毒、致病的微生物，破坏原料组织中自身的酶活性，并保持密封状态使罐头不再受外界微生物的污染来实现的。故排气、密封、杀菌是罐制工艺中的重要的工序，关系到罐头生产的成败和罐头品质的好坏。

果蔬罐头在生产过程中由于原料处理不当、加工不合理、操作不谨慎或成品贮存不恰当等原因，常会使罐头发生胀罐、罐壁腐蚀、变色、变味、罐内汁液浑浊和沉淀等败坏现象。引起罐头败坏的原因总体上归纳为物理性、化学性和生物性三类，需根据具体原因提出防止措施。

思 考 题

1. 什么叫食品罐制？它有哪些优点？

2. 果蔬常用的罐制容器有哪些？各有什么特点？

3. 试述果蔬罐制的基本原理。

4. 罐头的杀菌公式怎样表示？影响罐头杀菌效果的因素有哪些？

5. 试述果蔬罐头的加工工艺过程。

6. 为什么大部分原料装罐时须保留一定的顶隙？原料装罐时应注意哪些问题？

7. 罐头食品为什么要排气？排气方法有哪些？

8. 为什么罐头要密封？密封的方法有哪些？

9. 罐头加热杀菌有哪几种方法？

10. 为什么罐头杀菌后要立即冷却？为什么冷却水应清洁卫生？

11. 罐头食品检验的方法有哪些？

12. 试述果蔬罐头常见质量问题及防止措施。

第七章　蔬　菜　腌　制

　　蔬菜腌制是我国最传统、应用最普遍的蔬菜加工技术。腌制品也是蔬菜加工品中产量最多的一类，可占到蔬菜加工品的 55%。长期以来经过不断改进，涌现出不少新的加工方法，品种繁多，形成不少名特产品，四川泡菜、北京冬菜、扬州酱菜、萧山萝卜干、云南大头菜等著名特产，深受消费者欢迎。

　　凡将新鲜蔬菜经预处理（选别、分级、洗涤、去皮、切分等）后，再经过部分脱水或不经过脱水，用盐、香料、酱、酱油等进行腌制或酱制，使其发生一系列的生物化学变化，而制成鲜香嫩脆、咸淡（或甜酸）适口且耐保存的加工品，统称为蔬菜腌制品。在日常生活中，也将蔬菜腌制品简称为酱腌菜。上述用来加工保藏蔬菜的方法就称为蔬菜的腌制加工或称蔬菜腌制。

第一节　蔬菜腌制品的分类

　　蔬菜腌制品种类繁多，一般根据所用原料、腌制过程、发酵程度和成品状态的不同，可分为两大类，即发酵性腌制品和非发酵性腌制品。

一、发酵性腌制品

　　发酵性腌制品腌渍时食盐用量较低，在腌制过程中有显著的乳酸发酵现象，利用发酵产物乳酸、食盐和香辛料等的综合防腐作用，来保藏蔬菜并增进其风味。根据腌渍方法和产品状态，可分为湿态发酵腌制品和干态（或半干态）发酵腌制品两类。

1. 湿态发酵腌制品

用低浓度的食盐溶液浸泡菜体或用清水发酵而成的一种带酸味的蔬菜腌制品，如泡菜、酸黄瓜等。

2. 干态（或半干态）发酵腌制品

腌制过程不加水，先将新鲜菜体经风干或人工脱去全部（或部分）水分，然后进行盐腌，自然发酵后熟而成，如榨菜、酸白菜等。

二、非发酵性腌制品

非发酵性腌制品腌渍时食盐用量较高，使乳酸发酵完全受到抑制或轻微发酵，主要利用高浓度的食盐和香辛料等的渗透和扩散作用来保藏蔬菜并增进其风味。非发酵性腌制品依其所含配料、水分多少和风味不同可分为以下 4 种。

1. 盐渍品

盐渍品是一种腌制方法比较简单、大众化的蔬菜腌制品。只进行盐腌，利用较高浓度的盐溶液来保藏蔬菜，并通过腌制过程来改进风味，在腌制过程中有时也伴随着轻微发酵，同时配以调味品和香辛料，其制品风味鲜美可口，但咸味较重，如咸大头菜、腌雪里蕻、榨菜等。

2. 酱渍品

把经过盐腌的蔬菜浸入酱内酱渍而成。经盐腌后的半成品咸坯，在酱渍过程中吸附酱料浓厚的鲜美滋味、特有色泽和大量营养物质，其制品具有鲜香甜脆的特点。如酱乳黄瓜、酱萝卜干、什锦酱菜等。

3. 糖醋渍品

蔬菜经过盐腌后，再放入糖醋液中浸渍而成。其制品酸甜可口，并利用糖、醋的防腐作用来增强保藏效果。如糖醋大蒜等。

4. 酒糟渍品

将蔬菜浸渍在黄酒酒糟内制成，如糟菜。

大部分蔬菜都适宜作蔬菜腌制品，而根用芥菜、雪里蕻、菊芋、草食蚕、大蒜、萝卜、莴笋等原料制作腌制品效果更好。各类腌制品均要求蔬菜原料新鲜，嫩脆，肉质肥厚，纤维少，含糖和含氮物质多，色泽正常，加工利用率高，成菜率高，无病虫害，较耐贮藏。

不同腌制品所用原料各有差异。同一种蔬菜可用不同腌制方法，制成不同种类的腌制品，如黄瓜可以做发酵型酸菜制品、酱渍品及糖醋渍品；同一腌制方法，又适宜于很多种蔬菜的腌制，而制成具有不同风味的腌制品。几种腌制品适宜的原料及成品特点见表 7-1。

表 7-1 几种腌制品适宜的原料及成品特点

腌制品种类		适宜的蔬菜原料	成品特点
盐渍品	咸大头菜	根用芥菜	咸淡适宜、鲜香脆嫩、可直接食用
	其他盐渍品	萝卜、胡萝卜、苤蓝、芜菁、雪里蕻	或烹调食用或作其他腌制品的菜坯
半干态发酵腌渍品	榨菜	茎用芥菜	鲜香脆嫩、咸淡适宜、回味返甜、
	冬菜	叶用芥菜的嫩茎及幼芽、大白菜	可直接食用或烹调食用，含水量低
湿态发酵腌渍品	泡菜 酸菜	子姜、菊芋、草食蚕、豇豆、萝卜、辣椒、甘蓝、黄瓜、大白菜、青番茄、叶用芥菜	咸酸适宜，清香嫩脆，直接食用味酸、嫩脆，烹调食用
糖醋渍品		黄瓜、大蒜、姜、萝卜、胡萝卜	酸甜适宜、脆嫩
酱渍渍品		根茎类及瓜类如芥菜、萝卜、黄瓜、莴笋	咸甜适宜、嫩脆、有酱香味

第二节 蔬菜腌制的原理

蔬菜的腌制主要是利用食盐的保藏作用，有益微生物的发酵作用，蛋白质的分解作用以及其他一系列的生物化学作用，抑制有害微生物的活动，并增加产品的色香味。

一、食盐在腌制过程中的作用

食盐在腌制过程中所起的保藏作用概括起来可分为高渗透压作用、脱水作用、抗氧化作用。

(一) 食盐的高渗压作用

食盐溶液具有高渗透压。一般，细菌细胞液的渗透压仅有 $(3.5\sim16.7)\times10^2$ kPa。1% 的食盐溶液可以产生 6.1×10^2 kPa 的渗透压，15%～20% 的食盐溶液可以产生 $(90\sim120)\times10^2$ kPa 的渗透压。通常蔬菜用的盐水浓度为 4%～15%，即 $(24.7\sim92.7)\times10^2$ kPa。当食盐溶液渗透压大于微生物细胞渗透压时，微生物细胞内水分外渗而使其脱水，最后导致原生质和细胞壁发生质壁分离，从而使微生物活动受到抑制，甚至会由于生理干燥而死亡。所以，利用食盐溶液的高渗透压作用能起到良好的防腐效果。另外，食盐溶液中的一些 Na^+、K^+、Ca^{2+}、Mg^{2+} 等离子在浓度较高时也会对微生物发生生理毒害作用。

不同种类的微生物具有不同的耐盐能力。一般来说，对腌制品有害的微生物，则对食盐的抵抗能力较弱。霉菌和酵母菌对食盐的耐受力比细菌大得多，而酵母菌的抗盐性最强。溶液的 pH 愈低，则微生物的耐受性越低。例如酵母菌在溶液 pH 为 7 时，对食盐的最大耐受浓度为 25%，但当溶液的 pH 降至 2.5 时，即溶液具有很显著的酸味时，14% 的食盐浓度就可抑制其活动。

高浓度的食盐虽然对抑制各种菌类的活动有利，但若过高会使蛋白质的分解作用减慢，使制品的后熟期相应地延长，同时味道太咸影响口感和风味。一般，腌制品中食盐浓度在10%左右，12%以上就会显著延缓蛋白质的分解速度。

（二）食盐的脱水作用

食盐溶液浓度越高，脱水作用越强，腌制后蔬菜的水分活度越小。其原理是食盐溶于水中，其中的Na^+与水发生水合作用，减少了溶液中自由水的含量。水分活度越小，意味着溶液（食品）中的水分可以被微生物利用的程度少，微生物的活动便受到抑制。一般当蔬菜中盐浓度达到15%～20%时，可使产品的水分活度降至0.85～0.80以下，从而抑制大多数细菌、酵母菌及霉菌的活动，增加产品的保藏性。

（三）食盐的抗氧化作用

在食盐溶液中，由于氧的溶解度大大降低而形成的缺氧环境对需氧型微生物产生一定的抑制作用。同时，在食盐的作用下蔬菜腌制品中的水分渗出，可溶性固形物含量增加，使蔬菜组织中的含氧量降低，有效抑制了蔬菜组织中化学成分的氧化。

蔬菜腌制工艺中，确定腌制液中食盐的最佳浓度、掌握用盐量、控制蔬菜组织与腌渍液内可溶性固形物浓度达到渗透平衡所需的时间、采用合理的分批加盐方法是保证腌制品质量的关键。

二、腌制过程中微生物的发酵作用

发酵性腌制品在腌制过程中其发酵作用比较明显，而非发酵性腌制品，发酵作用较弱，甚至不存在。在腌制过程中，微生物的发酵种类有多种。常见的发酵形式有乳酸发酵、酒精发酵和醋酸发酵。其中，乳酸发酵是主体，其次为酒精发酵，醋酸发酵极微弱。

（一）乳酸发酵

乳酸发酵是蔬菜腌制过程中最重要的生化反应。它是在乳酸菌的作用下，将糖（单糖、双糖）分解生成乳酸、酒精、CO_2等产物的过程。

根据发酵机制和发酵产物的不同，乳酸发酵可分为同型乳酸发酵和异型乳酸发酵。同型发酵是指在发酵过程中只生成乳酸，产酸量高，能积累乳酸达1.4%以上。常见能进行同型乳酸发酵菌种有植物乳杆菌、乳酸片球菌、乳链球菌等；异型乳酸发酵除生成乳酸外，还有其他产物的生成，如酒精、醋酸、CO_2等，参与异型发酵的菌种有肠膜明串球菌、短乳杆菌、戊糖醋酸乳杆菌等。

乳酸发酵是蔬菜发酵性腌制品中的主要变化过程，其发酵过程进行得好坏，与制品的品质优劣有密切的关系。影响乳酸发酵的因素有食盐浓度、发酵温度、发酵酸度、空气、含糖量等。

（二）酒精发酵

蔬菜腌制过程中的酒精发酵很微弱，是由于蔬菜表面附着的酵母菌，如鲁氏酵母、圆酵母等将糖分解成乙醇而引起的。同时，蔬菜原料在腌制初期被盐水淹没时所引起的无氧呼吸也可生成微量的乙醇。

少量乙醇的产生，对腌菜并无不良影响，反而有助于提高腌制品的品质风味，在酸性条件下，乙醇与有机酸发生酯化反应，产生酯香味，这些酯香味对产品的风味影响很大。

（三）醋酸发酵

在蔬菜腌制过程中还有微量醋酸形成。醋酸发酵是指醋酸细菌在有氧条件下氧化乙醇而生成醋酸。蔬菜腌制中极少量的醋酸不但无损于产品的品质，反而对产品的保藏有利。但含量过多时，会使产品具有醋酸的刺激味，使腌制品质量下降。

醋酸菌是好气性微生物，由于过多的醋酸会影响腌制品的质量，生产上应注意保持腌制环境的嫌氧条件，以防止过量醋酸的产生。

三、蛋白质的分解作用及其他物质的变化

在腌制过程中及后熟期间，蔬菜所含的蛋白质在蛋白酶的作用下，逐步分解为氨基酸。氨基酸本身就具有一定的鲜味和甜味，如果氨基酸进一步与其他化合物作用可以形成复杂的产物。蔬菜腌制品色香味的形成，与氨基酸的变化有很大的关系。

（一）色素的变化与色泽的形成

1. 蔬菜中的天然色素及其特性

蔬菜中常见的天然色素有叶绿素、花青素类和类胡萝卜素等。

叶绿素在酸性环境中，易失去绿色变成褐色或绿褐色，而在碱性环境中比较稳定。蔬菜腌制时酸性菜水会使叶绿素破坏，失去原有的鲜绿色。

花青素的颜色受酸碱性的影响，呈现酸红、碱蓝、中性为紫的特征。此外，腌制过程中，分解、氧化均能使花青素破坏而失去原有颜色。

类胡萝卜素包括胡萝卜素、茄红素等，它们的性质比较稳定，腌制过程中不易变色。

2. 褐变引起的色泽变化

蔬菜腌制品在腌制过程中颜色渐渐加深，成为黄褐色或黑褐色。主要的褐变类型有两个方面。

（1）酶促褐变产生的色泽变化。当原料组织破坏并有氧存在时，蛋白质水解后生成的氨基酸如酪氨酸在过氧化物酶的作用下，经过一系列复杂的氧化作用，生成一种深黄褐色或黑褐色的黑色素。

（2）非酶促褐变引起的色泽变化。蛋白质分解所产生的氨基酸中氨基与含有羰基的化合物如醛、还原糖等产生羰氨反应，生成黑色素。如盐渍大蒜、冬菜的变色等。

3. 外来色素的影响

由于各种辅料如酱油、酱、食醋、红糖的深颜色产生的物理吸附作用，使菜体细胞壁着色，制品颜色加深。如云南大头菜、芽菜、糖醋蒜的黄褐色。

（二）香气与滋味的变化

蛋白质分解引起鲜味和香味的形成。

（1）鲜味的形成。蔬菜原料中蛋白质在酶的作用下分解生成各种氨基酸。一般的氨基酸都具有一定的鲜味，各种蔬菜的氨基酸经腌制后其含量都有不同程度的提高，如榨菜成熟时氨基酸含量按干物质计算为 $1.8\sim1.9g/100g$，而在腌制前只有 $1.2g/100g$ 左右，提高了 60% 以上。

腌制品中鲜味的主要来源是谷氨酸与食盐作用生成谷氨酸钠，榨菜在后熟前后所含谷氨酸的量是不同的，按干物质计算谷氨酸占氨基酸总量：成熟前为 18%，而经后熟可上升到 31%。据试验，0.1% 的谷氨酸钠水溶液就有鲜味，榨菜所含谷氨酸钠超过此限，因而鲜味极浓。

蔬菜腌制品中不只含有谷氨酸，据分析，榨菜中所含氨基酸达 17 种之多，这些氨基酸又可生成相应的钠盐，因此腌制品鲜味超过单纯谷氨酸钠的鲜味。

（2）香味的形成。氨基酸以及酒精发酵所产生的醇本身就具有一定香气，如果在反应中能形成酯、醛等物质，其芳香味更浓。腌制品的香气主要来源有几个方面：①原料中的有机酸或氨基酸与发酵产生的酒精进行酯化反应，产生乳酸乙酯、醋酸乙酯、氨基丙酸乙酯等芳香性物质。②氨基酸与戊糖或甲基戊糖的还原产物 4-羟基戊烯醛作用，生成含有氨基醛类香味物质。③双乙酰和乙偶姻的形成，使腌菜产生特殊的香气。在腌制过程中，乳酸菌类将糖发酵生成乳酸，同时还生成具有芳香的双乙酰。④芥菜是腌制品的主要原料，芥菜中含有芥菜子苷，具有一定的香气。当原料在腌制时搓揉或挤压使细胞破裂，则黑芥子苷在黑芥子苷酶的作用下分解，产生一种气味芳香而又带有刺激性气味的芥子油。

此外，在腌制品中加入各种不同的香料及调味品，也可带来各种不同香质，增加香味。

（三）脆度的变化

脆度是腌制品的重要质量指标之一。蔬菜的脆度主要与细胞的膨压和细胞壁中的原果胶成分的变化有关。只有当果胶以原果胶或与金属离子结合成不溶性的果胶酸盐的形式存在时，蔬菜才能保持较好的脆性。

腌制过程中防止原果胶分解是保持蔬菜脆度的主要手段，具体方法有几个方面。

（1）选择适宜成熟度、脆嫩而无病虫害的蔬菜原料。

（2）进行硬化处理，使蔬菜原料中的可溶性果胶与金属离子结合形成不溶性的果胶酸盐，以保持腌菜的脆度。

（3）正确控制腌制条件，抑制有害微生物的活动，防止有害微生物对腌菜脆度的破坏。

四、蔬菜腌制与亚硝胺

N-亚硝基化合物是指含有亚硝基的化合物，是一类致癌性很强的化合物。按基结构可分 N-亚硝胺、N-亚硝基脲、N-亚硝酰胺。N-亚硝基化合物在动物体内，人体内、食品中以及环境中，均可由其前体物质胺类、亚硝酸盐及硝酸盐合成。此种化合物可致畸、致癌、致突变。

合成亚硝基化合物的前提物质能在各种食品中发现，尤其在品质较差、不新鲜或人为加入硝酸盐、亚硝酸盐保存的食品中含量较多。一些蔬菜如萝卜、大白菜、芹菜、菠菜中由于种植过程中施用农药或从环境中吸收，使其收获后体内含有大量硝酸盐，它可经酶或细菌作用还原成亚硝酸盐，提供了合成亚硝基化合物关键的前身物质。

据分析，硝酸盐含量在各类蔬菜中是不同的。叶菜类大于根菜类，根菜类大于果菜类。新鲜蔬菜腌制成咸菜后，其硝酸盐的含量下降，而亚硝酸盐的含量上升。新鲜蔬菜亚硝酸盐含量一般在 0.7mg/kg，而咸菜、酸菜的亚硝酸盐含量可上升至 13～75mg/kg，这是腌制中必须重视的问题。

据研究，在蔬菜腌制中，亚硝酸盐含量随着食盐浓度不同而有所差异。通常在 5％～10％食盐溶液中腌制，会形成较多的亚硝酸盐。腌制过程中温度状况会明显地影响亚硝基化合物峰值（即亚硝峰出现的时间），峰值的水平及全程含量。在较低温度下腌制，亚硝峰形成慢，但是峰值高，持续时间长，全程含量高。亚硝酸盐含量主要聚集在高峰持续期。在腌白菜时，高峰持续 19 天，亚硝酸盐含量占全程总量 98％。研究还发现亚硝酸盐含量与蔬菜腌制时的含糖量成负相关。

虽然亚硝酸盐承担了致癌的危险性，但是，由于蔬菜能提供食用纤维，胡萝卜素、维生素 B、维生素 C、维生素 E、矿物质等人类食物中不可缺少的物质，自身就减弱了亚硝酸盐对人体的威胁。

第三节　蔬菜腌制技术

一、泡菜的制作

泡菜具有制作简便，价格低廉，营养卫生，风味佳美，食用方便，易于贮藏等优点，不仅是佐餐佳品，而且是保健食品。泡菜是将蔬菜置于低浓度的食盐溶液中，经过乳酸发酵泡制而成的一类蔬菜盐渍制品。用于泡菜的原料比较广泛，主要有白菜、萝卜、苹果、梨、芥菜、黄瓜、胡萝卜、辣椒、茄子及嫩姜等，可以不受时间、季节的限制。下面以四川泡菜为例说明泡菜腌制技术。

(一) 工艺流程

具体工艺流程如下：

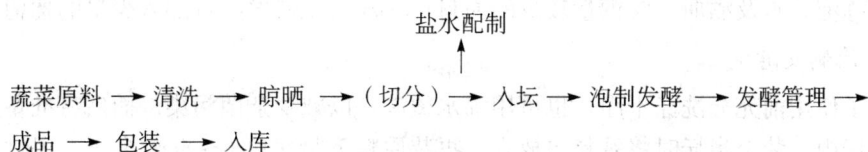

盐水配制↓

蔬菜原料 → 清洗 → 晾晒 →（切分）→ 入坛 → 泡制发酵 → 发酵管理 →
成品 → 包装 → 入库

（二）制作要点

1. 原料的选择

凡是组织致密，质地脆嫩，肉质肥厚，可食部分大，不易发软碎烂，富含一定糖分的新鲜蔬菜，都可以作为泡菜的原料。如嫩姜、大蒜、苦瓜、大头菜、四季豆、萝卜、胡萝卜、茄子、黄瓜、辣椒、芸豆、豇豆、芹菜等，均适宜腌制泡菜。根据泡菜腌制原料种类和质地的不同，制成的泡菜贮藏性各异。

2. 泡菜容器——泡菜坛

泡菜坛子又名上水坛子，是制作泡菜必不可少的容器。泡菜坛子抗酸、抗碱、抗盐又能密封且能自动排气，隔离空气使坛内造成一种嫌气状态，有利于乳酸菌活动又可防止外界杂菌的侵染，使泡菜得以长期保存。

泡菜坛子是用陶土烧制的，口小肚大，在距坛口边缘 6～16cm 处设有一圈水槽，槽口稍低于坛口，坛口上放一菜碟作为假盖以防生水侵入。泡菜坛子的规格大小不一，形式多样。最小的只可容纳几千克菜，最大的则可容纳数 10 千克。

泡菜坛本身质地好坏对泡菜与泡菜盐水有直接影响，故应经严格检验。检验挑选好容器后，应进行彻底消毒处理，用清水冲洗干净晾干后备用。

3. 原料的预处理

将不适用的部分如粗皮、粗筋、须根、老叶以及表皮上的黑斑烂点剔除干净，然后充分洗涤原料，注意不可损伤菜体。泡菜所用原料一般不进行切分，但体形过大者可适当切分成小块。然后沥干水分后立即入坛泡制。如能将原料适当晾干后再入坛泡制，其品质更好。

4. 泡菜盐水的配制

泡菜盐水的质量，直接影响泡菜的品质，也是泡菜成功与否的关键。井水和泉水是含矿物质较多的硬水，因其能保持泡菜成品的脆度，效果最好。若自来水硬度较大，也可使用。有时为增加泡菜的脆性，在配制盐水时，加入 0.05% 钙盐如 $CaCl_2$、$CaCO_3$ 等或加入 0.2%～0.3% 生石灰配成溶液浸泡原料。

泡菜盐水的含盐量以 6%～8% 为宜，为增进泡菜色香味，可在盐水中按比例加入白酒 2.5%、黄酒 2.5%、甜醪糟 1%、红糖或白糖 3% 及红辣椒 3%，并加入各种香料，即每 100kg 盐水中加入草果 0.05kg、八角茴香 0.1kg，花椒 0.05kg、胡椒 0.08kg 及少量陈皮。此外，各种香类蔬菜如芹菜、芫荽等的种子可酌量加入。

配制盐水时首先将水煮沸，然后加入盐及其他物料，冷却后再放菜泡制。为了使所腌制的蔬菜原料迅速发酵，缩短成熟时间，可在新配制的盐水中接种乳酸菌或加入品质良好的陈泡菜水及酒曲。含糖量较少的原料，为加快乳酸发酵可加入少量的葡萄糖。

5. 泡制发酵

坛子使用前充分洗涤干净，也可用沸水烫洗，以减少杂菌污染。而后将准备好的原料装入坛内，装至半坛时将香料包放入，再装原料至距坛口 6～8cm 为止，用竹片将原料卡压住，随即注入所配制的泡菜盐水，使盐水将蔬菜淹没。将坛口小碟盖上后即将坛盖覆盖，并在水槽中加注冷开水或盐水，形成水槽封口。将坛置于阴凉处任其自然发酵。1～2天后由于食盐的渗透作用，坛内原料的体积缩小，盐水下落，此时宜适当添加原料和盐水，装至坛口下3cm为止。

泡菜的成熟期随所用蔬菜种类及当时的气温而异。一般新配盐水在夏天泡制时需发酵5～7天，冬天需发酵12～16天。叶菜类如甘蓝需时较短，根菜类及茎菜类需时较长。直接用陈泡菜水泡制时，其成熟可缩短。陈泡菜水使用的次数愈多，所泡制的泡菜品质愈好。民间使用的陈泡菜水有的长达数十年之久。

6. 泡菜的发酵管理

首先注意水槽。在发酵初期会有大量气体由坛内经水槽逸出，使坛内逐渐形成无氧条件，利于乳酸菌的活动。有时因气温的突然改变影响大气压力的改变时，水槽内的水会被吸入坛内影响产品质量，要特别注意的是水槽中注入的水应是盐水或冷开水。必要时要更换水槽中的水以保持水槽的清洁卫生。

在取食后须添加新鲜原料，再泡时应适当补充食盐水，占原料的5%～6%；另外，也应适当添加如白酒、红糖等辅料，以保证泡菜的质量。

为保持制品质量长期不坏，要经常进行检查，最好在成熟后及时取食。如泡菜量大，一时取食不完，则宜增加食盐量并装满，填充水槽，若不再取食，即可长期保存。但如贮存时间太久，泡菜酸度不断增加，组织变软，会影响泡菜的品质。因此，只有质地紧密者才适宜长期保存，大量生产时每坛内最好只泡一种原料，在泡菜成熟过程中会在盐水表面形成一层白膜状的微生物，即酒花酵母，该微生物耐盐性、耐酸性较强，属于好气性菌类，能分解乳酸，降低泡菜的酸度，使泡菜组织软化，甚至导致其他腐败性微生物的滋生，使泡菜的品质变劣。补救方法最好是加入新鲜蔬菜并装满，使坛内及早形成无氧状态即可制止酒花酵母菌的生长。如果加入大蒜、洋葱之类的蔬菜密封后，大蒜素的杀菌作用可杀死酒花酵母菌。据报道，将红皮萝卜加入到坛内，花青素有显著的杀菌作用。如果坛内菌膜太多时可先用箩筛将菌膜捞出，加入酒花或高浓度的白酒并加盖密封可抑制其继续危害。但如果生膜严重又有霉烂味，应把菜及时倒掉，并将坛清洗干净后杀菌处理。

在泡制和取食过程中切忌带入油脂类物质，因油脂比重小，浮于盐水表面，易被腐败性微生物所分解而使泡菜变臭。

7. 成品管理

泡菜成熟后要求及时取食，对于耐贮的原料成熟后若能加强管理，也可较长期保存。对要保存的泡菜不要混装，泡制盐水的浓度要适当提高，并向坛内加入适量白酒，糟水要保持清洁，并保持坛内良好的密封条件。

结合现代食品加工技术，也可对泡菜进行真空包装后出厂销售。

二、酱菜的制作

将新鲜蔬菜原料进行腌制，加工成半成品的咸坯贮存，加工时将咸坯切成型，漂洗去盐，压榨脱水，进行酱制，使酱液的鲜味、芳香、色泽及营养物质渗入蔬菜中，增加风味，这种经过酱渍的蔬菜既为酱菜。酱菜生产包括制酱、盐腌和酱渍三大部分。也有直接用新鲜蔬菜进行酱制的，其风味和品质均比用咸坯制作的好。

（一）制酱

制作酱菜大都用甜面酱、黄酱及豆瓣酱，也有使用酱油或酱汁制作的。

1. 黄酱酿制

（1）种曲培养。用纯种黄曲菌。首先将米糠或麦麸中加入 20％～30％ 的水，装入罐头瓶或其他容器内，纱布封口，消毒，高压锅在 15 磅压力下热处理 15～20min。然后接入黄曲菌，放在 28～30℃ 条件下培养，经 2～3 天后基本上长满菌丝和孢子，即成种曲。种曲培养时温度不大于 35℃。

（2）酱原料准备。将黄豆清洗干净，用水浸泡，使豆粒充分吸水膨胀，表面无皱皮，内无夹心，手指容易压成两瓣为宜。然后加热蒸熟，常压蒸煮在开锅后继续蒸 1～1.5h，焖 1h；加压蒸煮，压力在 1～1.5kg/cm² 条件下保持 30min。蒸熟后迅速拌上小麦面粉，黄豆与面粉的比例为 2∶1～3∶2～1∶1，堆积起来慢慢冷却。

（3）制曲。当混合后的酱原料温度降至 40℃ 时进行趁热拌入 0.2％～0.3％ 的黄曲菌种曲，充分搅拌均匀。接种后装入曲盘，厚度不超过 3cm。然后送入曲室培养，曲室温度 28～30℃，曲温在 30℃ 左右。如果温度不均匀或曲温过高，可以进行上下翻倒。经 3～4 天后即成淡黄色或黄色的酱曲。

（4）发酵成酱。将酱曲揉碎，100kg 酱曲加入浓度为 20％ 的温食盐水 150～200kg，充分搅拌成糊状，称酱醪。酱醪在阳光照射时晒 3～5 天，每天搅拌一次，温度保持 45～50℃，以排除酱醪内部微生物活动放出的 CO_2，还可使产品发酵均匀。晾晒后移入室内保温缸中，温度 45～50℃，发酵 12 天左右时，酱醪颜色发黄产生香味。此时进行倒缸一次，然后移入室外晒 3～5 天，再移入室内，充分后熟 15～20 天，酱即成熟。发酵时间越长，颜色越深，其风味越好。

2. 甜面酱酿制

方法基本同黄豆酱，但原料主要为小麦面粉，有时可适当加入玉米面。首先，按面粉量加入 25％ 左右的水，充分和好，揉成馒头或饼子状，上笼蒸熟，切成小块，凉到 40℃ 时接种。其次，接种后保温 30℃，制成酱曲。最后，每 100kg 酱曲加入 16％～18％ 的食盐水，充分拌匀后成酱醪，酱醪晒制后成为甜面酱。

（二）蔬菜原料的准备

1. 盐腌处理

大多数酱菜在酱渍以前原料经盐腌处理，只有少数蔬菜如草食蚕、嫩姜、嫩辣椒可以不用盐腌而直接进行酱渍。盐腌过程中，利用食盐的高渗透作用，使细胞致死，改变细胞膜的通透性，以便酱液更好更快地渗透到蔬菜细胞内部；盐腌时由于食盐的渗透作用，蔬菜所含的部分苦涩物质、黏性物质可以排除，从而改善原料风味，增进原料透明度；盐腌时大量脱水，使原料体积缩小、组织变得紧密且具有韧性和脆性，便于以后工序的操作而不破损或折断；盐腌时由于食盐反渗入细胞内，细胞内水分大量外逸，因而细胞的含水量相应减少，将来脱盐时，细胞的水分也不可能恢复到原来的含量，酱渍时不致因原料水分过多而过分冲淡酱的浓度；盐腌时食盐浓度较大，可以在一定时期内保存蔬菜原料不致败坏，如需长期保存，则需加大食盐用量，使菜坯和菜水的最后含盐量达15%以上。

盐腌前原料首先充分洗涤，然后去掉粗筋、须根、黑斑、烂点等，再根据原料的种类和大小形态进行适当切分，使其成条状、片状或颗粒状。个体较小者如小型萝卜、小嫩黄瓜、大蒜头及草食蚕可以不进行切分。

盐腌包括干腌和湿腌两种方法。干腌法是用占原料鲜重14%～16%的干盐直接与原料拌匀，或一层原料一层食盐腌制，此法适合于含水量较多的蔬菜如萝卜、莴苣、菜瓜等。湿腌法是用与原料重量相等的25%的食盐溶液浸泡，适用于含水量较少的蔬菜如大头菜、苤蓝及大蒜头等。盐腌处理的时间随蔬菜种类而异，一般15～30天不等，盐腌后称为盐坯或菜坯。

2. 脱盐处理

盐腌的菜坯食盐含量很高，必须用清水浸泡进行脱盐处理后方可进行酱渍。一般将菜坯用流动水浸泡，脱盐的效果较好，夏季浸泡2～4h，冬季浸泡6～7h即可。脱盐处理并不要求把菜坯中的食盐全部脱除干净，而是脱去绝大部分的食盐而保留小部分的食盐，用口尝能感觉到少许咸味而又不显著时即为适合的标准，含盐量在2%～2.5%即为合适。脱盐处理后取出菜坯，沥干水分，准备酱渍。

（三）酱渍

酱渍即将盐腌的菜坯脱盐后浸渍于甜酱或黄豆酱或酱油中，使酱料中的色香味物质扩散到菜坯内，即菜坯、酱料各物质达到渗透平衡的过程。

酱渍方法有3种：①将脱盐处理后的菜坯直接浸没在豆酱或甜面酱的酱缸内；②在缸内先放一层菜坯再加一层酱，层层相间进行酱渍；③将原料如草食蚕、嫩姜、大蒜头等先装入布袋内然后入酱缸酱渍。酱的用量一般与菜坯等重，最少不低于3∶7。

由于菜坯中仍含有较多的水分，入酱后菜坯中的水分会逐渐渗出使酱的浓度不断降低。为了获得品质优良的酱菜，最好连续进行3次酱渍，即第1次酱渍一周后倒缸，用新酱再酱渍一周，随后取出进行第2次倒缸，继续酱渍一周，至此酱菜才算成熟。已成熟的酱菜在第3个酱缸内继续存放可以长期保存不坏。

酱渍过程中除了倒缸之外，还要进行搅动，使原料能均匀地吸附酱色和酱味，使酱的汁液顺利地渗透到原料组织中去，内外均具有与酱同样的色香味。由于酱的渗入，菜坯中的水分也会渗到酱中。当菜坯组织细胞内外汁液的渗透压力达到平衡时，表明酱菜已成熟。成熟的酱菜不但色香味与酱完全一样而且质地嫩脆，色泽酱红呈半透明状。酱渍时间的长短随菜坯种类及大小而异，一般15～20天，提高温度并经常翻搅可使成熟期限大为缩短。

三、盐渍菜的制作

（一）榨菜的制作

榨菜以茎用芥菜的膨大茎（俗称青菜头）为原料，经去皮、切分、脱水、盐腌、拌料等工序加工而成，是我国特产。榨菜发源于四川涪陵，迄今为止已有 100 多年的历史。最初，由于在加工过程中使用木榨压去菜体中多余的水分，故名榨菜。下面以涪陵榨菜为例，介绍榨菜的制作技术。

1）原料选择：原料应选择组织细嫩、紧实、皮薄、粗纤维少，且突起物圆钝、凹沟浅而少、呈圆球形或椭圆形、体形不太大的菜头。菜头含水量宜低于 94%，可溶性固形物含量应在 5% 以上。品种比较好的有草腰子、三转子、涪杂 1 号等，其产量较高，加工适性好，可溶性固形物的含量及净菜率也较高。

2）剥制：去除外层的硬粗皮，切块。

3）晾晒：晾晒时应将菜块的切面向外，青面向里，以利脱水。放在通风阴干以防褐变，需 1～2 周时间，得率 24%～27%。在晾晒菜块时如果是自然风力能保持 2～3级，大致经过 7～8 天可达到适当的脱水程度，准备进行腌制。风脱水合格的干菜块用水捏时菜块周身柔软而无硬心，表面皱缩而不干枯，无霉烂斑点、黑黄空花、发梗生芽及棉花包异变，无泥沙污物。

4）盐腌：下架后之干菜块立即进行腌制。加盐应采用隔层加盐法并注入少量酒精或酒，腌制一定时间后再进行第 2 次腌制。目前生产上都是利用菜池进行腌制，其大小规格各地不同。菜池挖在地面以下，系长、宽、深均为 3 米的立方形较多见。池底注四周用砖砌好后再用水泥涂抹。

第 1 次腌制。先将干菜块称重入池，一层菜块一层盐，按每 100kg 菜块用盐 3kg 均匀撒在菜块上，池底 4～5 层撒盐时要预留 10% 的食盐作为盖面用盐，菜块以齐地面装满为准。池满后盖面盐，使菜块保持紧密。3 天后即可起池。起池用池内渗出的菜水边淘洗边上囤。囤高不超过 1m，同时适当踩压，以滤去菜块上所附着的水分。经上囤 24h 后即成半熟菜块，即完成第 1 次腌制。

第 2 次腌制。将第 1 次上囤后的菜块再过秤倾入菜池内进行第 2 次腌制。操作方法与第 1 次腌制方法相同。按每 100kg 半熟菜块加盐 7kg 均匀撒在菜块上，再用力压紧。池底 4～5 层仍需扣留盖面盐 10%，直至装满压紧加盖面盐，经过 7 天，使食盐能渗透到菜块内部，使菜块中的水分析出。上囤 24h 后即成为毛熟菜块，及时转入下道工序。

5）修整分级：将第 2 次腌制上囤后听菜块用剪刀仔细剔去菜块上的皮、叶梗基部虚边，再用小刀削去老皮，抽去硬盘，削净黑斑烂点，以不损伤青皮、菜心和菜块形态为原则。同时根据选块标准认真挑选，大菜块、小菜块及碎块分别堆放。

6）淘洗：将修整分级的菜块，分别用澄清的腌菜盐水经人工或机械进行淘洗，以除净菜块上的泥沙污物。淘洗切忌使用普通水或变质的菜盐水，以免冲淡菜块的含盐量或带入杂菌给菜块带来不良的风味，影响榨菜的品质。

7）压榨：淘洗后放入要榨中或竹包中施压，约经一夜，水分降低 50% 左右。如未经淘洗水分含量少者，可不经压榨。

8) 去筋：菜头压榨适度后，除去表皮残留之粗皮叶柄等物。

9) 加盐及香料：将去筋后的菜块按每 100kg 大块 6kg、小块 5kg、碎块 4kg 的用盐量，辣椒粉 1.1kg，花椒 0.03kg，及混合香料 0.12kg，置于菜盆内充分拌合。混合香料的比例不得任意增减。食盐、辣椒粉、花椒粉及香料粉等要事先混合拌匀后再撒在菜块上，使每块菜都均匀粘满配料，立即进行装坛。每次拌合菜以 400kg 为宜，装坛时因加入食盐，故称为第 3 次腌制。

10) 装坛：刚拌料装坛的菜块，其色泽、鲜味和香气的特点还未完全形成。经过存放后熟一段时间，才出现良好的品质，一般榨菜后熟期至少需 2 个月，时间长品质会更好。良好的榨菜应保持良好品质达 1 年以上。

11) 后熟及清口：装坛后宜放在阴凉干燥的地方贮存后熟，一般来说，榨菜的后熟期至少需要两个月，当然时间长一些品质会更好。装坛后 1 个月即开始出现坛口翻水现象，即坛口菜叶逐渐被上升的盐水浸湿，进而有黄褐色的盐水由坛口溢出坛外。在整个后熟过程中，翻水现象至少要出现 2～3 次。每次翻水后取出菜叶并擦尽坛口及周围菜水，换上干菜叶扎紧坛口，称为清口。大致清口 2～3 次后，坛内的发酵旺盛期已基本结束，但还有微弱的发酵，用水泥封口时留一个小孔，完全密封将会有破裂的危险。

（二）冬菜的制作

冬菜以南充冬菜和资中冬菜最为著名，迄今已有百年历史。其特点是组织嫩脆，香气浓郁，风味鲜美，南充冬菜色泽乌黑，资中冬菜色泽金黄或黄褐色，以嫩叶及嫩尖为原料，无老筋、老梗、老叶，含水量 60%～62%，含盐量 12%～14%，无致病菌检出。下面以南充冬菜为例，介绍其制作工艺及要求。

1) 原料选择：南充冬菜以叶用芥菜为原料，较好的品种有箭杆菜和乌叶菜。适时采收，最适季节为 11 月下旬至来年 1 月，菜收过早产量低，过迟菜开始抽薹，组织变老。

2) 晾晒：菜在采收后就地将菜根端纵切开，按基部大小，纵划一刀或两刀，但都不划断，利用划口将整株菜搭在牵藤、木杆或树的枝杈上，晾晒 3～4 周，以外叶全部萎黄，内叶及菜尖蔫萎时下架，此时 100kg 鲜菜可得干菜 23～25kg。

3) 修剥：先去掉外部老黄叶，然后去掉中间叶片及菜心上过长叶片的尖端，最后剪去根端基部粗筋部分，剩下萎蔫的菜尖。

4) 揉菜、腌制：每 100kg 蔫菜尖用盐 13kg，留出面盐后，把盐撒在菜上，从上至下用力搓揉，揉至菜身软和，不见食盐粒，便可入池，池内分层码放，层层压紧，撒上面盐，盖上竹席，用石头加压，1 个月后翻菜一次，并加入 0.1%～0.2% 的花椒，继续加压腌制。

5) 上囤、拌料、装坛：腌制 3 个月后可起池上囤，同时再加入 0.1%～0.2% 的花椒，盖上竹席，加压石头。经 1～2 个月不再有菜水流出，便可拌料装坛。拌料时每 100kg 菜用香料粉 1.1kg，充分拌匀后分层装入坛内，每层要反复细致压紧实，不能留有空隙，装至坛口后用腌过的老菜叶扎紧坛口，用塑料薄膜包蒙，用绳扎紧，或用三合土封口亦可。

6）晒菜后熟：装坛后置于露天暴晒，目的是增加坛内温度，有利于微生物发酵等作用，促进各种物质的分解、转化及酯化。经 2～3 个夏天，坛内菜色由青转黄，由黄转乌黑，并产生香气，达到成品标准。

（三）咸萝卜干的制作

萝卜可切成小块状或条状，干燥脱水后添加食盐腌制，制成咸萝卜干，也可以直接用新鲜萝卜加盐腌制脱水制成咸萝卜干。萧山萝卜干、五香萝卜干、爽甜萝卜干等是萝卜干中的精品，下面仅以萧山萝卜干介绍其制作工艺及要求。

1）原料：选择新鲜、皮薄而光滑、肉质结实而脆嫩的萝卜，剔除腐烂、粗老、空心的萝卜。加工季节一般在 12 月至来年 2 月。

2）整理：将萝卜削去叶丛、青皮、须根、尾根，用水洗净，切成长 10cm 长，粗如手指的萝卜条，以每条都带皮为宜。大的萝卜可抽去心部不要。

3）晒腌：将整理好的萝卜置于阳光下晒 3～5 天，每天翻动 2 次，晚上盖上草帘。晒至每 100kg 新鲜原料干至 35kg 左右，收菜下架，摊晾散热，装缸盐腌，100kg 蔫萝卜条加盐 3kg，拌匀，用力揉搓，至盐粒溶化，入坛或缸压实，满装，盖好盖，封口腌制 3～5 天后，出缸复晒 2～3 天，至初晒时重量的 70% 为止，经摊晾散热，装缸、揉压，加盐腌制，一层盐一层萝卜，装得扎实，封口，腌制 5 天左右。

4）三晒、拌料：晒腌萝卜干取出再晒，100kg 晒至 80kg，摊晾散热，装缸，加盐混匀腌制，一层盐一层萝卜，装得扎实，满装，盖好盖，封口。100kg 腌干萝卜条加盐 2kg，苯甲酸钠 100g，腌制 7 天。

5）装坛、封口：将腌制好的萝卜干装坛、压紧，每坛 25kg，每坛用 250kg 拌有苯甲酸钠的盐封口，盐上垫一层竹叶或油纸，再用一团草绳塞满坛口。用砂浆、水泥封口、后熟 30 天即可达到要求。

第四节　蔬菜腌制品常见的问题及控制措施

在腌制过程中，由于所使用的原料不新鲜、加工工艺不当等因素会产生腌制品的劣变现象。为了生产出品质良好的腌菜，必须对腌制中容易出现的劣变现象及其产生原因和防止方法有所了解。

一、腌菜常见的劣变现象及其原因

（一）腌菜变黑

除一些品种的特殊要求外，蔬菜腌制品一般为翠绿色或黄褐色，如果不要求产品色泽太深的腌菜变成了黑褐色，势必影响产品的感官质量及商品价值。蔬菜腌制品变黑的原因主要有：①腌制时食盐的分布不均匀，含盐多的部位正常发酵菌的活动受到抑制，而含盐少的部位有害菌又迅速繁殖；②腌菜暴露于腌制液的液面之上，致使产品氧化严重和受到有害菌的侵染；③腌制时使用了铁质器具，由于铁和原料中的单宁物质作用而使产品变黑；④由于有些原料中的氧化酶活性较高且原料中含有较多的易氧化物质，在长期腌制中使产品色泽变深。

（二）腌菜质地变软

腌菜质地变软，主要是蔬菜中不溶性的果胶被分解为可溶性果胶造成的，其形成原因主要是：①腌制时用盐量太少，乳酸形成快而多，过高的酸性环境使腌菜易于软化；②腌制初期温度过高，使蔬菜组织破坏而变软；③腌制器具不洁，兼以高温，有害微生物的活动使腌菜变软；④腌菜表面有酵母菌和其他有害菌的繁殖，导致腌菜变软。

（三）其他劣变现象

当腌菜未被盐水淹没并与空气接触时，红酵母菌的繁殖，就会使腌菜的表面生成桃红色，或深红色。由于植物乳杆菌、某些霉菌、酵母菌等产生一些黏性物质，会使腌菜变黏。另外，在腌制时出现长膜、生霉、腐烂、变味等现象也都与微生物的活动有关，导致这些败坏的原因与腌制前原料的新鲜度、清洁度差以及腌制器具不洁，腌制时用盐量不当以及腌制期间的管理不当等因素有关。

二、控制腌制品劣变的措施

（一）控制腌制前原辅料的微生物污染

腌制品的劣变很多都与微生物的污染有关，具体措施如下。

（1）原料应新鲜脆嫩，成熟度适宜，无损伤且无病害虫。

（2）腌制前要将原料进行认真的清洗，以减少原料的带菌量。

（3）使用的容器、器具必须清洁卫生，同时要搞好环境卫生，尽量减少腌制前的微生物含量。

（4）腌制用水必须符合国家生活饮用水的卫生标准，使用不洁之水，会使腌制环境中的微生物数量大大增加，使得腌制品极易劣变，而使含硝酸盐较多的水，则会使腌制品的硝酸盐、亚硝酸盐含量过高，严重影响产品的卫生质量。

（二）注意腌制用盐的质量

不纯的食盐不仅会影响腌制品的品质，使制品发苦，组织硬化或产生斑点，而且还可能因含有对人体健康有害的化学物质，如钡、氟、砷、铅、锌可降低腌制品的卫生安全性。因此，腌制用盐必须是符合国家食用盐卫生标准的食用盐，最好用精制食盐。

（三）腌制用容器的要求

供制作腌菜的容器应符合下列要求，即便于封闭以隔离空气，便于洗涤，杀菌消毒，对制品无不良影响并无毒无害。常用的容器有陶质的缸、坛和水泥池等。对于水泥发酵池,由于乳酸和水泥作用后使靠近水泥部分菜容易变坏,所以应在池壁和池底的外表加一层不为乳酸所影响的隔离物,如涂上一层抗酸涂料等。

(四)加强工艺管理,严格控制腌制的小环境

在腌制过程中会有各种微生物的存在。对于发酵性腌制品,乳酸菌为有益菌,而大肠杆菌、丁酸菌等腐败菌以及酵母等则为有害菌。在腌制过程中要严格控制腌制小环境,促进有益的乳酸菌的活动,抑制有害菌的活动。对酵母和霉菌主要利用绝氧措施加以控制,对于耐高温又耐酸、不耐盐的腐败菌(如大肠杆菌、丁酸菌)则利用较高的酸度以及控制较低的腌制温度或是提高盐液浓度来加以控制。乳酸菌的特点是厌氧或兼性厌氧,能耐较高的盐(一般可达 10%),较耐酸(pH 3.0~4.0),生长适宜温度为 25~40℃,而有害菌中的酵母和霉菌则属好气的微生物,腐败菌中的大肠杆菌、丁酸菌等的耐盐耐酸性能均较差。

(五)正确使用防腐剂

传统的蔬菜腌制主要是利用较高的食盐浓度来抑制有害微生物的生长繁殖,保证腌制的顺利进行。现代医学证明,过多的食用食盐,会引起高血压、心脏病等一系列疾病,生产低盐的蔬菜腌制品也是目前改进传统腌制工艺的一个方向。为了弥补低盐腌制带来的自然防腐不足的缺陷,在大规模生产中时常会使用一些食品防腐剂以保证制品的卫生安全。

目前,我国允许在酱腌菜中使用的食品防腐剂主要有山梨酸及其钾盐、苯甲酸及其钠盐、脱氢醋酸钠等,使用剂量一般在 0.05%~0.3%,具体用法与注意事项可参考我国食品添加剂使用标准。

本 章 小 结

腌制品是蔬菜加工品中产量最多的一类,凡将新鲜蔬菜经预处理后,再经过脱水,用盐、香料、酱、酱油等进行腌制或酱制,而制成鲜香嫩脆、咸淡(或甜酸)适口且耐保存的加工品,统称为蔬菜腌制品。蔬菜腌制品由于经过较长时间的腌制发酵,微生物的分解作用、食盐及辅料的扩散渗透作用产生蔬菜腌制品特有的色香味,并同时延长蔬菜的贮藏期。

蔬菜腌制品根据所用原料、腌制过程、发酵程度和成品状态的不同,可分为两大类,即发酵性腌制品和非发酵性腌制品。不同腌制品对腌制方法有不同的要求,其用盐量和腌制方法等主要取决于原料、腌制工艺条件及产品特性。

常见的蔬菜腌制品有泡菜、酱菜、萝卜干、榨菜等,可直接食用。发酵性腌制品由于其含有大量有益微生物且含盐量较低,因此有益于人体健康;非发酵性腌制品由于含盐量较高,且含有较多的亚硝胺致癌物,因此不可长期大量摄入该制品。

思 考 题

1. 简述蔬菜腌制品的定义、主要种类及各自特点。

2. 食盐在腌制过程中有哪些保藏作用？腌制过程中应如何合理添加食盐？

3. 在腌制过程中由微生物引起的发酵作用有哪些？各种发酵作用对蔬菜腌制品品质有何影响？

4. 蔬菜腌制品特有的色香味是如何形成的？怎样防止腌制品脆度的下降？

5. 在腌制中有哪些因素影响亚硝酸盐的形成？

6. 泡菜制作的工艺流程和操作要点是什么？

7. 简述酱菜制作的工艺及操作要点。

8. 蔬菜腌制品常见的败坏有哪些？引起的原因有哪些？如何防止其发生。

9. 以当地一种特色蔬菜腌制品为例，简示工艺流程，说明其操作要点，并提出综合利用方案。

第八章 果蔬糖制

学习要求

(1) 了解糖制品的分类;
(2) 理解糖制品制作原理;
(3) 掌握糖制品加工技术;
(4) 理解并掌握糖制品常见的质量问题及控制。

糖制品是将果蔬原料或半成品经预处理后,利用食糖的保藏作用,通过加糖浓缩,将固形物浓度提高到65%左右,而得到的加工品。糖制品采用的原料十分广泛,绝大部分果蔬都可以用作糖制原料,一些残次落果和加工过程中的下脚料,也可以加工成各种糖制品。

第一节 糖制品的分类

一、蜜饯类

蜜饯类制品的特点是保持了果实或果块一定的形状,一般为高糖食品。将成品含水量在20%以上的称为蜜饯,成品含水量在20%以下的称果脯。

(一) 干态蜜饯 (果脯)

即果脯在糖制后,再进行晾干或烘干,不粘手,外干内湿,半透明,有些产品表面裹一层半透明糖衣或结晶糖粉。如橘饼、蜜李子、蜜桃片、冬瓜条、糖藕片。

(二) 糖衣蜜饯 (返砂蜜饯)

即在制作干态蜜饯时,在它的表面蘸敷上一层透明胶膜或干燥结晶的糖衣制品,表面干燥,微有糖霜。色泽清新,形态别致,酥松味甜。如苏州橘饼、白糖杨梅、苏式话梅、冬瓜糖、蜜菠萝。

(三) 糖渍蜜饯

即糖制后不再烘干或晾干,成品表面附一层浓糖汁,成半干性制品,或将糖制品直接保存在浓糖液中，色鲜肉嫩，清甜爽口，原果风味浓郁。如糖青梅、糖柠檬、糖佛手、蜜渍金柑、糖渍无花果。

（四）加料蜜饯（凉果）

即制品不经过蒸煮等加热过程，直接以干鲜果品或果坯拌以辅料后晾晒而成。如话梅、加应子。

二、果酱类

果酱类为果蔬的汁、肉加糖煮制浓缩而成，形态成黏糊状、冻体或胶态，其特点是不保持果蔬原来的形态，一般为高糖且高酸食品。

（一）果酱

分泥状及块状两种果酱。果品原料经处理后，打碎或切成块状，是加糖（含酸及果胶低的原料可适量加酸和果胶）浓缩而成的凝胶制品。制品成黏糊状，带有细小果块，含糖量55%以上，含酸1%左右。如苹果酱、桃酱、山楂酱、草莓酱。

（二）果泥

原料经软化、打浆、筛滤后得到细腻的果肉浆液，加入适量砂糖（或不加糖），经加热浓缩而成。制品成酱糊状，糖酸含量稍低于果酱，口感细腻。如枣泥、什锦果泥、南瓜糊、胡萝卜泥。如制成具有一定稠度、且质地均匀一致的酱体时，则通常称之为"沙司"。

（三）果丹皮

在果泥中加糖搅拌、刮片、烘干、成卷或切片，用玻璃纸包装的制品。如苹果果丹皮、山楂果丹皮。

（四）果冻

将果实软化、榨汁、过滤后，加糖、酸及适量果胶（酸或果胶含量高时可以不加），经加热浓缩而成。制品呈半透明的凝胶状制品。如山楂冻、苹果冻、柑橘冻、猕猴桃冻。如果在制果冻的原料中再加入少量的橙皮条（或橘皮片）浓缩，冷却后这些条片较均匀地分散在果浆中，该制品通常称之为"马茉兰"。

（五）果糕

在果泥中加入预先搅拌成泡沫状的蛋白，注入容器成型，烘干，呈多孔性而柔软的果糕。或将果泥摊成薄层成型，再于50～60℃下烘干至不沾手，切成小块，用玻璃纸包装。或在果肉浆液中加入糖、酸、果胶浓缩后浇盘、烘制、包装而成。如南酸枣糕、猕猴桃糕、胡萝卜糕、山楂糕、水晶山楂糕。

第二节　糖制品加工的原理

一、食糖的性质

（一）溶解度和晶析

糖在溶液中有一定的溶解度，糖制时，当糖液浓度达到过饱和时即出现晶析。其结果降低含糖量，削弱保藏作用，影响制品品质。

食糖的溶解度大小受糖的种类和温度的双重影响，糖液溶解度随着温度升高而增大（表 8-1）。

表 8-1　不同温度下食糖的溶解度

温度（℃）	蔗糖（%）	葡萄糖（%）	果糖（%）	转化糖（%）
0	64.2	35.6	—	—
10	65.6	41.6	—	56.6
20	67.1	47.7	78.9	62.6
30	68.7	54.6	81.5	69.7
40	70.4	61.8	84.3	74.8
50	72.2	70.9	86.9	81.9
60	74.2	74.7	—	—
70	76.2	78.0	—	—
80	78.4	81.3	—	—
90	80.6	84.7	—	—

为了避免糖制品中蔗糖的晶析，可加入一定量的转化糖、饴糖、淀粉糖浆等，它能降低其结晶速度，增进糖液的饱和度。

（二）吸湿性

食糖吸湿后易发生潮解和结块现象，造成糖制品中渗透压下降，水分活性增加，削弱其保藏作用。

食糖吸湿性与糖的种类及相对湿度密切相关（表 8-2）。表中各种结晶糖的吸湿量（%）与环境中的相对湿度呈正相关，相对湿度越大，吸湿量就越多。当吸水达 15% 以上时，各种结晶糖便失去晶体而成为液态。糖的种类不同其吸湿性有差异。食糖吸湿性以果糖最大，葡萄糖和麦芽糖次之，蔗糖为最小。

表 8-2　几种糖在 25℃ 中 7 天内的吸湿度

糖的种类	空气相对吸湿度（%）		
	62.7	81.8	98.8
果糖	2.61	18.58	30.74
葡萄糖	0.04	5.19	15.02
蔗糖	0.05	0.05	13.53
麦芽糖	9.77	9.80	11.11

（三）转化性

蔗糖是非还原性双糖，若与稀酸共热或在转化酶的作用下，能水解成等量的葡萄糖和果糖，将生成的等量葡萄糖和果糖混合物称为转化糖。蔗糖在酸作用下水解速度与酸的浓度及处理温度成正相关。蔗糖转化适宜的 pH 为 2.5，当转化糖含量达到 30％～40％时，就能有效地防止蔗糖晶析，其制品质量最佳。蔗糖在中性或微碱性溶液中加热不易分解，当 pH 在 9 以上，温度超过 140℃时，会产生棕色的焦糖。转化糖还能与氨基酸作用生成黑蛋白素，使加工色泽变深。因此，在加工淡色糖制品时，应避免蔗糖过度转化。

（四）甜度

食糖的甜度是以口感判断，即以能感觉到甜味的最低含糖量——"味感阈值"来表示，"味感阈值"越小，甜度也高。蔗糖为基准的相对甜度，若以蔗糖为 100，则果糖为 173，葡萄糖为 74，转化糖为 127。蔗糖的甜度与转化糖比较：当糖液浓度为 10％时，两者等甜；低于 10％时，则蔗糖甜度大于转化糖；高于 10％时，则转化糖甜度大于蔗糖。另外，温度对糖的甜度有一定影响：当 10％浓度的糖液处在 50℃时，果糖与蔗糖等甜；低于 50℃时，则蔗糖甜于果糖。

（五）沸点

糖液沸点随着糖液浓度增大而升高。糖煮时常利用糖的沸点温度来测定糖液的浓度和控制糖煮的终点。常压下不同浓度糖液的沸点详见表 8-3。根据经验：糖液沸点在 112℃时，其浓度约为 80％，将糖液滴入冷水中，不散开，成扁粒状，此糖液冷却，可以返砂；沸点达 136℃时，糖液滴入冷水中即成硬粒，在沸腾的糖液中搅拌亦能返砂。

表 8-3　不同浓度糖液的沸点

浓度（％）	沸点（℃）	浓度（％）	沸点（℃）	浓度（％）	沸点（℃）	浓度（％）	沸点（℃）
50	102.22	58	103.3	66	105.1	74	108.2
52	102.5	60	103.8	68	105.6	76	109.4
54	102.78	62	104.1	70	106.5	80	112.0
56	103.00	64	104.6	72	107.2	90	130.8

二、食糖的保藏作用

糖制用糖的种类有砂糖、饴糖、淀粉糖浆、蜂蜜等。而应用最广泛的是由甘蔗、甜菜制得的白砂糖，其主要成分是蔗糖。蔗糖甜度高，风味好，色泽浅，取用方便，保藏性好。糖制品要做到较长时间的保藏，必需使制品的含糖量达到一定的浓度。低浓度糖液还能促进微生物生长发育，高浓度糖液才能对微生物有不同程度的抑制作用，其保藏作用主要表现在以下 3 个方面：

（一）高渗透压作用

低浓度糖液是微生物的良好培养基，但在高浓度下能产生强大的渗透压。1％蔗糖约产生 70.9kPa 的渗透压。通常，糖制品的糖浓度在 50％以上，能使微生物细胞原生质脱水收缩，发生生理干燥而失去活力，从而能使制品得以较长时间的保藏。但是，某些霉菌和酵母菌较耐高渗透压。为了有效地抑制所有微生物，糖制品的糖分含量要求达到 60%～65%，或可溶性固形物含量达到 68%～75%，并含有一定量的有机酸，才能获得较好地保藏效果。对于需要长期保藏的果酱和湿态蜜饯制品，还要结合杀菌工序及真空密封等措施。

（二）抗氧化作用

氧在糖液中的溶解度小于在水中的溶解度。糖浓度越高，氧的溶解度就越低。如 60%蔗糖溶液在 20℃时含氧量仅为纯水中的 1/6。由于糖液中含氧量低，有利于抑制好气微生物的活动，也有利于糖制品色泽、风味和维生素 C 的保存。

（三）降低水分活度

食糖能降低糖制品的水分活度。制品中含糖量越高，则其水分活度越低，微生物就越难以生存。通常糖制品的水分活度值在 0.75 以下，而一般微生物生长所需的最低水分活度值在 0.8 以上，因而使糖制品有较强的贮藏作用。

三、果胶的作用

果胶物质以原果胶、果胶和果胶酸三种形态存在于果蔬中。原果胶在酸和酶的作用下分解为果胶。果胶具有胶凝特性。果品在糖制时，常利用果胶的胶凝作用和保脆作用来保证糖制品的质量。

（一）胶凝作用

果胶分子是由 D-吡喃半乳糖醛酸以 2-1,4 葡萄糖苷键结合的长链组成，其中部分羧基为甲醇所酯化，形成甲氧基。当果胶分子中含甲氧基量高于 7%时为高甲氧基果胶；当果胶分子中含甲氧基量低于 7%时为低甲氧基果胶。这两种果胶形成凝胶的条件及机理各不相同。

1. 高甲氧基果胶形成凝胶的条件

一定比例的糖、有机酸、果胶，在适宜的温度下，能形成凝胶。因为果胶是一种亲水胶体，糖作为脱水剂；而有机酸则起到消除果胶分子负电荷作用，使果酸分子接近电中性，其溶解度降至最小。实践表明：在糖度 65%～70%，pH 为 2.8～3.3 的果酸、果胶 1%以上、温度 30℃以下时能形成很好的凝胶。此外，在制作此类果冻时，还应注意加温时间不宜过长，否则会使果胶水解，降低其胶凝能力。

果胶的胶凝能力是衡量粉状果胶质量的重要指标。所谓果胶的胶凝能力，系指一份果胶与若干份糖制成具有一定强度和质量的果冻的能力。例如，1g 果胶具有能与 150g 糖制成果冻的能力，则这果胶的胶凝能力为 150°，亦称 150°果胶。所以，其胶凝能力实际上就是果胶的加糖率。

2. 低甲基胶果胶形成凝胶的条件

低甲氧基果胶为离子结合型果胶，在用糖量较少的情况下，加入 2 价或 3 价金属离子，如 Ca^{2+} 和 Al^{3+}，亦能形成凝胶。

低甲氧基果胶凝胶条件是：低甲氧基果胶 1%、pH 为 2.5～6.5 时，每克低甲氧基果胶加入钙离子 25mg（钙量占整个凝胶的 0.01%～0.10%），在 0～30℃下即可形成正常的凝胶。食糖用量多少对凝胶的形成影响不大，利用这一特性，制作低糖制品。

通常从海藻类中提取的果胶属较低甲氧基果胶，从苹果、枇杷、柑橘等果品的皮中提取的果胶为高甲氧基果胶。

（二）保脆作用

果胶能与钙、铝等金属离子结合，生成不溶性的果胶酸盐，使果蔬细胞相互黏结、增硬，可防止糖煮过程中组织软烂，制品保持一定形状和脆度，并有利糖制品的"返砂"，提高糖制品的质量。

果蔬糖制品中常用的保脆剂有石灰、氯化钙、明矾等，使用时应注意用量及作用的时间。

第三节　糖制品加工技术

一、果脯蜜饯类加工技术

（一）果脯蜜饯类加工工艺流程

具体工艺流程如下：

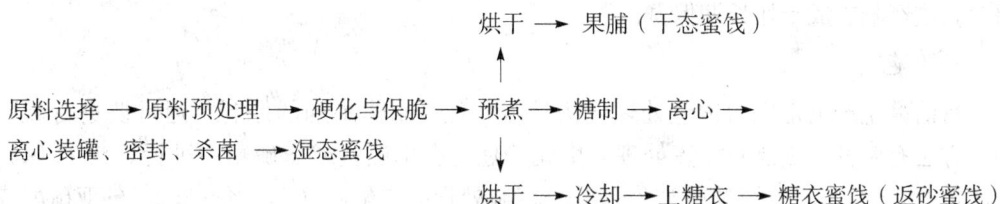

```
                                烘干 ── 果脯（干态蜜饯）
                                    ↑
原料选择 ── 原料预处理 ── 硬化与保脆 ── 预煮 ── 糖制 ── 离心 ──
离心装罐、密封、杀菌 ── 湿态蜜饯
                                烘干 ── 冷却 ── 上糖衣 ── 糖衣蜜饯（返砂蜜饯）
```

（二）操作要点

1. 原料选择

选择优质的原料是制成优质产品的关键之一。原料质量的优劣主要在于品种和成熟度两个方面。蜜饯类因需要保持果实或果块形态，则要求原料肉质紧密，耐煮性强。原料的成熟度，一般以七八成熟的硬熟果为宜，但不同产品对成熟度要求不同。

2. 原料预处理

（1）选别分级。根据制品对原料的要求，及时剔除病果、烂果、成熟度过低或过高的不合格果。同时，按大小、成熟度对原料进行分级，以便在同一工艺条件下加工，使产品质量一致。

（2）皮层处理。根据果蔬种类及制品质量要求，皮层处理有针刺、擦皮、去皮等方法。去皮时，要求去净果皮，但不损及果肉为度。如过度去皮，则只会增加原料的损耗，并不能提高产品质量。

（3）切分、去心、去核。对于体积较大的果蔬原料，在糖制时需要适当切分。根据产品质量要求，常切成片状、块状、条状、丝状或划缝等形态。切分要大小均匀，充分利用原料。少量原料的切分常用手工切分，大批量生产则需用机械完成。如劈桃机、划纹机等。原料的去心去核也是糖制前必不可少的一道工序（除小果外）。去心去核多用简单的工具进行手工操作。

3. 硬化与保脆

为使原料在糖煮过程保持一定块形，对质地较疏松、含水量较高的果蔬原料如冬瓜、柑橘等，在糖煮前将原料浸入溶有硬化剂的溶液中。常用的硬化剂有石灰、明矾、亚硫酸氢钙、氯化钙等。一般，含果酸物质较多的原料用 0.1%～0.5% 石灰溶液浸渍，含纤维素较多的原料用 0.5% 左右亚硫酸氢钙溶液浸渍为宜。浸泡时间应视原料种类、切分程度而定。通常为 10～16h，以原料的中心部位浸透为止，浸泡后立即用清水漂净。

4. 盐腌

即用食盐处理新鲜原料，把原料中部分水分脱除，使果肉组织更致密；改变果肉组织的渗透性，以利糖分渗入。盐渍包括盐腌、曝晒、回软、复晒四个过程。盐腌有干盐和盐水两种。干盐适用于果汁较多或成熟度较高的原料。盐水法适于果汁稀少或未熟果或酸涩苦味浓的原料。用盐量为 10%～24%，腌渍时间 7～20 天，腌好后，可经水坯保存，或经晒制成干坯长期保藏。

5. 护色

目前，生产上常用的护色处理方法是硫处理。制作果脯的原料，通常要进行硫处理。方法有两种：熏硫和浸硫处理。熏硫处理是在熏硫室或熏硫箱中进行。按 1t 原料需硫黄 2.0～2.5kg 的用量熏蒸 8～24h。浸硫处理应先配制好 0.1%～0.2% 的亚硫酸或亚硫酸氢钠溶液，然后将原料置于该溶液中浸泡 10～30min。硫处理后的果实，在糖煮前应充分漂洗，去除残硫，使 SO_2 含量降到 20mg/kg 以下。

6. 预煮

制蜜饯的原料一般要经预煮，可抑制微生物活动，防止原料变质；同时能钝化酶的活性，防止氧化变色；还能排除原料组织中部分空气，使组织软化，有利于糖分渗透，能除去原料中的苦涩味，改善风味。

预煮方法是将原料投入温度不低于 90℃ 的预煮水中，不断搅拌，时间 8～15min。捞起后立即放在冷水中冷却。

7. 糖制

制蜜饯时主要采用糖煮和糖渍两种方法。这也是糖制工艺中的关键性操作。

（1）糖渍。也称冷浸法糖制，是将经预处理后的果蔬原料分次加入干燥白糖，不进行加热，在室温下进行一定时间的浸糖，除糖渍青梅外，还可糖渍结合日晒，使糖液浓度逐步上升。也可采用浓糖趁热加在原料上，使糖液热、原料冷，造成较大的温差，促进糖分的渗透。由于渗糖，使原料失水，当原料体积缩减至原来1/2左右时，渗糖速度降低。这时沥干表面糖液，即为成品。糖渍时间约为1周。

冷浸法由于不进行糖煮，制品能较好地保持原有的色、香、味、形态和质地，维生素C的损失也较少。适用于果肉组织比较疏松而不耐煮的原料，如青梅、杨梅、樱桃、桂花等均采用此法。

（2）糖煮。也称加热煮制法，糖煮法加工迅速，但其色、香、味及营养物质有所损失。此法适用于果肉组织较致密，比较耐煮的原料。糖煮可分一次煮成法、多次煮成法和减压渗糖法等。

1）一次煮成法：适合于含水量较低、细胞间隙较大，组织结构疏松易渗糖的原料，如柚皮和经过划缝、榨汁等处理后的橘饼坯、枣等。方法是先将糖和水在锅中加热煮沸，使糖度达到40％左右。然后，将预处理过的原料放入糖液中不断搅动，并注意随时将黏在锅壁的糖浆刮入糖液中，以避免焦化。分次加入白糖，一直煮到糖度为75％。此法由于加热时间较长，容易煮烂，又易引起失水，使产品干缩。为缩短加热时间，可先将原料浸渍在糖溶液中，然后在锅中煮到应有的糖度为止。

2）多次煮成法：此法适用于含水量较高、细胞壁较厚、组织结构较致密、不易渗糖的原料。糖煮可分3～5次进行。先将处理后的原料置于40％浓度的糖液中，煮沸2～3min，使果肉转软，然后连同糖液一起倒入缸内浸泡8～24h；以后每次煮制时均增加10％糖度，煮沸2～3min，再连同糖浸渍8～12h，如此反复4～5次，最后一次是把糖液浓度提高到70％，待含糖量达到成品要求时，便可沥干糖液，整形后即为成品。

3）减压渗透法：此法为糖制新工艺，它改变了传统的糖煮方法。其操作方法是将原料置于加热煮沸的糖液中浸渍，利用果实内外压力之差，促进糖液渗入果肉。如此反复进行数次，最后烘干，即可制得质量较高的产品。因为它避免了长时间的加热煮制，基本上保持了新鲜颗粒原有的色、香、味，维生素C的保存率也很高。

8. 各类果脯蜜饯制作上的特有工序

（1）干燥（干态蜜饯）。经糖煮制后，沥去多余糖液，然后铺于竹屉上送入烘房。烘烤温度掌握在50～60℃，也可采用晒干的方法。成品要求糖分含量72％，水分含量在18％～20％，外表不皱缩、不结晶，质地紧密而不粗糙。

（2）上糖衣（糖衣蜜饯）。如制作糖衣蜜饯，还需在干燥后再上糖衣。所谓糖衣，就是用过饱和糖液处理干态蜜饯，使其表面形成一层透明状的糖质薄膜，糖衣蜜饯外观美，保藏性强，可减少贮存期间的吸湿、黏结和返砂等不良现象。上糖衣用的过饱和糖液，常以3份蔗糖、1份淀粉浆和2份水混合，煮沸到113～114℃，冷却至93℃。然后将干燥的蜜饯浸入上述糖液中约1min立即取出，于50℃下晾干而成。另外，也可将干燥的蜜饯浸于1.5％的食用明胶和5％蔗糖溶液中，温度保持90℃，并在35℃下干燥，也能形成一层透明的胶质薄膜。

此外，还可将80kg蔗糖和20kg水煮沸至118～120℃，趁热浇淋到干态蜜饯中，迅速翻拌，冷却后能在蜜饯表面形成一层致密的白色糖层。有的蜜饯也可直接撒拌糖粉而成。

（3）加辅料。凉果类制品在糖渍过程中，还需加用甜、酸、咸、香等各种风味的调味料。除糖和少量食盐外，还用甘草、桂花、陈皮、厚朴、玫瑰、丁香、豆蔻、肉桂、茴香等进行适当调配，形成各种特殊风味的凉果，最后干燥，除去部分水分即为成品。

9. 整理与包装

干态蜜饯由于在煮制和干燥过程中的收缩、破碎等，失去应有的形状。同时，往往制品表面糖衣厚薄不一，糖衣太厚时会使制品不透明，口感太甜。所以，在成品包装前要加以整理。整理包括分级、整形和搓去过多糖分等操作。分级时按大小、完整度、色泽深浅等分成若干级别。整形时要根据产品要求，如橘饼、苹果脯等要压成饼状。对糖分过多的制品，可在摊晾时，边翻边用铲子搓，使制品表层的糖衣厚度均匀。

果脯蜜饯的包装方法，应根据制品种类，采用不同方法。如糖渍蜜饯，往往装入罐装容器中，装罐后于90℃下杀菌20～40min，如糖度超过65%，则制品不用杀菌也可，成品用纸箱包装。对于干态蜜饯，通常用塑料盒装，每盒0.25～0.50kg，然后包上塑料薄膜袋，再行装箱。凉果的包装与水果糖粒的包装相仿，分3层包装，内层为白纸，外层为蜡纸。包好后装入复合薄膜袋中，每袋0.25～0.50kg。

二、果酱类加工技术

（一）果酱类加工工艺流程

具体工艺流程如下：

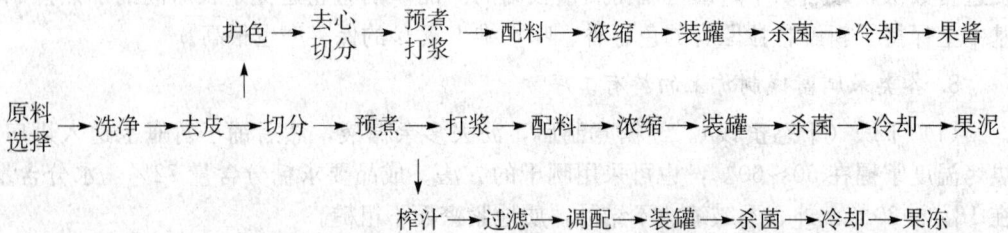

```
                    护色 → 去心 → 预煮 → 配料 → 浓缩 → 装罐 → 杀菌 → 冷却 → 果酱
                         切分   打浆
                          ↑
原料
选择 → 洗净 → 去皮 → 切分 → 预煮 → 打浆 → 配料 → 浓缩 → 装罐 → 杀菌 → 冷却 → 果泥
                          ↓
                    榨汁 → 过滤 → 调配 → 装罐 → 杀菌 → 冷却 → 果冻
```

（二）操作要点

1. 果酱

制作果酱的原料要求成熟度高，含果胶1%左右，含有机酸1%以上。洗净后适当切分即可。原料与加糖量之比为1：（0.5～0.9），煮制时要经常搅拌，使果块与食糖充分混合，火力要大，煮制浓缩时间短则产品质量好。煮制的终点温度为105～107℃，可溶性固形物≥68%为标准。于85℃装罐，90℃下杀菌30min。

2. 果泥

果泥加工方法和果酱基本相同。有所不同的是，原料预煮后进行两次打浆、过筛，除去果皮、种子等，使质地均匀细腻。而后加糖浓缩，原料与加糖量之比为 1：（0.5～0.8）。浓缩的终点温度为 105～106℃，可溶性固形物为 65%～68%。有的为了增进果泥的风味，还加有不超过 0.1% 的香料，如肉桂、丁香。成品出锅装罐，杀菌方法与果酱同。

3. 果冻

制作果冻的原料要求含有足量的果胶和有机酸，不足时应在果汁中加入调整。为了提高果实的出汁率，预煮工序尤为重要，一般加水 1～3 倍，煮沸 20～60min，然后压榨取汁；对于汁液丰富的果品类如草莓等，可以直接打浆取汁。果汁与加糖量之比为 1：（0.8～1.0）。果汁总酸度以加糖浓缩后达到 0.75%～1.00% 为宜，果汁 pH 应调整为 2.9～3.0。调整后立即煮制，不断搅拌，防止焦化，避免加热时间过长而影响胶凝。浓缩的终点温度为 104～105℃，可溶性固形物在 65% 以上，即可装罐（瓶）密封，杀菌与果酱同。

4. 果丹皮

通常选用含糖、酸、果胶物质丰富的鲜果为原料，也可用加工的下脚料（皮、果实碎块等），其工艺操作基本同果泥，所不同的是果丹皮的加糖量较少，只有果酱的 10% 左右，适当浓缩后，摊于浅盘或玻璃板上（预先在浅盘或玻璃板上涂上植物油，便于撕皮），放 60℃ 左右的烘房或烘箱中，烘烤至不粘手为度。撕下后，将果皮切成条状或片状，包上玻璃纸，即为成品。

第四节　糖制品常见的质量问题及控制

在糖制品的加工过程中，往往会出现各种产品质量问题，如煮烂、干缩、"返砂"、"流汤"、褐变和霉变。出现这些问题的原因很多，如原料的种类、品质、成熟度因素；工艺、设备的条件因素；操作技术因素等。在实际的生产中，要针对不同的问题，采取不同的控制措施。

一、煮烂和干缩

在煮制操作中，煮烂和干缩现象是经常遇到的。其主要原因是由于果蔬品种选择不当，成熟度不适宜，预处理不正确，糖液浓度不符合要求，加热温度和时间不准，以及浸糖量不足等现象造成的。可采取如下措施进行控制。

1）按要求选择果蔬原料。

2）原料成熟度要适宜，且比较均匀。

3）按要求搞好原料的预加工处理。比如，枣划纹不可太深，亦不可太浅，同时不要划纹交错等。划纹太深和纹理交错易煮烂；太浅则不易渗糖，造成干缩。

4）糖液浓度要按要求准确配制，过稀和过浓都不能保证制品的质量。

5）延长糖液的浸渍时间，以增加制品吸糖量。

二、"返砂"和"流汤"

在糖煮过程中，如糖液中还原糖量所占的比例不当，往往会引起"返砂"、"流汤"等问题。

其解决的办法是掌握糖液中适当的还原糖量。以还原糖含量占总糖含量的 60% 左右时为宜。当还原糖含量过低时就会出现返砂现象。其返砂程度将随还原糖含量的增加而降低；当还原糖的含量过高时，遇高温潮湿季节，易发生返糖和流汤现象。所以，制品中还原糖含量为糖制品生产的技术关键，必须予以高度重视。在煮制原料的糖液，特别是含有机酸较少果品的糖液中，应加入一定量的柠檬酸调整 pH，以控制糖中还原糖比例。

三、褐变

在糖制品生产中，褐变问题是影响产品质量的一个关键问题。在果蔬原料预处理之后的加工中引起褐变的主要原因是非酶性褐变（羰氨反应褐变作用；焦糖化褐变作用；抗坏血酸褐变作用）。在生产中，控制非酶褐变的主要方法是，搞好预加工中的二氧化硫处理和热烫；控制适当的还原糖含量；缩短高温下的煮制时间；选择良好的烘烤方式和加强烘烤管理。

四、霉变

霉变现象在糖制品生产中也经常碰到。易于在食品上生长的微生物一般有真菌（包括霉菌、酵母菌等）和细菌两种。其中，霉菌一般适宜在固体或半固体状食品上生长，而酵母菌和细菌一般宜于在液体状食品中生长。

防止发生霉变最简单的方法是，只要能保证糖制品中糖的浓度在 70% 以上就可以了。在成品入库前，如发现水分含量高于指标，要重新送入烘房进行复烤。

此外，对糖制品要有良好地包装，防止制品吸湿受潮。

本 章 小 结

本章主要介绍了解糖制品的分类，糖制品制作原理，糖制品加工技术，糖制品常见的质量问题及控制。本章重点是糖制品加工技术，主要包括果脯蜜饯类加工和果酱类加工。果蔬糖制品会出现煮烂、干缩、返砂、流汤、褐变、霉变等问题，影响成品的质量和外观，糖制品常见的质量问题及控制这一节从原理和控制措施都给予了详细解析，为果蔬糖制品加工过程中的操作提供了指导，保证了果蔬糖制品成品的质量。

思 考 题

1. 简述糖制品的种类和特点。

2. 食糖有哪些性质？这些性质对糖制品的加工有什么影响？

3. 食糖为什么具有保藏作用？

4. 果胶在糖制品中有哪些作用？

5. 简述果脯蜜饯类的加工技术。

6. 在果脯蜜饯类加工中为什么要"硬化和保脆"？怎样进行？

7. 简述果酱及果冻的加工技术。

8. 糖制品常见的质量问题有哪些？

9. 试述糖制品产生"煮烂和干缩"现象的原因及控制措施。

10. 怎样防止糖制品"返砂"和"流汤"？

11. 糖制品为什么会褐变？怎样避免？

第九章 果蔬干制

果蔬干制在我国有悠久的历史，劳动人民在长期生产实践中积累了丰富的经验，制作了许多品质优良的干制品，如葡萄干、红枣、柿饼、龙眼干、黄花菜、干辣椒，都是我国传统产品，在国际上也享有很高的声誉。随着近代科学技术的发展和应用，果蔬干制和包装技术也取得了较大的进展，如冷冻真空升华干燥、远红外干燥、微波干燥、太阳能干燥等，突破了传统干制方法，既节约了能源、提高了效率，又改善了制品品质。

果蔬干制的特点是：设备可繁可简，既可应用现代技术设备，也可用简单的晒盘、芦席；干制品体积小、重量轻、便于贮运；制品不加任何辅料，风味纯真，保持天然风格。

第一节 干制机理

新鲜果蔬腐败多数是由于微生物繁殖的结果。微生物在生长和繁殖过程中离不开水和营养物质。果蔬中既含有大量的水分，又含有各种营养物质，如糖、蛋白质、有机酸和维生素等，是微生物优质的天然培养基，只要遇到适当的机会（如创伤、衰老），微生物就会乘机而入，造成果蔬腐烂。另外，果蔬本身存在着各种酶，支配果蔬的新陈代谢，果蔬在采收后，即使不被微生物所寄生，营养物质也会逐渐消耗，最终消耗到不宜食用的地步。

干制品之所以能够较长期地保存，是由于干制过程中脱掉果蔬组织中的大部分水，提高了干制品中可溶性固形物的浓度，增大了渗透压，使微生物不能再利用。果蔬本身以及微生物体内酶的活性同时亦受到抑制，微生物生命活动停止或处在假死的状态，产品得以安全保存。

一、干制品的保藏机理

（一）果蔬中水分含量及存在状态

果蔬中的水分是果蔬体内一些有机物和无机盐的溶剂，也是活细胞内生物化学反应的直接参与者。果蔬含水量一般在70％～85％，高的可达95％左右（表9-1）。

表 9-1　几种果蔬的水分含量（％）

名　　称	水　　分	名　　称	水　　分
苹果	84.60	辣椒	92.40
梨	89.30	冬笋	88.10
桃	87.50	萝卜	91.70
梅	91.10	白菜	95.00
杏	85.00	洋葱	88.30
葡萄	87.90	甘蓝	93.00
柿	82.40	姜	87.00
荔枝	84.80	芥菜	92.00
龙眼	81.40	马铃薯	79.90
无花果	83.60	蘑菇	93.00

果蔬中的水分以自由水、结合水和化合水3种形式存在。

1. 自由水

自由水是以游离状态存在于果蔬毛细管中，占总含水量的70％～80％，流动性大，易于蒸发，易于被微生物和酶利用，是果蔬干制必须排除的水分。

2. 结合水

结合水在果蔬细胞中，与蛋白质、淀粉、果胶等亲水性胶体物质相结合，占总含水量的15％～20％，它比自由水稳定，不易被微生物和酶利用，在干制过程中只有在自由水蒸发完以后，结合水才能被排除一部分。

3. 化合水

化合水是以化学状态存在，与果蔬中化学物质相结合，占总含水量的10％～15％，这部分水最稳定，不能因干燥作用而被排除，也不能被微生物和酶利用，也是果蔬中允许保留的水分。

自由水存在于果蔬毛细管中，占总含水量的70％～80％，是果蔬干制必须排除的水分。结合水在果蔬细胞中，占总含水量的15％～20％，在干制过程中只有在自由水蒸发完以后，结合水才能被排除一部分。化合水是以化学状态存在，与果蔬中化学物质相结合，占总含水量的10％～15％，也是果蔬中允许保留的水分。

(二) 果蔬中的水分活度和保藏性

1. 果蔬中的水分活度

为了进一步了解水分与微生物活动、物质变化的关系，我们引入水分活度这一概念。

水分活度是指果蔬组织中能够自由运动的水分子与纯水中的自由水分子之比。它可以近似的用果蔬组织中水分的蒸汽压与同温度下纯水的蒸汽压之比来表示：

$$A_W = \frac{P_v}{P_s}$$

式中：A_W——水分活度；

P_v——果蔬组织中水分的蒸汽压；

P_s——同温度下纯水的饱和蒸汽压。

2. 水分活度与微生物

任何微生物的生长和繁殖，都与它周围的水分活度有关。水分活度愈高，微生物就愈容易生长和繁殖，反之亦然。大多数果蔬的水分活度都在 0.99 以上，所以各种微生物都能导致果蔬的腐败。一般认为，在室温下贮藏干制品，其水分活度应降至 0.60 以下方为安全。

果蔬干制过程是随着水分活度的下降，使微生物慢慢进入休眠状态的过程，它并不是一杀菌过程。因此，干制并非无菌，制品在一定环境中吸湿后，微生物仍能恢复生长，引起制品变质。因此，干制品要长期保存，还要进行必要的包装。

3. 水分活度与酶活性

酶的活性与水分活度有关，水分活度降低，酶的活性也降低。干制品的水分降到 1% 以下时，酶的活性才消失。但实际干制品的水分不可能降到 1% 以下。因此，果蔬脱水干制前需进行热烫处理以钝化酶的活性。

二、干制过程及影响干制的因素

(一) 果蔬的干制过程

果蔬的干制过程是果蔬中水分蒸发的过程，水分的蒸发是依靠水分外扩散作用和内扩散作用交替完成的。果蔬干制时所需除去的水分，是游离水和部分结合水。目前，常规的加热干制，是以空气为干燥介质。当果蔬原料暴露在干燥介质中时，由于与热空气接触，果蔬表面的水分受热变成水蒸气而大量蒸发，称为水分外扩散。一部分水分由表面蒸发后，表层组织内容物浓度提高，水分的含量比内层组织低，使原料内外层水分失去平衡，水分即由内层向外层移动，以求各部分水分平衡，这种内层水分向外层转移的现象，称为内扩散。一般来说，在干制过程中水分的外、内扩散是同时进行的，两者相互促进，不断打破旧的平衡，建立新的平衡。由于水分不断蒸发，而使原料内含物的浓度逐渐增加，水分向外转移的速度也逐渐缓慢，蒸发速度渐渐减弱，直至原料温度与干燥介质温度相等，水分即停止蒸发，这时干制过程结束。

在干制过程中，如果外扩散速度远大于内扩散，即造成内部水分来不及转移到表面，原料表面会因过度干燥而形成硬壳（称"结壳"现象），阻碍水分继续蒸发，甚至出现表面焦化和干裂，降低产品质量。因此，在干制过程中，要合理控制干制介质的条件，使内外扩散相对平衡，促使水分均匀快速蒸发，避免一些不良现象的发生，这是干制技术的重要环节。

（二）影响干制的因素

干制速度的快慢对于成品的品质起决定性的作用。一般来说，干制愈快，制品的质量愈好。干制的速度常受许多因素的影响。这些因素归纳起来有两方面，一是干制的环境条件，二是原料本身的性质和状态。

1. 干制的环境条件

（1）温度。干制介质的温度是影响干制速度的关键因素。温度越高，空气达到饱和所需的水分越多，因此在相对湿度不变的条件下，温度越高，干制速度也就越快。

（2）湿度。干制介质相对湿度的大小直接影响着干制的速度，相对湿度越小，达到饱和时所需的水蒸气越多，原料干燥时水分蒸发就快；反之，水分蒸发就慢。当达到饱和时，即相对湿度为100％时，原料就失去了排除水分的能力。

（3）空气流速。干制介质空气的流动速度越大，越容易带走原料附近的湿空气，促进原料水分的蒸发，干制速度越快。因此，有风晾晒比无风干燥得快。同样，人工通风干制机比无通风装置的干制设备干制速度快得多。因此，在选用干制设备及建造烤房时，应注意通风设施的配备。

2. 原料性质和状态

（1）果蔬种类和品种。果蔬的种类和品种不同，其结构和化学成分也不相同，因而干燥的速度也不尽相同。在同一干制条件下，可溶性固形物含量低、表面积大、组织结构疏松和表皮蜡粉层薄的果蔬，干制速度快；反之，则干制速度慢。

（2）果蔬存在的状态。果蔬状态在一定程度上也能影响干制速度。果蔬切分成薄片或小颗粒后，缩短了热量向果蔬中心传递和水分从果蔬中心外移的距离，增加了果蔬和加热介质相互接触的表面积，从而加速了水分蒸发和果蔬的脱水干制。另外，原料的烫漂、硫处理、浸碱脱蜡等都会加速水分的蒸发，提高干制速度。

3. 原料装载量

原料装载的数量与厚薄对于原料的干制速度有影响。单位烘盘或晒盘面积上原料装载量多，则厚度大，不利于空气流通，影响水分蒸发，干燥速度就慢。装载太少，干燥速度虽然加快，但不够经济。一般装载量的多少与厚度以不妨碍空气流通为原则。干燥过程中可以根据原料体积的变化，改变其厚度，干燥初期宜薄些，干燥后期稍厚些；自然气流干燥的要放薄一些，用鼓风干燥的可厚些。

三、果蔬在干制过程中的变化

果蔬在干制过程中，会发生一系列的物理化学变化。

（一）重量和体积的变化

果蔬干制后由于脱除了大部分的水分，体积和重量明显变小。一般体积为鲜品的20％～35％，重量为原重的6％～20％。体积和重量的变小，使得运输方便、携带容易。

（二）透明度的改变

在干制过程中，果蔬组织及细胞间隙的空气也同时被排除，使干制品呈半透明状态。这不仅使制品具有良好的外观，而且由于果蔬组织及细胞间隙的空气含量降低，增强制品的保藏性。

（三）干缩和干裂

干缩和干裂是物料失去弹性时出现的一种变化，也是果蔬干制时最常见、最显著的变化之一。

（四）表面硬化

表面硬化是物料表面收缩和封闭的一种特殊现象。如物料表面温度过高，就会因为内部水分未能及时转移至物料表面，使表面迅速形成一层干燥膜或干硬膜。它对水的渗透性极低，以致将大部分残留水分保留在食品内，使干燥速率下降。这种现象在一些含有高浓度糖分和可溶性物质的物料中容易出现。

（五）颜色变化

果蔬在干制过程中或干制品在贮存中，常会变成黄色、褐色或黑色等，一般统称为褐变。根据褐变发生的原因不同，又可将之分为酶褐变和非酶褐变。通常的干制温度不足以钝化酶的活性，因此在果蔬干制前进行热烫或添加化学抑制剂处理，能有效抑制酶褐变。非酶褐变的发生与干制温度、果蔬种类及含水量变化有关，原料中还原糖或氨基酸含量高、高温操作均易发生此褐变。

（六）营养成分的变化

干制过程中营养物质的变化因干制方式和各种处理不同而异。

1. 糖分的变化

干制过程中，干制速度越慢，干制时间越长，糖分损失越多，干制品的质量越差，重量也相应降低；另外，过高的温度会使糖分焦化呈深褐色甚至黑色，且味道变苦。

2. 维生素的变化

维生素C既不耐高温又容易氧化，在干制过程和干制品保存中很容易被破坏，其损失程度除与干制环境中的氧含量、温度有关外，还与酶的活性和含量有关。此外，光照和碱性环境也易加速其破坏。因此，干制前对原料进行热烫、硫处理，可有效减少维生素 C 的损失。

（七）风味的变化

新鲜果蔬加工成干制品，其复水后与新鲜原料相比，在口感上、组织结构上、滋味上会有不同程度的降低。在热风干燥过程中，水分蒸发的同时，一些低沸点的物质亦随之挥发而损失。故苹果、洋葱、大蒜、香葱、莴苣等风味浓郁的原料，干制后或多或少在风味品质上有所降低。在正常情况下，果蔬原料切分处理得越细，挥发表面越大，风味损失就越大。

第二节　干制的方法与设备

干制方法根据热能来源不同，可分为自然干制和人工干制。

一、自然干制

在自然条件下，利用太阳辐射热、热风等使果蔬干燥的方法。目前，这种方法仍在世界各地继续沿用。自然干制，一般包括太阳辐射的干燥作用和空气的干燥作用两个基本因素。

（一）太阳辐射的干燥作用

即利用太阳的辐射热作为热源，使水分蒸发的一种干燥作用。太阳光的干燥能力和果蔬原料水分蒸发的速度，主要取决于太阳辐射的强度和果蔬表面接受的辐射强度。太阳辐射的强度，因地区的纬度和季节而异，纬度低的地区较纬度高的地区强，夏季较冬季强。

为了有效地利用太阳辐射进行晒干，可以在干制过程中提高晒干品表面所受到的太阳辐射强度。办法是将晒场的晒帘向南面倾斜，与地面保持 15°～30°的角度（在高纬度地区可大些，低纬度地区可小些；在冬季稍大，夏季稍小），或者利用地势使晒场地面向南倾斜一定角度。特别是在冬季，将晒帘保持较大的倾斜度效果更好。另一种做法是将晒帘上午向东，下午向西，与地面成 15°左右的角度，以增大太阳光线对晒帘的照射角度，同样可以增加太阳辐射强度。特别是在夏季，这样做还可以避免中午阳光过分强烈引起的"晒熟"现象。

（二）空气的干燥作用

空气的干燥作用，取决于一个地区大气的温度、湿度和风速等气候条件。

我国南方诸省，虽然气温较高，但一般空气相对湿度平均在 75％以上，潮湿的空气，对于果蔬干燥不利。但是，晒干和风干是在白天进行的，白天的气温较高，相对湿度远低于一天中的平均湿度，仍然可以起到一定的干燥作用。我国西北属于干旱半干旱地区，气候十分干燥，空气相对湿度低，平均在 60％左右，有利于果蔬干制。但这一地区降雨量多集中在 7 月、8 月、9 月，而红枣、辣椒、黄花菜等的采收正逢雨季，往往因阴雨而造成腐烂损失。风速的大小与干燥作用关系很大，特别是在空气温度高、湿度低的情况下，如果有较大的风速，即使在多云或天阴时，也能收到一定的干燥效果。

因此，自然干制方法可分为两种：原料直接接受阳光曝晒而达到干燥的，称为晒干或日光干制；原料在通风良好的凉棚或房间室内以热风吹干的，称为阴干或晾干。

自然干制的主要设备为晒场、晒干用具（如晒盘、席箔）、运输工具等，以及必要的建筑物如工作室、贮藏室、包装室等。晒场要向阳，位置宜选择交通方便、空旷通风、地面平坦之处，但不要靠近多灰尘的大道，还应注意要远离饲养场、垃圾场和养蜂场等，以保持清洁卫生，避免污染和蜂害。

干制时，比较简便的做法是将果实直接铺在地上，或先在地上铺苇席、竹箔或晒盘，原料摊于其上进行曝晒，经常翻动使之干燥均匀，并注意防雨；夜间则收集覆盖，注意防鼠。待大部分水分排除后，做短期堆积回软后再晾晒，使产品干燥彻底。我国华北、西北多数地区干制红枣、柿饼、金针菜等就是采用这种方法。

二、人工干制

人工干制是指人为控制干燥工艺条件（温度、湿度、气流速度）的干制方法。人工干制不受气候的影响，在密闭的设施内完成，方便、卫生、干燥速度快、制品质量高。但人工干制设备和安装费用高，操作技术比较复杂，成本较高。目前，常见的有以下几种。

（一）烘灶

烘灶是最简单的人工干制设备，其形式多种多样。或在地面上砌灶，或在地下掘坑。干制时，在灶或坑内生火，上方架木椽，并铺设竹帘或席箔。将原料摊放在席箔上干燥。通过控制火力的大小来调节干制的温度。这种干制设备，结构简单，生产成本低，但干燥速度慢，生产能力低，劳动强度大，干制品往往有烟熏味。

（二）烘房

烘房多采用砖木结构，设备费用低，操作管理简单，干燥速度快，适合大量生产，是我国农村乡镇企业采用较多的一种干燥设施，常用于果脯、菜干、果干的生产。目前生产单位推广使用的烘房，多属烟道气加热的热空气对流式干燥设备，根据升温方式的不同可分为：一炉一囱直线升温式烘房、一炉两囱直线升温式烘房、一炉两囱回火升温式烘房、两炉两囱直线升温式烘房、两炉两囱回火升温式烘房、两炉一囱直线升温式烘房、两炉一囱回火升温式烘房（图9-1）、高温烘房等。烘房的形式很多，但结构基本相同，主要由烘房升温设施、通风设施和装载设施组成。除以上设备外，烘房内还应设一朝外开的门，并安装测温度、湿度设备和照明设备等。在烘烤过程中，要定时调换烘盘放置的上下层位置并翻动原料，使原料干燥均匀一致。

烘房宜选择在空旷通风、土质坚实、空气新鲜无污染、交通便利的地方。

烘房宜选用长方形，其方位应根据当地干制生产季节的主方向而定。通常要求烘房长度应和主风方向垂直，以利于通风排湿，同时使门的开闭和炉的升温不受风的干扰，便于控制烘房的温度。

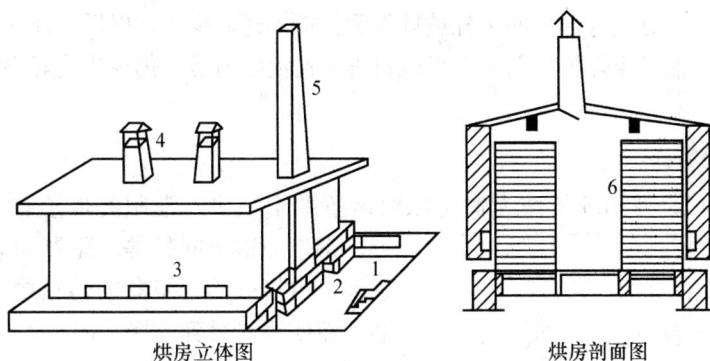

烘房立体图　　　　　　　　　烘房剖面图

图 9-1　烘房立体、剖面图

（三）干制机

干制机是目前生产效率较高的干制设备，它能控制干制环境的温度、湿度和空气的流速，因此，干燥时间短，制品质量高。干制机的类型很多，概括起来有以下几种：

1. 隧道式干制机

这种干制机的干燥室为狭长的隧道形，地面铺铁轨。装好原料的载车，沿铁轨经过隧道完成干燥，然后从隧道另一端推出，下一车原料又沿铁轨推入。

隧道式干制机按原料与热空气的运行方向，分为逆流式、顺流式和混合式 3 种。

（1）逆流式干制机。原料载车的运行方向与热空气的流动方向相反，即原料由低温高湿的一端进入，由高温低湿的一端出来。原料干燥的起始温度为 40～50℃，往前温度逐渐升高，终了温度最高达 65～85℃。在出口端由于存在湿度梯度较大，水分蒸发较快。因此，这种干制机干制比较彻底，干制也比较均匀，适合于含糖量高、汁液黏厚的水果，如桃、李、杏、葡萄等。但要注意后期温度不能过高，否则易将原料烤焦。桃、李、杏等干制时最高温度不宜超过 72℃，葡萄不宜超过 65℃。

（2）顺流式干制机。顺流干制是指载车运行方向与热空气流动方向相同。即低温高湿的原料与高温低湿的热空气（80～85℃）在进口端首先接触，使原料中的水分快速蒸发，随着原料的不断前进，热空气温度逐步下降，湿度逐渐增加，由于原料温度上升，湿度下降，原料中水分蒸发减慢，终了温度较低（55～60℃）。这种干制机适合于含水量较高、固形物含量较低的果蔬干制。

（3）混合式干制机。又称对流式干制，综合了顺流式和逆流式的优点，将两种隧道组合而成，从而较好地控制了干制条件。混合式干制机有两个加热器和两个鼓风机，分别设在隧道的两端，热风由两端吹向中间，通过原料后将湿热空气从隧道中部集中排出一部分，另一部分回流利用。常见的混合式干制机是载车先经顺流段、后经逆流段的组合。顺流段约占 1/3，逆流段约占 2/3。干燥时，原料首先进入顺流隧道，与高温、快速的热风相遇，水分大量蒸发。载车向前行进，温度渐低，湿度较高，水分蒸发速度减缓，不致使原料结成硬壳。待原料大部分的水分被排除后，进入逆流隧道，以后愈往前行进，温度渐高，湿度渐低，制品干燥比较彻底。当原料进入逆流隧道后，仍须控制好空气温度，以免制品焦化变色。

2. 带式干制机

这种干制机是使用环带作为输送原料装置的干制机。常用的带子有帆布带、橡胶带、钢带和钢丝网带等。干制时，原料铺在带子上，借机械动力而向前转动中与干燥介质接触，而使原料得到干燥。图 9-2 为带式干制机，能够连续转动，将原料从进口定时装入，随着传送带的转动，原料也依次由最上层逐渐向下移动，至干燥完毕后，从最下层的一端出来。这种干制机用蒸气加热，暖管装在每层金属网的中间，新鲜空气由下层进入，通过暖气管变为热气，然后通过原料蒸发水分，湿气由出气口排出。

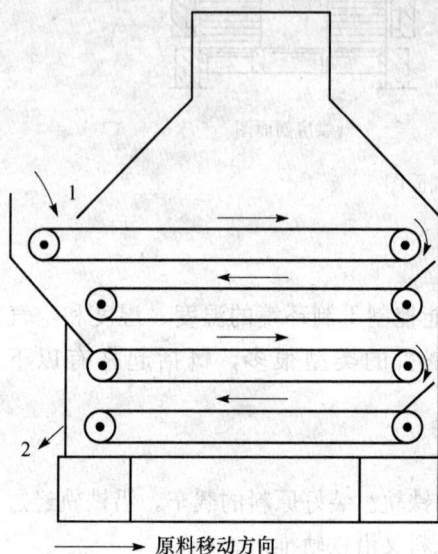

图 9-2 带式干制机
1—原料进口；2—原料出口

带式干制机的优点：管理简单，只需一个小型蒸气锅炉配合；在干燥过程中无需上下翻动原料；当原料自上层向下层落下时，就自然翻动一次，因而原料干燥过程极其均匀。这种干制机的生产能力大，机身小，使厂房能得到更有效的利用。适合于苹果、胡萝卜、洋葱、马铃薯及甘薯等的干制。

3. 滚筒式干制机

这种干制机主要由一两个表面光滑的中空不锈钢滚筒组成，滚筒内部通有热蒸汽或热循环水介质，滚筒表面温度可达 100℃ 以上，使用高压蒸汽时，表面温度可达 145℃ 左右。在滚筒回转过程中，外壁与被干制的原料接触而布满一层薄薄的原料，转动一周，原料即达到干燥程度，由所附刮刀刮下，离开滚筒而落在下方盛器中。几种滚筒式干制机示意图见图 9-3。

滚筒式干制机的优点：热能利用率高；干制速度较快；干制所用时间短。由于物料被高温短时干制，故干制品的外观、色泽、营养成分等也都具有良好的特征。

滚筒式干制机适于液体、稀浆状或泥状原料的干制。生产上已用于马铃薯浆料、蔬菜叶浆、蔬菜颗粒状和片状、速食食品以及果蔬复合食品的干制。但含水量低、热敏性高的果蔬物料不宜在常压下用滚筒式干制机干制，否则易造成成品色泽和风味的劣变。

4. 喷雾干燥机

液态或浆质态果蔬原料干燥多采用喷雾干燥法。喷雾干燥器主要由空气加热器、送风机、喷雾系统、干燥室、产品收集装置等组成。干燥时，将浓缩后的物料在干燥室中

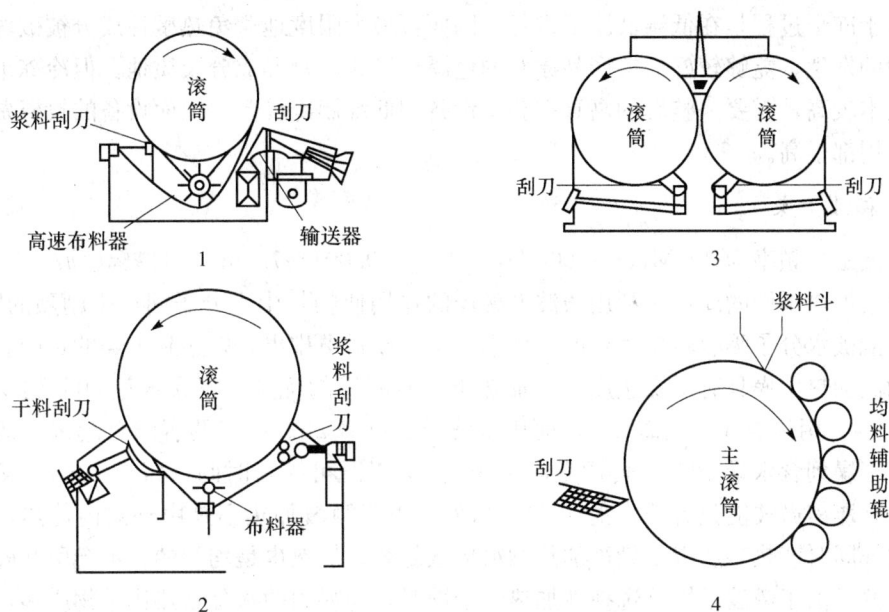

图 9-3　几种滚筒式干制机示意图

1—喷洒加料；2—浸粘加料；3—中央注流加料；4—单鼓流注加料

经喷嘴雾化，形成微细的雾滴（直径为 $10\sim100\mu m$），雾滴在干燥室中与 $150\sim200℃$ 的热空气接触进行热交换，于瞬间干燥成为微细的干燥粉粒。尽管干燥时热空气温度很高，但由于原料雾滴大大增加了蒸发表面积，水分蒸发迅速，并且水分蒸发所需要的汽化潜热大而不致使原料温度过高，通常能保持在 $50℃$ 左右，对产品质量影响很小。

该法干燥迅速，制品分散性好，可连续化生产，操作简单，适宜热敏性及易氧化食品的干制。

三、干制新技术

1. 真空干燥

又称减压干燥。干燥时，真空泵将干燥室抽成真空，利用蒸汽通入加热板对物料进行加热，使物料的水分蒸发。由于水的沸点随压力降低而降低，在真空条件下，采用较低的温度就能将物料的水分脱除。因而真空干燥特别适用于热敏性物料的干燥。真空干燥用于液浆物料和散粒物料效果较好，因为这些物料与干燥盘的表面能较好地接触，干燥效率较高。

2. 冷冻干燥

又称真空冷冻干燥或冷冻升华干燥，简称冻干。这是目前最先进的干燥技术。是将物料快速冻结到冰点以下，使水分变成固态的冰，然后在较高的真空度下，使冰不经液态而直接转变升华成水蒸气被除去，达到脱水干燥的目的。

由于冻干过程是在低温低压下进行，因而可最大限度地避免热敏性成分被破坏及褐变现象的发生，能够较好保持产品原有的色泽、风味、营养成分及质地。但冷冻干燥的生产成本较高，需要一整套的高真空获得设备和低温制冷设备，因而设备的投资费用和操作费用都很高。

3. 微波干燥

微波是指频率为 300MHz～300GHz，波长为 0.001～1.0m 的电磁辐射波。

微波加热干燥的原理是利用微波电磁场的作用使物料中水分子间产生剧烈的摩擦，而微波能被水分子吸收转换为热能，把水分子从原料中排出，以达到干燥的目的。

微波加热干燥具有干燥速度快、加热干燥时间短的优点。将含水量 80% 的物料烘干到 20%，用热空气干燥需 20h，而用微波干燥仅需 2h。如将两者结合起来，即先用热空气干燥到含水量 20%，再用微波干燥到 2%，既可缩短时间（减至 10h），又可降低费用（所需微波能只有原来的 1/4）。另外，由于微波加热不是由外向内传热，而是物料内外同时产热，所以尽管被加热物料形状复杂，加热也是均匀的，不会引起外焦内湿的现象。由于微波干燥是选择性加热，干燥时，物料中的水分吸热比干物质多，因而水分很容易蒸发。此时，可通风排除蒸发出的水汽，而物料本身吸收热量少，且不过热，故能保持原有的色、香、味，提高产品质量。此外，微波干燥还具有热效率较高，反应灵敏等特点。因此，微波干燥已广泛应用于塑料、皮革、药品、食品等行业。

4. 远红外干燥

远红外干燥是利用远红外辐射元件发出的远红外线被加热物体所吸收，直接转变为热能而达到加热干燥的目的。

远红外线具有穿透率高，可使物料表层和内部的水分同时受热而蒸发，因而干燥速度快、生产效率高、节约能源。而且远红外干燥还具有设备规模小、建设费用低等优点。目前，已应用于谷物干燥、果蔬干燥等。

5. 太阳能干燥

太阳能干燥是利用太阳能接受装置把太阳辐射能吸收后，再转换成热能来干燥果蔬的方法。它是目前科学工作者正努力探索的一种新方法。

利用热箱原理建造太阳能干燥室，将太阳辐射能转变成热能，用以干燥物料中的水分。太阳能干燥室由一个空气加热器（热箱）和干燥室组成。热箱是利用木板做成一个设有盖子的箱子，箱子分为内外两层，中间填充隔热材料，箱的内壁涂黑，箱子上装一层或两层平玻璃板，当太阳投射到玻璃板上透过玻璃而进入箱内后，即被涂黑的内壁吸收，将辐射能转变为热能，使箱内的温度升高，一般可达 50～60℃，最高的可达 100℃以上。热箱内设有冷空气的进口和热空气的出口，将热空气的出口通入干燥室。干燥室设有排气筒，以排除湿空气。

利用这种方法干燥果蔬，干燥可控程度高，干燥温度均匀，产品品质得到较好的控制，而且对环境不产生污染，是一种较好的干燥方法。

第三节　干制工艺

一、工艺流程

具体工艺流程如下：

原料选择 → 处理 → 干燥 → 回软 → 分级 → 压块 → 包装 → 成品

二、操作要点

(一) 原料选择

果品蔬菜干制时要考虑原料本身对干制品的影响。对原料的一般要求：干物质含量高，水分少，组织致密，风味、色泽良好，核小，皮薄，纤维素含量低，褐变不严重。对成熟度的要求应根据果蔬种类而异，果品要求充分成熟，蔬菜以干制后不致纤维粗糙为原则。

几种果蔬干制原料的要求和适宜干制的品种见表9-2。

表 9-2　几种果蔬干制的原料要求和适宜干制的品种

种类	原料要求	适宜干制品种
苹果	果型中等，肉质致密，皮薄，单宁含量少，干物质含量高，充分成熟	金帅、小国光、大国光等
梨	肉质柔软细致，石细胞少，含糖量高，香气浓，果心小	巴梨、茌梨、茄梨等
荔枝	果型大而圆整，肉厚，核小，干物质含量高，香味浓，涩味淡，壳不宜太薄，以免干燥时裂壳或破碎凹陷	糯米糍、槐枝
桂圆	果型大而圆整，肉厚，核小，干物质含量高，果皮厚薄中等，过薄则易凹陷或破碎	大乌圆、乌龙岭、油潭本、普明庵等
柿	果型大，呈圆形，无沟纹，肉质致密，含糖量高，种子小或无核品种，充分成熟，色变红但肉坚实而不软时采收	河南荥阳水柿、山东菏泽镜面柿、陕西牛心柿、尖柿
枣	果型大（优质小枣品种也可），皮薄，肉质肥厚致密，含糖量高，核小	山东乐陵金丝小枣、山西稷山板枣、河南新郑灰枣、浙江义乌大枣
杏	果型大，颜色深浓，含糖量高，水分少，纤维少，充分成熟，有香气	河南荥阳大梅、河北老爷脸、铁叭哒、新疆克孜尔苦曼提等
桃	果型大的离核种，含糖量高，纤维素少，肉质细密而少汁液，果肉金黄色具香气的为最好，以果实皮部稍变软时采收为宜	甘肃宁县黄甘桃、砂子早生等
葡萄	皮薄，肉质柔软，含糖量在20%以上，无核，充分成熟	无核白、秋马奶子
甘蓝	结球大、紧密、皱叶、心部小，干物质含量不低于9%，糖分不少于4.5%。干制后复水率5～8倍	黄绿色大、小平头种为好，白色种次之，尖头种不适宜。国外品种有丹麦圆球、光荣、皱叶甘蓝等

续表

种类	原料要求	适宜干制品种
萝卜	个大，可刨成长丝，干物质含量不低于5%，糖分高，皮色、肉色洁白，组织致密，粗纤维少，辣味淡	北京露八分，浙江干曝萝卜，湖南白萝卜
马铃薯	块茎大，圆形或椭圆形，无疮痂病和其他疣状物，表皮薄，芽眼浅而少，修整损耗不超过30%，肉色白或淡黄色，干物质不低于21%，其中淀粉含量不超过18%，干制后复水率不低于3倍	白玫瑰，青山，卵圆
洋葱	中等或大型鳞茎，结构紧密，颈部细小，肉色为一致的白色或淡黄色，青皮少或无，无心腐病及机械伤，辛辣味强，干物质不低于14%	南京黄皮，天津黄皮，国外有南港白球、斯柯平、罗州白种等

（二）原料处理

果蔬在进行干燥之前，必须进行适当处理，才能保证产品质量。

1. 分级、清洗

为使成品质量一致，便于加工操作，将原料按成熟度、大小、品质及新鲜度等进行分级。然后对原料进行清洗。清洗的目的是除去果蔬原料表面的泥土、灰尘、农药及微生物。对于表面污染严重的果蔬原料要用温水浸泡，用0.5%～1%的盐酸溶液或0.1%的高锰酸钾溶液或600mg/L的漂白粉溶液等浸泡果蔬，可除去果蔬表皮上的残留农药和微生物。浸泡后用清水冲洗干净。

清洗的方法分手工清洗和机械清洗。手工清洗方法简单，但劳动强度大，清洗效率低。机械清洗即借助机械的力量来激动水流搅动果蔬进行洗涤。常用的清洗机有以下几种：浆果洗涤机、转筒洗涤机、震动喷洗机、刷洗机等。

2. 去皮、去核和切分

（1）去皮。有些果蔬的外皮粗糙坚硬，有的含一些化学物质而具有不良风味，因此，在干制前需要去皮，以提高制品的品质，并有利于水分蒸发，促进干燥进行。目前常用的去皮方法有手工去皮法、机械去皮法、热力去皮法和化学去皮法等。可根据原料的特性，并结合去皮方法的特点选用合适的去皮方法。

（2）去核和切分。部分果蔬如桃、杏、李等，在去皮后还需去核，苹果、梨、菠萝等需除去果心。对于体积较大的果蔬，需要对原料进行适当切分，可切成条、块、丁、丝、片等形态。

3. 热烫

热烫是果蔬干制的重要环节。热烫具有的作用为：①破坏酶的活性，减少因酶氧化而导致的变色。②可增加细胞透性，加快水分蒸发，加快干燥速度。③可使制品呈半透明状态，改善制品外观。

热处理可采用热水、沸水或蒸汽进行，处理时间也因果蔬种类、品种、成熟度等的不同而不同，一般为2～5min，也有采用几秒钟的，总之使原料烫透而不软烂为原则。

4. 硫处理

硫处理包括用硫黄熏蒸果蔬或用亚硫酸浸泡果蔬。其作用：破坏酶系统；保护维生素C；抑制微生物活动；增加细胞膜透性，加快干燥速度；改善制品外观。硫处理是干制品干燥前通常采用的处理方法，一般熏硫处理每1000kg原料需2～4kg硫黄，时间1～2h；浸硫处理每1000kg原料加入亚硫酸400kg。

5. 浸碱脱蜡

李、葡萄等果实，干燥前须进行浸碱处理，以除去附着在果皮上的蜡粉，利于水分蒸发。处理时间和浓度因附着蜡粉的厚度而异，葡萄一般用1.5％～4.0％的氢氧化钠溶液处理1～5s，李子用0.25％～1.5％氢氧化钠溶液处理5～30s，以果实表面蜡粉溶去并出现微细裂纹为宜。操作时，碱液应保持沸腾状态，每次浸渍的果实不宜过多，浸碱后立即用清水冲洗，以除去残留碱液，必要时再用稀酸溶液中和余碱。

（三）干燥

干制过程中，根据果蔬的特点，控制好干燥的温度和湿度，对提高干燥速度、产品质量及节约能源等，都有着非常重要的作用。以下以烘房为例，介绍干燥过程中对温、湿度的控制。

1. 温度控制

果蔬干制温度不宜过高，过热易引起产品色泽变黄。一般干制温度在55～60℃，干制时间依原料情况而定。

2. 湿度控制

为了提高干制速度，当烘房内相对湿度达到70％以上时，应打开通气孔或开启排风扇，促进空气流动，及时通风排湿。

3. 倒换烘盘

为了使干制品受热均匀，质量一致，在烘烤一段时间后，要进行适当的换盘，包括上下、左右、内外层倒盘等。倒盘的同时可翻动盘内原料，这样使烘房内所有原料均匀受热，干燥程度一致。

（四）回软、分级

原料干燥阶段完成后，其含水量已基本达到干制品的要求，在产品包装前，为了使产品质量稳定，还需要进行分级及均湿回软处理。

1. 回软

回软又称均湿，其目的是使干制品变软，使内外水分均匀一致，以防整理、包装过程中酥脆碎裂。回软的方法是在产品干燥后，剔除过湿、过大、过小、结块及细屑，待冷却后，立即堆集起来或放入密闭容器中，密封，使水分达到平衡。回软期间，过干的成品从尚未干透的制品中吸收水分，使所有干制品的含水量达到一致，同时产品的质地也稍显疲软。回软的时间依果蔬制品种类而异，多则 3~5 天，少则 1 天即可。

2. 分级

分级是将质量不同的干制品分开，其目的是使干制品符合有关规定的标准，便于包装和运输。分级的方法有手工法和过筛法。分级要做到及时，以免引起变质。一般分为标准品、未干品和废品三部分。未干品再进行第 2 次干燥，废品应及时处理。标准品通常根据产品色泽、形态、气味、杂质、斑点和水分等指标，分为优级品、一级品和二级品等。

（五）压块

压块是将干燥后的产品压成砖块状。蔬菜干燥后，呈蓬松状，体积大，不利于包装和贮运，且间隙内空气多，产品易被氧化变质。因此，脱水蔬菜大多要进行压块处理。一般干制的蔬菜，压块后，体积可缩小 3~7 倍，大大减少包装容器和仓库的容积。同时压块后的蔬菜，减少了与空气的接触，降低氧化作用，还能减少虫害，提高了保藏性。

压块一般应在干燥脱水后尚未冷却前进行。若已冷却变脆，则于压块前用蒸气处理 20~30h，促使软化，趁热压块。经过蒸气处理的菜干，于压块后还需再行干燥。生产中，脱水蔬菜从干制机取出以后不经回软便立刻趁热压块。压块时可用螺旋压榨机进行（机内有模具）。使用水压机或油压机加压在 7MPa 的压力下经 1~3min。如果要求产品含水量更低，可加大压力来完成。

（六）包装

干制品包装是为了避免外界环境的影响，保持较好的质量，方便搬运，保证产品的卫生。

1. 果蔬干制品包装的基本要求

（1）能防止脱水果蔬的吸湿回潮，避免结块和长霉。

（2）包装材料应能使干制品在常温、90% 的相对湿度环境中，6 个月内水分增加量不超过 1%。

（3）包装材料能避光和隔氧，以防营养物质和色素的破坏。

（4）包装形态、大小及外观有利于商品的推销。

（5）包装材料应符合食品卫生要求。

目前，常用的包装容器有木箱、纸箱、纸盒、无毒塑料袋等。

2. 包装方法

（1）普通包装。普通包装多选用木箱、纸箱或纸盒，先在内层衬垫 1~2 层防潮纸，或给其内壁涂抹防潮材料，将制品按规定要求装入，用衬纸覆盖包装、扎封。

（2）充气包装。用无毒聚乙烯薄膜袋，将制品按要求定量装入后，充入氮气或二氧化碳气体，然后密封，用充气包装机进行。充气包装有利于防止氧化和生虫。

（3）脱气包装。采用脱氧剂，方法是将脱氧剂包成小包，与制品同时封在一个不透气的袋内，脱氧剂吸收容器内的氧而余下无氧气体。脱氧剂的配方为：氧化亚铁 3 份，氢氧化钙 0.6 份，7 个结晶水的亚硫酸钠 0.1 份，碳酸氢钠 0.2 份，以 5g 为一包。

（4）真空包装。将制品定量装入不透气的袋内，放入真空包装机，经抽气后在机内热合密封即可。

三、几种果品蔬菜的干制

（一）葡萄干制

1. 原料选择

用于干制的葡萄须是皮薄、粒大、果肉丰满、含糖量高（20％以上），并达到充分成熟的葡萄。

2. 预处理

凡进行人工干制的葡萄都要经过碱液处理，然后经过熏硫。具体操作如下：

1）浸碱：将选好的果穗或果粒浸入 1％～3％NaOH 溶液 5～10s，使果皮外层蜡质破坏并呈皱纹。浸碱处理后的果穗用清水冲洗三四次，置木盘上沥干。

2）熏硫：将木盘（放置果粒）放入密闭室，按每吨葡萄用硫黄 1.5～2kg，经 3～4h。

3. 干燥

（1）自然干燥。将处理后的葡萄装入晒盘内，在阳光下曝晒 10 天左右，用一空晒盘罩在有葡萄的晒盘上，很快翻转倒盘，继续晒到果粒干缩，手捏挤不出汁时，再阴干 1 周，直到葡萄干含水量达 15％～17％时为止，全部晒干时间 20～25 天，浸碱处理后可缩短一半干燥时间。我国新疆吐鲁番等地夏秋气候炎热干燥，空气相对湿度为 35％～47％，风速 3m/s 左右，故葡萄不需在阳光下曝晒，而在搭制的凉房内风干就行了。风干时间一般为 30～35 天，且制品的品质比晒干的优良。

（2）人工干燥。将处理好的葡萄装入烘盘，使用逆流干制机干燥，初温为 45～50℃，终温为 70～75℃，终点相对湿度为 25％，干燥时间为 16～24h。

4. 回软包装

将葡萄干在室内堆放 15 天左右，使干燥均匀，除去果梗即为成品。可用塑料袋、纸盒、木箱等包装。

（二）柿饼

柿饼多系自然干制而成，各地制作方法不完全相同，但基本大同小异。产品质量要求饼大肥厚，肉质柔软透明，外披白色柿霜、口感清凉、致密化渣。下面介绍柿饼的制作过程。

1. 原料采收及处理

当果实由黄转红尚硬未软时采收，采收时要注意留成"T"状果柄，以利挂晒，尽量避免机械伤。采后剔除病虫害果和伤果，进行旋皮，要求旋得薄而匀，不漏旋，不重旋，果柄周围留皮宽度不得超过1cm。

2. 晾晒和捏饼

旋皮后立即上架晾晒，最好是采收、旋皮、上架连续作业。即选择通风、干燥向阳处，用木椽搭架，架上绑上直径0.5cm粗的两股合一的麻绳，将旋过皮的柿子"T"形果柄插入两股绳合缝中间，自下而上，直到接近横椽为止，挂好一串再开始挂第二串，晒制过程中若遇天雨，用席或塑料薄膜覆盖，雨后揭开再晒，待柿果表面形成一层干皮，即进行第1次捏饼，随捏随转，纵横都捏到，直至内部变软为止。捏后再晒5～6天，将柿子整串取下堆起，用麻袋覆盖两天后，进行第2次捏饼，这次从中向外捏，捏成中间薄、四周隆起的碟形。以后又晒3～4天，堆积回软。回软后再晒3～4天，即可上霜。

3. 上霜

柿霜是果肉内可溶性固形物渗出的结晶，主要成分是葡萄糖和甘露醇，其味清凉甘甜，有润肺、化痰、止咳之功效。柿霜披覆于柿饼表面，不但美观，且能预防霉菌的感染和减少水分蒸发，保持柿饼柔软可口。

上霜时，先将缸洗净，然后给缸底铺一层10cm厚的干柿皮，柿皮上立放一层柿饼，柿饼上再放2～3cm的柿皮，再立放一层柿饼，直至装到八成满，上面盖层柿皮、加盖，用泥封缸，置于阴凉处，经1个月左右即可出霜。

柿饼能否上霜，主要决定于本身的含水量，晒得过干或过湿都不易出霜，因此，在入缸时应检查其所晒程度。若用手压有坚硬感，表明晒得过干，应在柿皮上喷洒少量的水，用塑料薄膜覆盖1～2h，使柿皮将水分吸收以后再入缸。若用手压无弹性，感觉过软，表明晒得不够干，应选干燥通风处再晾1～2天，否则入缸后会造成柿饼表面出水、发黏、霜少或根本无霜，此外，上霜与环境温度也有关系，温度越低，上霜越好，因为低温使可溶性固形物溶解度下降，容易结晶析出。

（三）红枣

红枣是我国特产，其味甘甜，营养丰富，亦可入药，也是某些食品加工的原料，在国内外市场上销路极广。

1. 晒干

红枣晒制方法比较简便，一般待枣充分成熟着色后采收，于晒场上晒制，夜间收起，堆于原地，覆盖防露，次日摊开再晒。一般需晒15～20天，直至干燥为止，用手握枣不发软，松手后枣果有弹性即可，含水量28％以下，即可包装收藏，干燥率为3～4∶1。

如果是青绿的果子，也可用"冲红"的方法，即在晒制前，将果子于近沸水中热烫5～10min，然后堆放在地上或箩内，用麻袋盖8～10h，以后再晒，果子即可变为红色。

2. 人工干制

（1）挑选分级。烘前将鲜枣按大小、成熟度进行分级，拣除病虫害果、破伤果、残次落果和杂物。

（2）装盘。装盘量因品种不同而异，一般烘盘载量为 13～15kg/m²，厚度不超过两层。

（3）烘烤。烘烤过程分为预热、蒸发、干燥、冷却 4 个阶段。

1）预热阶段：枣果进入烘房后，先关闭门窗和排气筒，然后加火，要求 6～8h 内将室温升高到 550℃左右，使枣果由内至外受热均匀，注意此期温度不能升得过高、过快，以防结壳。待果温达 35～40℃，果肉变软，手捏时果面出现皱纹，预热阶段即告结束。

2）蒸发阶段：蒸发阶段要求 8～10h 内将室温升至 65～68℃，维持 6h 左右。此期由于水分大量蒸发，使烘房内湿度增大，当相对湿度达 70％以上时，打开通风系统排湿，到相对湿度下降至 55％左右时关闭，如此反复 5～8 次。此外，要注意倒盘翻枣两次，将靠近炕面下方的两层烘盘与顶部的对换，并搅拌翻动，使其受热均匀。

3）烘干阶段：蒸发阶段结束以后，果实内游离水已大部分排除，蒸发速度减缓，此期应将室温逐步降至 55℃左右，维持 6h，使水分缓慢蒸发，内外水分趋于平衡，不断将干燥好的拣出。未干的继续烘，当原料温度与干球温度接近时，干燥即告结束。

4）冷却阶段：刚烘干的枣，温度较高，应及时摊开散热，以防热气集聚，造成腐烂和营养成分的损失。待冷透后方可包装贮存。

（四）龙眼干

1. 工艺流程

具体工艺流程如下：

原料选择 → 分级 → 浸泡 → 过摇 → 初焙 → 再焙 → 剪蒂分级 → 包装

2. 操作要点

（1）选料。选择肉质乳白，晶莹多汁，果壳黄褐色稍有青色的龙眼，除去病、烂、伤果。

（2）分级。根据大小将其分成 2～3 个等级。

（3）浸泡。分级后的龙眼浸泡 3～4min。

（4）过摇。将浸泡后的龙眼放入摇笼，每笼装 30kg 左右，笼内装细沙 0.5～1kg，人工急速摇动，果实在笼内翻动摩擦，使表皮变薄且光滑，以利水分蒸发。一般摇动 5～10min，使果皮显棕色即可。

（5）干燥。龙眼的干燥分两个过程。首先将原料放入干燥室内，加热升温，每 4h 翻动一次，适时调整上下烘盘的位置，12～16h 后装箱，这一过程称初焙。初焙后的龙眼堆放 2～3 天，使其内部水分重新转移，外部水分增加，再进行第 2 次干燥，中间翻动数次，当手捏无果汁流出，果肉呈栗褐色，即可停止干燥，这一过程称为再焙。

（6）剪蒂。分级用剪刀剪去果梗，按大小及干燥质量分级，分级后应及时包装。

(五) 黄花菜

1. 原料的采收与处理

黄花菜花蕾成熟至花朵开放，时间很短，一旦开花，则不易干制，商品质量也下降，因此，黄花菜应在花蕾充分长成而未开放时采收。

采收后按成热度分级，拣出杂物，及时进行热烫处理，以防花蕾开放，热烫可用蒸气，也可用沸水，待花蕾轻微变色、变软，里生外熟即可，取出摊开散热。

2. 干制

(1) 晒干。将竹帘、席或晒盘，置于距地面 30～60cm 的架上，将热烫过的花蕾摊放于竹帘或席上，厚 2～3cm，每隔 2～3h 翻动一次，晚上收起，覆盖防露，经 2～3 天即可晒干，待含水量降至 15％～18％，用手紧握不发脆，松手后不粘结可自然分开为宜。

(2) 烘干

1) 装盘：每平方米烘盘装热烫过的黄花菜约 5kg，铺匀。

2) 升温：先将烘房温度升到 85～90℃，再将装盘的黄花菜送入，由于黄花菜含水量高，烘烤初期适宜用较高温度，有利于水分蒸发。原料进入烘房后会大量吸热，使烘房温度下降，当温度降到 60～65℃时，应保持 12～15h，使水分大量蒸发后，将烘房温度降至 50℃，直至干燥结束。

3) 通风排湿：当烘房内相对湿度达 65％以上时，应立即通风排湿，使相对湿度降至 60％以下为止。

4) 倒盘翻菜：为防止粘结和焦化，必须及时倒盘和搅动，使其干燥一致，在干燥期间，每隔 5～6h 翻倒一次，共 2～3 次。

干燥结束后，取出任其自然冷却，然后堆积回软，若水分含量在 15％左右，即可包装贮藏。

(六) 香菇

1. 工艺要点

(1) 选料、处理。选择菌膜刚破裂，菌盖厚、边缘稍内卷，菇伞约八成开的香菇。晴天采收，注意轻拿轻放，避免挤压损伤。采后小心剪去菇柄，剔除病虫、霉烂、畸形及破损菇。并按大小分级。

(2) 干制。采后的香菇应及时干燥。可晒干、烘干或烘晒结合。

1) 晒干：在阳光充足的晒场上铺好竹席，然后将香菇互不重叠地排列在上，先使菌盖朝上，菌柄朝下暴晒，晒至半干后翻转使菌柄朝上继续暴晒。如遇晴天，经 3～5 天即可晒干。干燥时间越短，色泽越好。

2) 烘干：可用烘房或干制机进行。同样将香菇菌盖朝上、菌柄朝下顺序摊放在烘筛上，要求铺放均匀，互不重叠。小菇或含水量低的放在下层，大菇或含水量高的放在上层。烘烤温度以 30℃为起点，每小时升高 1～2℃，至 60℃后再下降到 55℃，直至烘干。当烘烤至四五成干时，将香菇逐个翻转。随着水分的蒸发，菇体缩小，应将上层菇并入下层筛中，再将鲜菇摆放在腾出的空筛上烘烤。

3）烘晒结合：将当天采收的香菇互不重叠地摆放在竹筛上，放在阳光下晒至半干，然后在当天改用55～60℃的温度烘烤至全干。或先行烘烤，温度由低逐渐升高。即先用35～45℃的温度烘烤，然后缓慢升至50～60℃，烘烤过程注意翻动。烘至八成干后，取出晾晒至干。

（3）包装。干燥后的香菇待冷却后应迅速用PE袋包装，扎紧袋口，再放入纸箱中，箱内放一小包石灰作干燥剂，然后封箱。

2. 产品质量标准

菇形完整，菇盖肥厚内卷，底纹洁白，香气浓郁，干燥而不焦，含水量为12%～13%。

（七）干线椒

1. 采收

干制用的线椒，应于果实充分红熟后采收，红熟的线椒不仅色泽好，维生素C含量也较高。

2. 挑选、分级、装盘

剔出破烂椒、虫椒、未熟椒、椒叶和杂物，选择全红椒装盘，每平方米烘盘装鲜椒7～8kg。

3. 干制

（1）升温蒸发。线椒因果肉较薄，热力容易穿透，开始宜采用短期高温，使水分快速蒸发。方法是：先将烘房温度升至85～90℃，再将线椒送入，由于原料吸热，致使烘房温度快速下降至20～25℃，此时应注意加温，使温度上升至60～65℃，保持8h，当线椒含水量降至70%以下时，需减弱火力，防止焦化。

（2）通风排湿。当烘房内空气相对湿度达70%以上时，应开启通风系统排湿，每次通风时间为5～15min（按烘房内湿度大小而定）。烘烤前期，因水分蒸发量大，也应行短期通风，以排除湿气，同时利于保温。当制品含水量降至70%以下，通风后温度变化不大时，应加长通风时间。

（3）倒盘。为使干燥均匀，烘烤过程中要及时检查，将下层的烘盘与中层的烘盘互换位置，同时翻动原料。

（4）发汗。当线椒脱水干燥到弯曲而不断裂，温度达60～70℃时，将其从烘房中取出，倒入竹筐或堆于水泥地上，每堆50kg左右，压紧压实，盖上草帘（或席）和塑料薄膜，用重石压住，在草帘内侧（冷热交界处），会凝结出大量水分，称为"发汗"。发汗能促进原料内部水分向外转移而加快蒸发，还可节约燃料，发汗的时间约为12h。当堆内温度降至45～50℃时，要迅速装盘，送入烘房继续干燥，或晒干。

（5）干燥完成阶段。经发汗再入烘房后，温度控制在55～60℃，时间经10～12h

即可干燥结束，此期应注意通风倒盘，防止焦化。

4. 回软

干制结束后，冷却堆积，盖严压紧，放置 2~4 天，使水分平衡，制品变软，便于包装，成品含水量在 14.5％左右。

5. 分级、包装、贮藏

经回软后即可进行分级，等内分三级，等外分三级，分级后即可包装贮藏。

（八）脱水蒜片

1. 工艺流程

具体工艺流程如下：

选料 ⟶ 分瓣、切蒂 ⟶ 去皮 ⟶ 漂洗 ⟶ 切片 ⟶ 漂洗 ⟶ 沥干 ⟶ 烘干 ⟶ 分级包装 ⟶ 成品

2. 操作要点

（1）原料选择。选择成熟适宜，蒜瓣完整，无虫蛀，无霉烂，无损伤及其他变质现象的蒜头，并剔除个头过小的蒜和独头蒜。

（2）切蒂、去皮、分瓣。切蒂时要小心，不要伤及蒜体，分瓣时可采用人工方法，可在剥去外皮后进行。然后用手工剥去蒜皮或采用化学试剂去皮。

（3）漂洗。去皮的蒜瓣要充分漂洗。在漂洗过程中手工除去粘附在蒜肉上的透明膜。

（4）切片。用切片机将大蒜切成 1.5~1.8mm 厚的蒜片，要求蒜片厚薄均匀，表面光洁，无三角片、碎片。否则烘干后影响质量。

（5）漂洗。用清水冲掉附着在蒜片表面的黏液。若漂洗不充分，在干燥过程中会生成褐色或黄色。

（6）沥干。可用离心机甩干，也可自然沥干。

（7）烘干。在 55~65℃的温度下；将蒜片脱水至 5％左右。

（8）分级包装。烘干后的蒜片立即挑选分级，剔除碎片及杂质，选出过薄或过厚的，除去发黄、发焦的蒜片，然后包装。

第四节　干制品的贮藏与复水

一、干制品的贮藏

每年有相当数量的脱水果蔬由于贮藏不善而吸潮，轻则丧失大部分营养成分和色素；重则发霉、腐烂和生虫。因此，良好的贮藏环境是保证干制品耐藏性的重要保证。

1. 干制品贮藏环境要求

（1）温度。低温能较好地保持干制品的质量。干制品适宜贮存的温度为 0~2℃，最好不要超过 10~12℃。高温会加速干制品的变质，据报道，贮藏温度高可加速脱水

蔬菜的褐变，温度每增加 10℃，干制品褐变速度可增加 3～7 倍。

（2）湿度。干制品应在低湿干燥的条件下贮存，否则制品易返潮、霉烂。一般湿度不超过 65%。

（3）光照和空气。光照和氧气可促使色素分解，加速干制品的变色、变质，还能造成维生素 C 的破坏。因此要求干制品在避光和密封条件下贮存。

2. 干制品的贮藏方法和管理

贮藏干制品的库房要求干燥，通风良好又能密闭，具有防鼠设备，清洁卫生并能遮阳。注意在贮藏干制品时，不要同时存放湿潮物品。

库内干制品箱的堆码，应留有行间距和走道，箱与墙之间也要保持 0.3m 的距离，箱与天花板应为 0.8m 的距离，以利于空气的流动。要经常检查产品质量，并做好防虫防鼠工作。

二、干制品的复水

复水是指为了使干制品复原而在水中浸泡的过程。脱水蔬菜一般均需在复水后才能食用。

复水用的水必须清洁，并注意用量不宜过多，以减少制品内可溶性物质的流失。通常用水量为干制品重量的 10～16 倍为宜，浸泡水的温度、浸水时间对复水均有一定的影响。一般来说，浸时越长，复水越充分；浸温越高，吸水速度越快，复水时间越短。干制品的复水性是干制品质量好坏的一个重要指标。实际上，干制品复水后其质量很难百分之百地达到新鲜原料的品质。这不但与干制品的种类、品种、成熟度、干燥方法有关，还与复水方法有关。各种蔬菜的复水率或复水倍数见表 9-3。

表 9-3　各种蔬菜的复水率或复水倍数

蔬菜种类	复水率	蔬菜种类	复水率
甜菜	1：6.5～1：7.0	青豌豆	1：3.5～1：4.0
胡萝卜	1：5.0～1：6.0	菜豆	1：5.5～1：6.0
萝卜	1：7.0	刀豆	1：12.5
马铃薯	1：4.0～1：5.0	扁豆	1：12.5
甘薯	1：3.0～1：4.0	菠菜	1：6.5～1：7.5
洋葱	1：6.0～1：7.0	甘蓝	1：8.5～1：10.5
番茄	1：7.0	茭白	1：8.0～1：8.5

本 章 小 结

干制脱除了果蔬组织中的大部分水，提高了渗透压，使果蔬本身以及微生物体内酶的活性同时亦受到抑制，干制品得以长期保存。同时，果蔬干制后，其重量减轻，体积变小，便于运输；制品不加任何辅料，产品风味纯真，保持天然风格；生产设备可简可繁。因此，果蔬干制品的生产较为普遍。干制可分为自然干制和人工干制。人工干制不受气候的影响，操作方便、卫生、干燥速度快、产品质量高。随着干制技术的发展，涌现出一些新的干燥技术，如真空干燥、冷冻干燥、微波干燥、远红外干燥、太阳能干燥等。

果蔬干制品的生产一般要经过原料选择、预处理、干燥、回软、分级、压块、包装等工序制成。选择适宜干制的果蔬原料，严格控制每一操作工序，方能生产高质量的干制品。干制品贮藏过程中易吸潮，因此要求库房清洁、干燥、通风良好，并注意防鼠。

思 考 题

1. 果蔬干制品为什么能较长期地保藏？
2. 果蔬中水分存在的形式有哪些？其特点是什么？
3. 什么是果蔬中的水分活度？它与果蔬的保藏性有什么关系？
4. 简述果蔬的干制过程。
5. 影响果蔬干制的因素有哪些？加工中为什么不采用高温快速干燥的方法干制果蔬？
6. 简述干制操作对果蔬组分的影响。
7. 举出一种人工干制设备，并简述其结构。
8. 果蔬在进行干燥之前需要进行哪些处理？
9. 果蔬干制品常见的包装方法有哪些？

第十章 果蔬制汁

学习要求

(1) 了解果蔬汁的分类；
(2) 掌握不同类型果蔬汁的加工技术；
(3) 理解并掌握果蔬汁常见质量问题及控制措施。

第一节 果蔬汁的分类

一、果蔬汁概述

把果蔬清洗后，经过压榨或浸提所得的汁液，再进行排气、密封、杀菌或浓缩脱水等工艺而制成的加工品叫果蔬汁制品。

果蔬汁可以由单纯的果蔬原料（一种或几种）制成天然果蔬汁，也可再加入其他成分混合制成。随着加工技术的提高和消费者对食品质量和营养要求的日益增高，果蔬汁逐渐由澄清汁向混浊果蔬、由单一果蔬汁向复合型果蔬汁发展。

二、果蔬汁分类

当前，果蔬汁口味丰富、种类繁多，其分类方法遵照国家颁布的《软饮料的分类》（GB 10789—1996）标准，将各类果蔬汁归纳为果蔬原汁、浓缩果蔬（浆）汁、果蔬汁糖浆、带肉果蔬汁饮料、果汁清凉饮料5大类。

（一）果蔬原汁（浆）

果蔬原汁由新鲜果蔬直接榨出的汁（浆）液，含原果蔬汁（浆）100%，亦称天然果蔬汁（浆）。这类果蔬汁又分为透明态、混浊态和果浆态3种。

1. 混浊果蔬汁

果蔬原汁中存在果肉微粒，且均匀分散在汁液中，含果胶物质，呈混浊状态的果汁，如柑橘汁、番茄汁。这类果蔬汁制品能较好地保持原果蔬的风味、色泽和营养，只是稳定性稍差。

2. 透明果蔬汁

果蔬原汁经澄清、过滤，除去果肉微粒、蛋白质、果胶物质等而呈澄清透明状态的果汁，如葡萄汁、苹果汁常制成透明态。这类果蔬汁制品的稳定性较高，但其营养成分有所降低，风味和色泽不及混浊果蔬汁。

3. 果蔬浆

果蔬经打浆，除去皮渣、种子等的果蔬浆液，如猕猴桃浆、桃浆等。这类浆状制品包含了全部果肉微粒及果胶、蛋白质等营养物质且具有一定黏稠度，常作为果蔬汁半成品保存。

果蔬浆有 3 类：①果蔬原汁中存在果肉微粒，且均匀分散在汁液中，含果胶物质，呈混浊状态的果汁；②果蔬原汁经澄清、过滤，除去果肉微粒、蛋白质、果胶物质等而呈澄清透明状态的果汁；③果蔬经打浆，除去皮渣、种子等后的果蔬浆液，呈果浆态。

(二) 浓缩果蔬 (浆) 汁

浓缩果蔬汁（浆）由果蔬原汁（浆）直接浓缩而成，要求可溶性固形物达到 40%～60%，含有较高的糖分和酸分，一般浓缩 3～6 倍，如浓缩橙汁（浆）、浓缩苹果汁（浆）等。这类制品的营养价值高且体积小，便于运输和保存。

(三) 果蔬汁糖浆

果蔬汁糖浆是在果汁或浓缩果汁中加入白糖、柠檬酸等调制而成。其成品果汁含量应等于或大于 5% 乘以该产品标签上标明的稀释倍数。如柑橘糖浆产品，在标签上标明稀释 6 倍，则该制品原果汁含量应为 5%×6＝30%。

(四) 带肉果蔬汁饮料

带肉果蔬汁饮料含有果浆和果肉粒且能均匀分散在汁液中的一类果蔬汁饮料。根据内含果肉的状态又可分为果肉饮料和果粒果汁饮料两种。

1. 果肉饮料

由原果浆加入水、白糖、柠檬酸等调制而成。要求成品中原果浆含量≥30%。如桃肉饮料、番茄肉饮料等。

2. 果粒、果汁饮料

在果汁或浓缩果汁中加入水、果粒、白糖、柠檬酸等调制而成。要求成品中原汁含量≥10%、果粒含量≥5%。如粒粒橙汁饮料、粒粒菠萝汁饮料。

(五) 果汁清凉饮料

果汁清凉饮料产品含糖量不高，不需要稀释而可以直接饮用。根据成品中果汁含量多少，可分为果汁饮料（含原汁≥10%）、水果饮料（含原汁≥5%）、果味饮料（含原汁<5%）。

另外，两种或两种以上果蔬（浆）汁混合制成的果蔬（浆）汁产品，则应根据两种或两种以上混合的原果（浆）汁的总量多少，分别归入上述相关类别中。

第二节　果蔬汁加工技术

一、工艺流程与操作要点

（一）工艺流程

具体工艺流程如下：

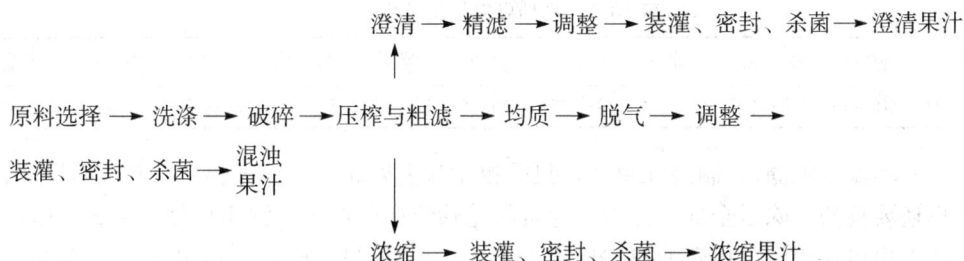

澄清 → 精滤 → 调整 → 装灌、密封、杀菌 → 澄清果汁
↑
原料选择 → 洗涤 → 破碎 → 压榨与粗滤 → 均质 → 脱气 → 调整 →
装灌、密封、杀菌 → 混浊果汁
↓
浓缩 → 装灌、密封、杀菌 → 浓缩果汁

（二）操作要点

1. 原料的选择和洗涤

生产果蔬汁的原料应选汁液丰富、取汁率高、新鲜成熟的原料，还应具有良好的风味和香气、无异味、甜酸适度、色泽稳定的特点。剔除已霉变、病虫危害的原料。目前国内外用作果蔬汁的原料有 30 多种，主要有柑橘、杨梅、葡萄、猕猴桃、苹果、菠萝、荔枝、龙眼、西番莲、草莓、山楂、刺梨、沙棘、番茄、胡萝卜等。

对一些风味和色泽不够突出的原料，可用两个以上品种混合制汁，使果蔬汁饮料的品质进一步提高。如宽皮橘与甜橙类搭配，葡萄的紫色品种与黄绿色搭配，制得的成品质量均比单一品种好。

原料洗涤是减少化学农药、泥土杂质、微生物污染的重要措施。通常用于榨汁的原料，更应重视清洗操作。对于果皮有残留农药的原料，应选用 0.5％盐酸浸泡或用 0.1％的高锰酸钾及洗涤剂浸泡，浸泡后及时用清水充分漂洗干净。原料的洗涤方法，可根据原料的性质、形状和大小加以选择。一般用流动水冲洗或喷水冲洗两种方式。

2. 原料的破碎、压榨与粗滤

（1）破碎。为了提高出汁率，对于皮、肉致密的果实，要先行破碎。果实破碎后应大小均匀。果块太大、太小，都影响出汁率。通常苹果、梨用破碎机破碎后果块以 3～4mm 大小为宜，草莓、葡萄 2～3mm，樱桃为 5mm。橘子（预先去皮）和番茄可以使用打浆机来破碎取汁。

（2）预处理。破碎后的果肉进行加热处理或加入适量的果胶酶制剂，可提高榨汁速度和出汁率。如葡萄、李、山楂、猕猴桃等水果，在破碎后置于 60～70℃温度下，加热 15～30min；带皮橙类榨汁时，为减少汁液中果皮精油的含量，可预煮 1～2 min。将酶制剂与果肉混合均匀，在 37℃恒温下作用 2～4h，果汁黏度降低，更利于榨汁和过滤。

（3）榨汁。常用水压机、辊压机、螺旋式榨汁机和离心式榨汁机、打浆机等进行榨汁。

果实的出汁率是指 100kg 果实中所榨得汁液的得率。果实出汁率一般以浆果类最高，其次为柑橘和仁果类，几种果实的出汁率见表 10-1。

表 10-1　几种果实的出汁率（%）

种类	甜橙	宽皮橘	葡萄柚	柠檬	菠萝	苹果	西洋梨	草莓	杨梅	葡萄
出汁率	40～45	35～40	33～50	29～33	50～55	55～70	55～70	60～75	60～75	65～82

（4）粗滤（筛滤）。制混浊果汁，只需粗滤除去果汁中的粗大颗粒。制透明果汁时，粗滤后还要精滤，除尽全部悬浮粒。通常将滤筛装在压榨机汁液出口处，粗滤与压榨同步完成；也可在榨汁后用筛滤机完成粗滤工序。果汁一般通 0.5mm 孔径的滤筛即可达到粗滤要求。

二、各类果蔬汁制作的特有工序

（一）澄清与精滤

1. 澄清

制作透明果实汁时，通过澄清可以除去果汁中全部悬浮物、果肉微粒、胶体物质及其他沉淀物。澄清的方法主要有以下几种。

（1）自然澄清。将粗滤后的果蔬汁装在容器内，经一定时间的静置，将果汁中悬浮物沉淀至容器底部。未经消毒的果蔬汁在常温下易发酵，应添加适量防腐剂。

（2）人工澄清

1）明胶单宁法：果蔬汁中纤维素、单宁等带负电荷，而明胶、酸介质带正电荷，正负电荷的相互作用，可以络合成不溶性的鞣酸盐。随着络合物的沉淀，果蔬汁中的悬浮粒就被缠绕而随之沉淀。

明胶单宁的用量因不同果蔬汁而异，因此事先应进行澄清试验。一般 100kg 果汁约需要明胶 20g、单宁 10g。明胶和单宁分别配成 1% 和 0.5% 溶液，在不断搅拌下，先将单宁溶液加入果蔬汁中，然后徐徐加入明胶溶液，使混合均匀。于 8～12℃下静置 6～10h，令其沉淀。此法对苹果汁、葡萄汁、梨汁等的澄清效果较好。

2）加酶制剂法：此法是利用果胶酶制剂来水解果汁中的果胶物质，使果汁中其他胶体失去果胶的保护作用而共同沉淀。目前，我国用于澄清果汁的果胶酶制剂是由黑曲霉或米曲霉两种霉菌产生的。酶制剂的用量一般是 1t 果汁加商品果胶干酶制剂

2～4kg，充分搅拌后，保持50～55℃，静置数天即可。果胶酶制剂还可以和明胶结合使用。如苹果汁的澄清，先加入酶制剂，待20～30min后再加入明胶，保持26℃，澄清效果好。

3）加热凝聚法：此法是利用果汁中的胶体物质因加热而凝聚沉淀的性质，方法简便，应用较广。具体做法：在80～90s时间内，将果汁加热到80～82℃。然后又在80～90s时间内将果汁冷却至常温。由于加热与温度剧变，使果汁中的蛋白质和其他胶体物质变性，凝固析出，从而使果汁得以澄清。

2. 精滤

果蔬汁澄清后还需经过精滤操作。常用的精滤设备有纤维过滤器、板框压滤机、真空过滤器、离心分离机等。滤材有帆布、不锈钢丝布、石棉、脱脂棉等。对不易过滤的果汁可添加助滤剂。如硅藻土，是一种具有高度多孔性、低重力的助滤剂，用于果蔬汁过滤时宜选用淡粉色的硅藻土（含氧化铁），并配有一台离心泵，以提供较高的滤压，保证理想的出汁率。每1000kg苹果汁需用硅藻土1～2kg，葡萄汁用3kg，其他果汁用4～6kg。

（二）均质与脱气

1. 均质

生产混浊果蔬汁时，常用均质处理。所谓均质，就是将果蔬汁通过均质机中孔径为0.002～0.003mm的微孔，在高压下把果蔬汁中所含的悬浮粒子破碎成更微小的粒子，使其能均匀而稳定地分散于果蔬汁中，保持了果蔬汁中均匀的混浊度。

果蔬汁均质常采用高压均质机，压力达到9.8～18.6MPa。操作时，主要通过均质阀的作用，使加高压的果汁从极端狭小的间隙中通过，然后由于急速降压而膨胀和冲击作用，使粒子微细化并能均匀地分散在果汁中。

此外，还可采用胶体磨对果蔬汁进行均质。当果汁流经胶体磨的狭腔时（0.05～0.07mm），受到强大的离心作用，颗粒相互冲击、摩擦混合，使微粒的细度达到0.02mm，从而达到均质的目的。

2. 脱气

脱气也称脱氧，即在果蔬汁加工时，除去果蔬汁中氧气的操作过程。脱氧可防止和减轻果汁中色素、维生素C、香气和其他物质的氧化，从而能较好地保持品质；同时，去除附着于悬浮物上的气体，可减少或避免微粒上浮，以保持产品良好的外观；还可防止或减少装罐和杀菌时产生泡沫，减少马口铁罐内壁的腐蚀。

果蔬汁脱气的方法有真空法、氮交换法和加抗氧化剂法。

（1）真空法。果蔬汁通过真空脱气机中气压为91.3～94.7kPa真空罐时，由于压力下降，使果蔬汁喷射成薄层或雾滴，从而把溶解在果汁中的氧气排出。如在25℃时，果蔬汁导入压力为98.9～99.3kPa的真空脱气罐中，可除去90%以上的氧气。

（2）氮交换法。果蔬汁中压入氮气，使其在氮气泡沫流的强烈冲击下失去所附着的氧。氮气还可防止加工过程中的氧化变色等。

（3）加抗氧化剂。果蔬汁装罐时加入抗氧化剂，如抗坏血酸。每 1g 抗坏血酸可去除空气中 1mL 的氧。

此外，还有酶脱氧法。就是用葡萄糖氧化酶和过氧化氢酶去除果蔬汁罐头顶隙中的氧。

（三）浓缩脱水（浓缩果蔬汁）

浓缩果蔬汁具有容量减少、便于贮运、增进保藏性等优点。

1. 真空浓缩

多数果蔬汁在常压高温下长时间浓缩，易发生不良变化，影响质量。因此，多采用真空浓缩法，即在减压条件下使果汁中的水分迅速蒸发。这样既可缩短浓缩时间，又能较好地保护果蔬汁中的热敏性物质。浓缩温度一般为 35℃左右，真空度约为 94.7kPa。这种温度较适合微生物的繁殖或酶的作用，为此在果蔬汁浓缩前应进行适当的瞬间杀菌和冷却。在各类果蔬汁中，苹果汁、橘汁较耐热，可采用较高的温度进行浓缩，但亦不能超过 55℃。

2. 冷冻浓缩

将果汁降温，当达到冰点时，水分首先结晶，用离心方法除去冰晶。余下的果汁浓度被提高。如此反复进行几次后，使果汁达到浓缩的目的。此法制得的浓缩果汁质量好，但冰晶上易附着果汁（通常冰晶中残留 1%的果汁），造成一定损失。

3. 反渗透浓缩和超滤浓缩

果蔬汁中的水分通过加压，透过半透膜而被除去，果蔬汁就得到浓缩。

超滤法与反渗透浓缩果蔬汁的基本原理相同。不同的是反渗透法一般用于小的溶剂分子处理，如果蔬汁或其他液态食品的浓缩，其渗透压力较大，为 $30\sim50 kg/cm^2$，使用的半透膜材料是由醋酸纤维素或其衍生物制成；而超滤法还可以使果汁中分离出肽、果胶等高分子物质而得到澄清，其渗透压力较小，为 $0.5\sim6 kg/cm^2$，使用的半透膜材料由聚丙烯腈和聚烯烃系制成。采用此法浓缩果蔬汁，由于是在常温下，密闭的系统中进行操作的，制品具有耗能少、营养成分损失少、风味好的优点。

三、调整、杀菌与保存

（一）调整

为使果蔬汁符合一定的规格要求，需要做适当调整，但调整范围不宜过大，以免丧失果蔬汁原有的风味。果蔬汁调整主要是糖、酸比例的调整，通常果汁成品的糖酸比例在 （13～15）：1 为适宜。如菠萝汁的糖度 13%～15%、酸度 0.7%～0.8%；柑橘汁糖度 12%～14%，酸度 0.9%～1.2%。

（1）糖度调整的方法。首先测定果汁含糖量，通常采用折光仪或白利糖度计测定。按下列公式计算补加糖量。

$$X = m(B - C)/(D - B)$$

式中：X——需补加的浓糖液质量，kg；

D——浓糖液的浓度，%；

m——调整前原果汁质量，kg；

C——调整前原果汁含糖量，%；

B——要求果汁调整后的糖度，%。

（2）酸度的调整。经调整糖度后的果汁再测定含酸量，按下列公式计算补加食用酸量（以无水柠檬酸计）。

$$m = m_1(Z - X)/(Y - Z)$$

式中：m——需补加的柠檬酸液质量，kg；

m_1——果汁质量，kg；

Z——需要调整的酸度，%；

X——调整前原果汁含酸量，%；

Y——柠檬酸液浓度，%。

如果色、香、味不够，可适当添加食用香精、色素，但应严格按照国家标准控制使用量。蔬菜汁调配亦可按消费者需要加食盐和适量的其他辅料。

此外，也可用不同种类的果汁相互混合，取长补短，以改善果汁的风味。

（二）杀菌与保存

果蔬汁杀菌的目的：一是消灭微生物防止腐败；二是破坏酶的活性，防止酶促褐变。果蔬汁杀菌还应保持新鲜果汁原有的风味。为此，目前对果汁的杀菌，一般采用巴氏杀菌法。巴氏杀菌分两种：①对于 pH 值小于 4.5 的果汁，杀菌温度为 85～95℃，杀菌时间为 15～30min；②超高温瞬时杀菌法，即在 135℃下，杀菌 4～6s。

果蔬汁的杀菌工序放在装罐前、后均可。如在装罐前杀菌的果蔬汁，应在较高温度下迅速装罐密封，然后将罐倒置，使罐盖达到杀菌目的；另外，还应将果蔬汁罐尽快冷却，以免产生蒸煮味。

果蔬汁成品宜保存在 4～5℃的低温环境中，以利其色香味的保持。对于冷冻浓缩果汁，则应在 −18℃下冻藏。

第三节　果蔬汁加工实例

一、天然柑橘汁

天然柑橘汁指含 100% 的原果汁。

(一) 加工工艺流程

具体工艺流程如下：

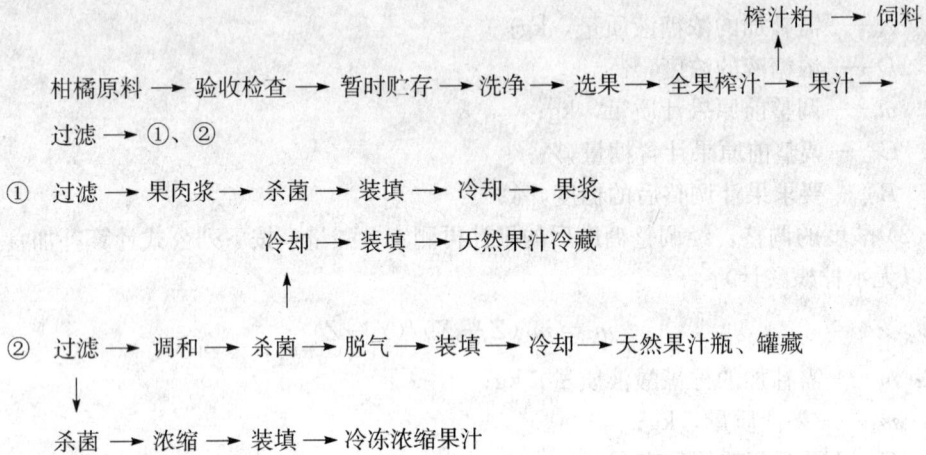

```
                                                    榨汁粕 ──→ 饲料
                                                       ↑
柑橘原料 ──→ 验收检查 ──→ 暂时贮存 ──→ 洗净 ──→ 选果 ──→ 全果榨汁 ──→ 果汁 ──→
过滤 ──→ ①、②

①  过滤 ──→ 果肉浆 ──→ 杀菌 ──→ 装填 ──→ 冷却 ──→ 果浆

            冷却 ──→ 装填 ──→ 天然果汁冷藏
                      ↑

②  过滤 ──→ 调和 ──→ 杀菌 ──→ 脱气 ──→ 装填 ──→ 冷却 ──→ 天然果汁瓶、罐藏
        ↓
     杀菌 ──→ 浓缩 ──→ 装填 ──→ 冷冻浓缩果汁
```

(二) 操作要点

1. 选果与洗涤

原料经验收检查合格后，进行洗涤。若用流水洗涤，流水能除去泥沙和附着物，但过长的流水道，会增加果实的污染，促进某些品种果实的果皮软化。因此，尽可能地供给新鲜的流水，使水中含适量的有效氯，经常保持洗果槽的清洁。

洗涤后应进行选果，经人工目测，将原料中的病害果、未熟果（青果）、过熟果、软果和伤害果等剔除，合格果抽样测定。初期未熟果较多，后期腐败果和变形果较多。

存放的原料污染有泥沙、尘土、农药等，必须洗净。洗涤剂采用食用脂肪酸系的洗涤剂（0.2%），洗涤后要用刷子刷洗干净，并立即采用新鲜清水淋洗，再反复洗净，除去附着的洗涤剂。然后再经过检查并剔除漏刷的不合格果实，通过第2次选果，并按大小分为几级，分别送往榨汁机榨汁。

2. 榨汁

柑橘与苹果、番茄相比，结构复杂，榨汁较困难。以香橙为例，最外层是外果皮，外果皮中间有无数的油胞层，果皮的内侧是白皮层，呈白色海绵状组织。果肉内部是囊瓣，囊瓣内是砂囊，其内部和周围是果汁。

为了榨取优质柑橘汁，必须注意几个问题：①榨汁得率高；②不得含有大量果皮油；③防止白皮层和囊衣的混入，这些物质如果破碎，苦味成分就混入果汁中，不仅增加了苦味，而且成为产生加热臭的原因；④可以适量混入果肉浆（砂囊膜），附着在果肉浆上的色素能赋予果汁适当的色泽；⑤应当采用避免种子破碎的榨汁方法，种子中含的柠檬苦素如果混入果汁，会增加苦味；⑥榨汁成本要低。

最古老的榨汁装置是手工锥汁器，然后发展到半机械化锥汁机。目前，有安德逊榨汁机，用于甜橙和宽皮橘的榨汁；布朗榨汁机用于甜橙榨汁。

3. 过滤

为除去果汁中含有果皮的碎衣和囊衣、粗的果肉等，需要进行粗滤。经粗滤的果汁再经精滤机精滤（筛孔的直径为0.3mm）。通常手工或半机械化榨汁机榨出的果汁，经粗滤机过滤后，再用80目绢布振荡筛精滤。

4. 果汁的调和

在调节果肉浆含量后，将果汁放入带搅拌器的不锈钢容器中，进行调和使之品质和成分一致。必要时需按产品标准添加适量的砂糖及柠檬酸。调和后的果汁，可溶性固形物达15%～17%（以折光计），总酸度达0.8%～1.6%（以柠檬酸计）。果汁的糖酸比，不同地区要求不同。

一般说，甜橙汁呈橙黄色，如需增浓色泽，可采用红玉血橙汁加以调和。

5. 脱油与脱气

调和后的果汁需要经过脱油机除去多余的甜橙油以防果汁在贮藏中变味。生产上多采用小型真空浓缩蒸发器进行脱油。把果汁喷入脱油器（真空度90.6～93.3kPa，即680～700mmHg）中，加热到51℃，蒸发去多余的甜橙油，同时除去果汁中的多种气体。果汁中甜橙油的含量容量计，宜保持在0.015%～0.024%。

6. 加热杀菌

罐装果汁，采用中心温度在85℃以上，保持5min以上的杀菌方式。此法热量消耗多，不经济，易产生加热臭等，使果汁品质下降。

采用瞬间杀菌法，时间短，营养损失较小，果汁品质较好。即脱气后的果汁通入杀菌器，于93～95℃，保持15～20s，当温度降到90℃左右，立即进行热装瓶。

7. 装填和冷却

果汁装填多采用热装填。果汁热装填、冷却后，果汁的容积缩小，其顶隙形成真空度，利于保持果汁品质。

90℃左右灌装果汁，立即由封罐机密封后，倒置30～60s，利用果汁的余热对罐盖进行杀菌。随之喷射冷水，快速冷却到38℃左右。

二、苹果汁

生产苹果汁用的苹果原料，须是富有苹果风味，糖分较高，酸度适当，香味浓郁，果汁丰富，取汁容易，酶褐变不甚明显等。有些苹果品种单独制汁，不一定能取得满意的效果，但与其他品种适当配合，便可制得优质的果汁。苹果中以红玉、国光、富士等为榨汁的优良品种。

（一）加工工艺流程

苹果汁的加工流程如下。

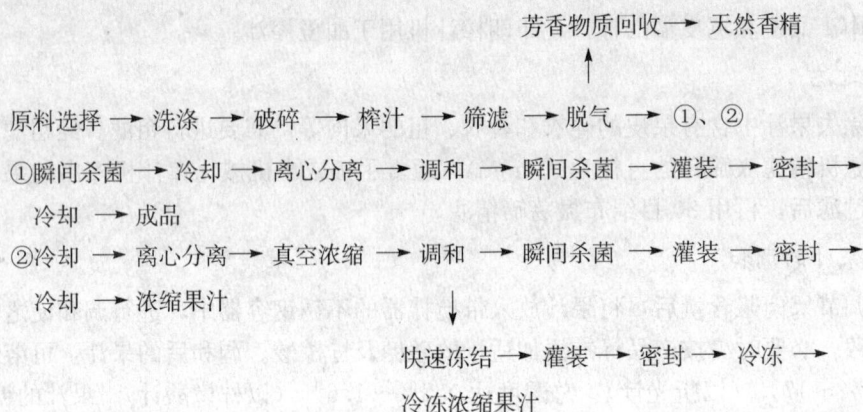

芳香物质回收 → 天然香精

原料选择 → 洗涤 → 破碎 → 榨汁 → 筛滤 → 脱气 → ①、②

①瞬间杀菌 → 冷却 → 离心分离 → 调和 → 瞬间杀菌 → 灌装 → 密封 →

冷却 → 成品

②冷却 → 离心分离 → 真空浓缩 → 调和 → 瞬间杀菌 → 灌装 → 密封 →

冷却 → 浓缩果汁

快速冻结 → 灌装 → 密封 → 冷冻 →

冷冻浓缩果汁

（二）操作要点

1. 原料处理

剔除病虫害果和腐败果，用洗果机洗净表面尘土，再用1%NaOH和0.1%～0.2%的洗涤剂混合液浸果10min，洗涤液的温度应控制在40℃以下，再用清水洗喷淋洗净。

2. 榨汁

洗净的果实进入苹果磨碎机或锤碎机进行破碎。生产混浊苹果汁时，为防止苹果中的多元酚在多元酚酶作用下发生褐变，破碎时可添加维生素C。每吨苹果原料添加5%～10%的维生素C 1kg，用定量泵注入到破碎机中。

用水压榨汁机、螺旋压榨机或离心分离机等压榨果实。

榨出的果汁，立即用不锈钢的回转筛或振动筛筛滤分离出果肉浆，筛网以60～100目为宜。

3. 杀菌、芳香物质回收和离心分离

采用多管式或片式瞬间杀菌机加热至95℃以上，维持15～30s，杀菌后立即冷却。冷却温度透明果汁为45℃，混浊果汁可低一些。

生产浓缩果汁时，需进行芳香物质回收。苹果的挥发性成分中，含有低沸点的醇、酯、羟基化合物等，容易从果汁中蒸发分离。含有芳香成分的蒸汽，经蒸馏塔浓缩得到天然香精。

杀菌冷却后可进行离心分离，以调节果肉浆含量或除去。果肉浆的含量可以通过调节流量和浆渣排出间隔时间来控制。

4. 澄清和过滤

澄清可采用加单宁、明胶、皂土处理或果胶分解酶处理等方法。也可用超滤澄清苹果汁。

（1）酶处理。采用纤维素酶、淀粉酶和酸性蛋白酶并用的方法，可以提高澄清效果。苹果汁中含有大量铜、铁等金属离子，有时会阻碍酶的作用，因而添加微量的动物胶能够防止酶活性的下降。

（2）过滤。酶处理后的果汁，用平板式过滤机、叶状过滤机等，加硅藻土过滤。首先将硅藻土分散于水中，用泵送入过滤机中形成 3～5mm 的预涂层，在果汁中加入 0.1％硅藻土，均匀混合后过滤。

5. 浓缩、调和和灌装

透明果汁过滤后，经真空浓缩机浓缩至原容量的 1/5～1/7。混浊果汁浓缩限度为 1/4。

天然苹果汁，添加砂糖调整其糖度为 12％，酸度调整为 0.4％左右。

苹果汁饮料，果汁含有率为 50％以上的产品，采用 1/4 浓缩混浊果汁。1000kg 成品中含浓缩果汁 125kg、砂糖 75kg、柠檬酸 2kg、抗坏血酸 0.5kg，并添加适量香料，成品的糖度为 12％，酸度为 0.35％。

浓缩苹果汁一般装在涂有内壁涂料的大罐中，装罐之后迅速进行冷却，以防止色泽和香味的恶变。

冷冻浓缩果汁冷冻至 -10℃ 的半冻结状态，装入较厚的聚乙烯袋中，再装入鼓形桶中。

其他品种果汁，可用瓶或罐装。苹果原汁和苹果汁多采用 200g 涂料马口铁罐。

苹果汁的贮藏温度不宜太高。冷冻浓缩果汁 -20～-25℃ 保藏，一般苹果汁保藏温度越低，其色、香、味保持越好。

三、番茄汁

番茄汁是一种营养丰富，色、香、味均优的食品。

（一）加工工艺流程

番茄汁是将原料果实进行破碎、榨汁而制成的，为了得到优质产品，必须有各种辅助材料。也有的用浓缩产品还原制造。番茄汁的加工流程如下。

番茄果实 → 洗涤 → 选果修整 → 破碎 → 预热 → 榨汁 → 脱气 →
高温短时杀菌 → 充填密封 → 杀菌 → 冷却 → 成品

（二）操作要点

1. 原料的挑选和洗涤

挑选成熟适度、香味浓、色泽鲜红、可溶固形物在 5％以上，无霉烂变质的番茄，除去番茄表面附着的生物、土、枯叶、果柄和青绿部分，洗涤。洗涤方法有以下几种。

（1）浸渍洗涤法。将果实浸渍在水槽中进行洗涤，水中保持 2～10mg/kg 的氯。为了进一步提高洗净效果，必要时，还可添加单甘油酸酯等洗涤剂。

（2）化学洗涤法。在洗涤水中添加有界面活性的物质，如单甘油酸酯、磷酸盐、柠檬酸钠、糖脂肪酸脂等。可以提高洗净效果。为了除去杀菌剂中的铜和其他重金属，采用洗净水和其他酸洗净也有效果。

（3）气泡洗涤法。从洗涤槽底部喷出空气，使空气泡和洗涤液均匀地接触果实表面的洗涤方法。这种方法比单用洗涤液或浸水的洗涤效果好，是常用的洗涤方法。

（4）喷雾洗涤法。将果实在水槽里浸渍一定时间后，送到旋转洗涤机或冲洗输送机，使果实一边回转，一边受 882kPa 左右压力，以及 20～23 L/min 流量水的喷洗。喷嘴与果实的距离以 17～18 cm 为宜。洗涤效果根据洗涤的流量与时间决定，但喷雾压力高时会使番茄受损伤。

此外，还可用超声波洗涤。

2. 破碎和预热

用番茄去籽机将番茄破碎去籽、除去果皮。迅速加热到 85℃ 以上，以杀死附在番茄上的微生物，并破坏果胶酶。

3. 榨汁、调味

用螺旋式榨汁机榨汁，筛孔孔径通常为 0.4mm。所得原汁进行调味。番茄原汁 100kg，砂糖 0.7～0.9kg，精盐 0.4kg，混合均匀。

4. 脱气、均质

将番茄汁喷入真空脱气机，脱气 3～5min，然后用高压均质机在 1000～1500N/cm² 压力下均质。

5. 预杀菌

通常采用高温短时杀菌法（HTST），杀菌温度为 135～140℃，时间 4～6s。

6. 装填、密封、冷却

预杀菌，为了防止顶隙空气引起的氧化，将预杀菌的番茄汁冷却至 90～95℃ 后立即装入洁净的容器中，密封，放置 10～20min 后，用冷却水使温度迅速降至 35℃ 以下，最后喷码包装。

第四节　果蔬汁常见的质量问题及控制

果蔬汁富含糖分、有机酸、蛋白质、氨基酸、果胶质、纤维素、多种芳香物质、维生素、矿物质及酶类，故以营养丰富和色、香、味俱全而胜于其他果蔬制品。但果蔬汁在生产和贮存过程中，如果工艺措施不当，常会出现酸败、变色、变味等不良现象，不仅影响产品质量，甚至可能全部废弃，造成严重损失。因此，必须了解和掌握果蔬汁常见的质量问题，以采取合理的工艺措施，保证产品质量。果蔬汁常见的质量问题及控制措施如下。

一、果蔬汁的败坏

果蔬汁的败坏是由于微生物的侵染繁殖而引起的。败坏的果蔬汁常出现变酸、发酵、长霉及产生 CO_2 等现象，严重影响果蔬的质量。

（一）果蔬汁酸败的原因

1. 细菌危害

细菌中，枯草杆菌的繁殖常引起果蔬汁出现馊味，乳酸菌、醋酸菌发酵引起果蔬汁出现各种酸味，丁酸菌发酵引起臭味。另外，耐热芽孢杆菌和梭状芽孢杆菌也会引起果蔬汁的败坏。尤其是蔬菜原料，由于原料来自于土地，更易带菌，加之多数蔬菜汁酸度低，如果杀菌不彻底，更易引起细菌繁殖而造成败坏。

2. 酵母菌危害

果蔬汁中的酵母菌主要有假丝酵母属、圆酵母属、隐球酵母属和红酵母属。如苹果汁常会见到汉逊氏酵母，柑橘汁中越南酵母、葡萄酒酵母和圆酵母属等，浓缩果蔬汁有耐渗透压的酵母如鲁氏酵母和蜜蜂酵母。这些酵母属，在初夏和高温季节，由于加工时的环境污染及原料、设备及包装物等的污染，再加之杀菌不彻底，易造成产品的发酵，产生大量 CO_2，发生胀罐，甚至可能使容器破裂。

3. 霉菌危害

果蔬汁中引起败坏的霉菌主要是一些耐热性的霉菌。如青霉属中的扩张青霉和皮壳青霉，曲霉属中的构巢曲霉和烟曲霉等。这些霉菌也常常由于加工时的环境污染，杀菌不彻底，从而大量繁殖，引起果蔬汁长霉，同时还可破坏果胶，改变果蔬汁原有酸味，产生新的酸，导致变味，使制品风味恶化。

（二）控制措施

防止微生物引起果蔬汁酸败，主要应注意各工艺环节的清洁卫生和杀菌的彻底性。着重抓好以下方面：①注意原料的选择和处理，要采用新鲜健壮及无霉烂、病虫害的原料，注意原料榨汁前的清洗消毒，尽量减少原料外表微生物数量；②重视卫生管理，对车间和设备、管道、工用具等严格进行消毒，加强对工人的卫生知识教育，使其养成良好的卫生习惯，以减少环境及工人对果蔬汁的污染；③严格杀菌工艺，选用合理的杀菌方式和条件，使杀菌彻底；④防止已调配汁的积压，缩短工艺过程时间，同时注意合理安排产、销环节，以减少产品的积压。

二、风味的变化

一种果蔬汁能否符合消费者的要求，除了采取合理的配方、工艺外，产品在贮存期内能否保持其固有的风味也是一个关键。

（一）影响风味变化的因素

果蔬汁风味的变化与果蔬汁生产贮藏的温度及生产贮藏过程中的化学反应有关，同时与果蔬汁本身的浓度也有关。一般来说，果蔬汁生产贮藏的温度越高，浓度越大，风味变化越快。如柑橘汁，在 4℃ 以下贮存时，其风味变化缓慢，几乎没有明显变化，而在室温 21～26.7℃ 中贮存，几个月就变的不堪食用。尤其是浓缩汁，变化更加剧烈。

风味的变化还与非酶褐变物质有关。因此，果蔬汁应在较低温度下贮存，并采取有效措施，防止发生非酶褐变。

（二）柑橘汁的不良风味

值得一提的是，柑橘汁在加工过程中，由于本身的一些物质易发生化学反应，若工艺措施不当，会使柑橘汁的风味发生不良变化。主要产生以下不良风味：

1. 煮熟味

由于柑橘汁为热敏性很强的果汁，杀菌过度或采用 100℃ 以上的温度杀菌，易生成甲基糖醛而形成煮熟味。

2. 苦味

柑橘果实中的白皮层、种子、中心柱含有糖苷主要是柠碱类物质，可形成苦味物质搀和在柑橘汁中。

3. 萜烯味

柑橘汁加工过程中，外果皮的芳香油过多的带入，其中的 d-萜烯在柠檬酸存在的情况下极易氧化为萜品醇，或转化为萜品油烯和萜品等多种物质，从而使柑橘汁呈现萜烯味（松节油味）。

此外，柠檬醛也会变化为对伞花烃，对风味和香味也有损害。

（三）控制措施

克服柑橘汁的不良风味可以采用几种方法：①加工时应选择成熟度高的柑橘果实和含苦味物质少的品种；②采用适宜的杀菌方法，以瞬时杀菌为佳；③改进压榨操作，用锥形榨汁机榨汁，分别取汁和取油，或先人工去皮后再打浆取汁，也可先行磨油再行榨汁；④进行去油操作，于 87.78kPa 以上的真空下进行去油，除去柑橘汁中过量的芳香油，通过此处理可使橙汁含油量下降到 0.01%～0.02%，葡萄柚汁含油量降至 0.003%，在去油操作中取得的油水液，除油后再回加于果汁中，而芳香油则为副产品，对于已进行真空去氧的柑橘汁，可以不必另行去油；⑤加用无萜油，果汁去油后虽可防止变味，但香味亦因之减损，因此最好的办法是去油后加用适量无萜油，无萜油是通过真空分馏除去萜类物质的果皮香精油，主要成分是柠檬醛和酯类，所以香味极好；⑥其他方法。

三、色泽的变化

果蔬汁在生产和存放过程中，其色泽常会发生一些变化，主要是褐变。

（一）果蔬汁褐变的原因

1. 果蔬汁的酶褐变

在一些果蔬组织内，含有多种酚类物质和多酚氧化物酶，果蔬汁加工贮存过程中，由于组织破坏与空气接触，使酚类物质被多酚氧化酶氧化，生成褐色的醌类物质，果蔬汁因而变色。如苹果汁、食用菌汁、石刁柏汁（芦笋汁），生产和存放中，其色泽由浅变深，甚至为黑褐色，多由此引起。

2. 果蔬汁的非酶褐变

果蔬汁在室温或高于室温下长期贮存，常有水溶性黑色物质产生，使其色泽变褐变暗，同时风味也随之变坏。这种现象尤以萝卜汁、葡萄汁和柠檬汁为甚，使它们由乳白或淡黄色，变成深黄甚至褐色；含类胡萝卜素较多的甜橙汁或番茄汁变成棕褐色；有的含花青素较高的葡萄汁、草莓汁，因被色素掩盖，虽变色但不明显。

上述变色变味现象，除部分是由酶褐变引起外，更多的是由另一种褐变——非酶褐变引起。果蔬中的这类褐变是由于果蔬汁中的糖（主要是果糖或葡萄糖）与氨基酸在较高温度下产生一系列变化，形成具有络合性质的黑色物质（即黑蛋白或类黑精），使果蔬汁褐变，并有 CO_2 生成，此反应中，反应物浓度越大，褐变越快。因此，浓缩果蔬汁常常比不浓缩果蔬汁容易褐变。同时，果蔬汁所处温度越高，介质 pH 越大，褐变速度越快。

（二）防止果蔬汁褐变的措施

1. 防止果蔬汁酶褐变的方法

（1）加热杀酶。采用 70～80℃，3～5min 或 95～98℃，30～60s，加热钝化多酚氧化酶活性。

（2）添加食用酸抑制酶活性。各种酸类物质能有效抑制多酚氧化酶的活性，原因是其酶活性最适合 pH 环境发生改变而受到抑制。如苹果的多酚氧化酶，用苹果酸调至 pH 为 2.5～2.7 时，即能全部失活，其后即使再升高 pH 到 3.1～3.3，酶活性亦不能复苏，不会再产生酶褐变。此法是在苹果破碎时加入适量苹果酸，使 pH 下降到 2.5，而后按照常法进行压榨过滤，再令苹果汁通过阴离子交换器，使 pH 回升到产品所要求的水平。由阴离子交换器中回收的苹果酸，可反复使用。对于蔬菜类的原料，适当地加入 0.05%～0.10%柠檬酸可大大延缓酶的褐变作用。

（3）添加维生素 C 抑制酶褐变。维生素 C 是一种良好的还原剂，多酚氧化酶氧化了多酚类物质而生成的醌类，能立即被维生素 C 所还原，从而达到抑制酶褐变的作用。一般添加量为 0.03%～0.04%。如苹果汁生产中，在果实破碎时喷维生素 C 溶液，可以抑制其发生酶褐变。使用时若加一定量（约 0.05%）的食盐，能延长抑制酶褐变的时间数倍。此法维生素 C 需用量大，费用高，尚不能普遍使用。

（4）脱氧。加工中注意脱氧，并在密封条件下进行保存，也能减少酶褐变。

2. 控制非酶褐变的方法

目前控制非酶褐变常采用的方法有：①控制较低的 pH，使其在 3.3 以下；②防止过度的热力杀菌；③采取较低的贮藏温度，使其在 4.4℃或更低温度下贮存；④避光存放。

本 章 小 结

果蔬经清洗、压榨或浸提所得的汁液，再进行排气、密封、杀菌或浓缩脱水等工艺而制成的加工制品统称为果蔬汁。果蔬汁因色泽鲜艳、营养丰富、风味爽口而受到广大消费者的青睐。其种类繁多，按原料的组成可分为单一果蔬汁和复合型果蔬汁；按果蔬汁的状态分为澄清果蔬汁和混浊果蔬汁，按果蔬原汁在制品中的含量可分为果蔬原汁、浓缩果蔬（浆）汁、果蔬汁糖浆、带肉果蔬汁饮料、果汁清凉饮料等五大类。随着加工技术的提高，果蔬汁逐渐由澄清汁向混浊果蔬汁、由单一果蔬汁向复合型果蔬汁发展。

果蔬汁的加工一般要经过原料的选择、破碎、压榨与粗滤、澄清与精滤、均质、脱气、浓缩脱水、调整、杀菌与保存等工序制成。在生产和贮存过程中，每一工序必须严格按照要求规范操作，否则，果蔬汁易出现酸败、变色、变味等不良现象，不仅影响产品质量，甚至因废弃而造成极大浪费。

思 考 题

1. 按照国家标准果蔬汁可以分成哪几类？
2. 果蔬汁对原料有什么要求？
3. 生产果蔬汁时原料为什么要进行预处理？通常进行哪些处理？
4. 果汁澄清的方法有哪些？
5. 为什么果蔬汁要进行脱气？有哪些方法？
6. 怎样保持混浊果蔬汁的均匀稳定？
7. 简述天然柑橘汁的加工技术。
8. 简述苹果汁、番茄汁的加工技术。
9. 果蔬汁常常会出现哪些质量问题？怎样控制？
10. 设计一种当地主要的果蔬汁加工技术。

第十一章　葡萄酒的酿制

第一节　葡萄酒的化学成分及感官鉴评

一、葡萄酒的化学成分

葡萄酒中主要的化学成分是水和乙醇，基本风味取决于 20 余种化合物，不同葡萄酒之间的细微差异决定于更多的组成成分。葡萄酒成分一般有 3 种来源：葡萄、酿造过程及添加物。葡萄及葡萄酒成分分类如下。

（一）醇类

葡萄酒含有的醇类很多，除乙醇、甲醇、1-丙醇、异丁醇、异戊醇、活性戊醇、1-己醇和内消旋环己六醇等多元醇。

1. 乙醇

葡萄酒中的乙醇，主要由葡萄糖和果糖生成，在少数情况下，L-苹果酸被水解生成少量的乙醇。

乙醇的生成量与可发酵性糖含量、酵母的种类以及发酵温度等有关。葡萄发酵后的

— 177 —

乙醇含量为 8%～18%（体积分数）。采用糖含量少的葡萄作为酿造原料，制得的葡萄酒的乙醇含量较低。乙醇含量高的葡萄酒，是采用糖含量高的葡萄如干葡萄作为原料酿造得到的。乙醇含量低于 10% 的葡萄酒容易招致微生物污染，造成酒体败坏。

根据葡萄汁的糖度，按下列计算方式可以推算出乙醇的生成量：乙醇生成量（体积分数%）＝葡萄汁×0.55。由葡萄糖发酵生成乙醇的转化率为 51.1%，而按葡萄汁糖度推算的乙醇生成量，则以 55%（体积分数）计算。

乙醇对葡萄酒的风味起着重要的作用。如果乙醇含量低于 10%，酒体不仅味薄，且带苦味；如果乙醇浓度高于 14%，葡萄酒会有刺激的香味。曾对日本具有代表性的葡萄酒进行分析，测试结果表明：乙醇含量在 9%～14%（体积分数）。

2. 甲醇

甲醇并不是直接发酵的产物，它是由葡萄的果胶分解产生的。因此含果皮的葡萄汁经发酵后，其甲醇含量比较高，这就是红葡萄酒的甲醇含量超过白葡萄酒的原因。

甲醇被摄入人体后，经肝脏代谢转换成乙醇，如甲醇不能及时被转换，残存的甲醇对视神经有显著毒害作用，造成失明的后果。一般葡萄酒中的甲醇含量在 0.64g/L 左右，有的甚至低于 0.1g/L。

3. 高级醇

常见的高级醇有：丙醇、异丁醇、异戊醇和活性戊醇等。极少量高级醇的存在对葡萄酒口感有良好的作用，但数量一多就会败坏葡萄酒的风味。用氨基酸含量高的葡萄汁酿造，葡萄酒中高级醇的含量相应就多。另外，这些高级醇的生成量高或低，与酵母种类以及发酵时通氧也有很大关系。

4. 丙三醇

丙三醇具有甜味和油性，因此能赋予葡萄酒柔软适口的风味。葡萄酒中丙三醇的生成量，主要取决于酵母的种类，其次与发酵温度有关。一般，葡萄酒中丙三醇的含量在 7～8g/L。由于红葡萄酒的酿造温度比白葡萄酒高，因此其丙三醇的含量就比较高，甚至达到 20g/L 左右。葡萄酒的品种不同其丙三醇含量相差也比较大。

（二）醛类

葡萄酒中的醛类以乙醛和羟甲基糠醛为主。乙醛含量一般在 50～90mg/L，使酒体带有刺激性臭味。SO_2 可与乙醛形成复合物，从而使臭味消失。

乙醛不仅给酒体带来不良气味，而且还会引起酒液褐变，使酒液口味变得平淡。羟甲基糠醛是果糖在酸性溶液中受热脱水后生成的。葡萄酒中有羟甲基糠醛多的葡萄酒，其含量可超过 300mg/L。

（三）酯类

葡萄酒中的酯有很多种，其中含量最多的是醋酸乙酯和醋酸异戊酯，一般前者的量在 65～85mg/L，后者的量为 3.6mg/L 左右。酯的存在可以增加葡萄酒的香味，但葡萄酒中各种酯的实际含量远比各自的阈值要小。酯的总量对葡萄酒的香味起着良好作用，挥发性酯的挥发性与酒精浓度有关，酒精浓度高，酯的挥发性就差。

除挥发性酯外，葡萄酒中还有不挥发性酯，如酒石酸单香酰酯、酒石酸单阿魏酰酯、酒石酸单咖啡酰酯。酒石酸单香豆酰酯的含量在 18mg/L 左右，酒石酸单阿魏酰酯的含量为 6mg/L，而酒石酸单咖啡酰酯的含量甚至可超过 120mg/L。

（四）酸类

葡萄果汁中含有酒石酸、苹果酸和柠檬酸。在葡萄果汁发酵过程中生成的有机酸有：琥珀酸、乳酸、丙酸、醋酸、丙酮酸、草酸、乙醇酸、葡萄糖酸、半乳糖醛酸和半乳糖二酸等。其中挥发性酸都有特殊气味，使酒液风味变差。

不含酸的葡萄酒，不仅口味单调，而且酒液色泽深，易招致微生物污染。葡萄酒的 pH 由酒液中氢离子浓度所决定，酒体的酸度是通过碱液滴定酒液中酸被确定的。酒体的酸味是没有解离的酸和氢离子浓度的总体反映。葡萄酒的酸味会被糖、乙醇和各种阳离子所掩盖。一般，葡萄酒的 pH 在 3.1～3.7，酸度为 0.4％～0.9％。

葡萄酒中的有机酸，以酒石酸数量最多，占总酸的一半以上，它们有的以游离形式存在，有的以酒石酸盐形式出现，其中钾盐占 95％，钙盐仅为 5％左右。葡萄酒的 pH 与游离态酒石酸有很大关系。葡萄酒的 pH 较低时，葡萄酒在酿制和贮藏过程中不易受到有害微生物的污染。

（五）含氮化合物

葡萄果汁和葡萄酒中都存在着铵盐、氨基酸、蛋白质、维生素、硝酸盐和核酸类物质等含氮化合物。含氮化合物对酵母的生长繁殖很重要。在这些含氮化合物中，氨基氮的量占绝大多数，几乎是非氨基氮量的 80 倍。

葡萄酒中氨基酸的组成，随葡萄品种、栽培地区的生长环境以及酿酒用酵母种类的不同而有变化。但在各种氨基酸组分中，以脯氨酸的量最多，含量高的可占葡萄酒中总氨基酸量的 90％以上。葡萄酒中还存在着少量在酿酒过程中没有被水解掉的蛋白质，其量一般不超过 450mg/L，正是这些少量的蛋白质与酚类物质的结合，引起葡萄酒贮藏过程中产生混浊。

（六）酚类物质

酚类物质能赋予葡萄酒色泽、涩味和刺激性较强的香味。但由于酚类物质容易被氧化和还原，因此也是引起葡萄酒褐变的原因之一。葡萄酒中酚类物质含量为 4000～6000mg/L。

葡萄酒中的酚类物质大致可分为花色苷、类黄酮型酚类、非类黄酮型酚类 3 大类。其中，儿茶素与花色素原两类物质可聚合成缩合单宁。非类黄酮型酚类可酰化某些花色苷。

单宁由单一的含酚分子聚合而成。橡木中主要含水解单宁以没食子酸为代表；葡萄及葡萄酒中存在的是缩合单宁，主要是儿茶酸类和 3,4-黄烷二醇的缩合多聚体。单宁可以进一步与花色苷缩合。在葡萄酒的陈化过程中，由于单宁缩合状态的加强，会使葡萄酒的颜色和口感发生相应改变。

新酿制的葡萄酒需要成熟处理。在成熟过程中，除了有酒石酸钾沉淀析出外，还有酚类物质与灰分、蛋白质结合的沉淀产生。经成熟处理后，葡萄酒的涩味减少，酵母臭被消除，口味变得柔和，赋予酒液特殊的风味。

二、葡萄酒的感官鉴评

(一) 视觉

视觉的评定主要是澄清度和色泽这两个项目。

1. 澄清度

饮葡萄酒时，十分注重澄清度和色泽，因此葡萄酒在出厂前需过滤后再装瓶。瓶中葡萄酒发生混浊，主要有以下3个原因：①酒液污染了酵母，酵母在瓶中发酵引起葡萄酒混浊，并使酒液带有不愉快气味；②酒石析出；③色素沉淀。

2. 色泽

根据葡萄酒的种类不同，有琥珀略带红色的红葡萄酒；有黄色、金黄色、暗琥珀色的白葡萄酒。氧化作用的发生，会使葡萄酒发生褐变，不仅酒液色泽变差，而且酒液失去香味，还会出现乙醛臭味。

(二) 嗅觉

品评葡萄酒时，重要的是闻其香味。葡萄酒中的香味，主要由乙醇、高级醇和少量的多种化合物组成。葡萄发酵过程中产生的香味，在葡萄酒成熟过程中会慢慢消失，代之以特殊的酒香。

葡萄酒的不良气味有几种：①含 SO_2 和硫醇的酵母臭；②红葡萄酒在高温发酵时产生的糟粕臭；③使用发霉的原料葡萄和酒液接触生霉的容器，造成酒液带霉臭；④由于乳酸菌发酵，使葡萄酒带乳酸菌臭；⑤由于酒体污染细菌而产生出山梨酸，使酒液带有类似天竺葵的臭味；⑥由于醋酸菌发酵造成葡萄酒的不良气味。

(三) 味觉

1. 酸味

没有酸味的葡萄酒其口味很平淡，而且酒体易受细菌的污染。甜的葡萄酒不需要高酸度，甜酸味能赢得人们的好感。

2. 甜味

葡萄酒的甜味主要来自葡萄糖和果糖，其次是高级醇和丙三醇。糖的阈值是0.75%～1.5%，因此，1%糖度的葡萄酒其甜味被酸味覆盖掉，就感觉不出甜味来。葡萄酒中糖含量小于 4g/L 的干葡萄酒，其风味良好，而且没有因糖量高而影响食欲的缺点。

3. 苦涩味

葡萄酒中的涩味主要来自单宁等酚醛化合物。由于白葡萄酒中的单宁含量非常低，因此一般感觉不出苦涩味，而红葡萄酒中的单宁含量特别高，所以其苦涩味较明显。

(四) 触觉

触觉与葡萄酒的酒精浓度、糖含量、总水量和黏度等有关。低酒精含量的葡萄酒，其酒液淡而薄。

感官鉴评葡萄酒品质时，嗅觉占 $40\%\sim50\%$，味觉占 30%，视觉占 20%，触觉为 5%。因此，所谓葡萄酒的风味，主要是由嗅觉和味觉来进行评定的。

第二节　葡萄酒的酿制原理

葡萄酒的酿制是利用酵母菌将葡萄汁中可发酵性糖类经酒精发酵作用产生酒精，再在陈酿澄清过程中经酯化、氧化、沉淀等作用，制成酒液清晰、色泽鲜艳、醇和芳香的产品。

一、酒精发酵机制

葡萄酒的酒精发酵是指葡萄汁中所含的己糖，在酵母菌的一系列酶的作用下，通过复杂的化学变化，最终产生乙醇和 CO_2 的过程。

(一) 酒精发酵的基本过程

酵母菌的酒精发酵过程为厌氧发酵。其过程是相当复杂的化学现象，有许多的反应和中间产物，而且需要一系列的作用，这些酶绝大部分是由酵母菌提供的。其主要过程如下。

1) 葡萄糖磷酸化，生成活泼的 1,6 二磷酸果糖。

2) 1 分子 1,6 二磷酸果糖分解为 2 分子的磷酸丙酮。

3) 3-磷酸甘油醛转变成丙酮酸。

4) 丙酮酸脱羧生成乙醛，乙醛在乙醇脱氢酶的催化下，还原成乙醇。

总的反应式为：

$$C_6H_{12}O_6 \longrightarrow 2CH_3CH_2OH + 2CO_2$$

葡萄汁中的葡萄糖和果糖可直接被酵母菌利用，蔗糖、麦芽糖、淀粉等在发酵过程中，需通过酶的作用生成葡萄糖和果糖后才可参与酒精发酵。

(二) 酒精发酵的主要副产物

葡萄汁经酵母菌的酒精发酵作用后，不仅生成乙醇、CO_2，还有甘油、乙醛、琥珀酸、乙酸以及杂醇油等副产物的生成。

1. 甘油

又名丙三醇，主要由发酵时由磷酸二羧丙酮转化生成，少部分由酵母细胞所含的卵磷脂分解生成。甘油赋予葡萄酒以清甜的感觉，使葡萄酒口味圆润，在葡萄酒中甘油的含量为 $6\sim10mg/L$。

2. 乙醛

主要由发酵过程中丙酮酸脱羧而产生的，也可能是由乙醇氧化而产生。游离的乙醛存在会使葡萄酒具有不良的氧化味。用 SO_2 处理时，乙醛和 SO_2 结合可形成稳定的亚硫酸乙醛，可以消除氧化味，且此物质不影响葡萄酒的风味。葡萄酒中乙醛含量为 $0.02\sim$ $0.6mg/L$。

3. 乙酸

在发酵过程中由乙醛氧化而生成，乙醇也可氧化生成醋酸。乙酸为挥发酸，刺激性强，在葡萄酒中含量不宜过多。在正常发酵情况下，葡萄酒的乙酸含量只有 $0.2\sim$ $0.3g/L$。若受杂菌特别是醋酸菌的污染，酒中乙酸含量增多。在陈酿时，醋酸可以生成酯类物质，赋予葡萄酒以香味。

4. 琥珀酸

主要是由乙醛反应生成的。琥珀酸味苦咸，少量的琥珀酸能给葡萄酒爽口感。琥珀酸在葡萄酒中含量一般少于 $1.0g/L$。

5. 杂醇油

发酵过程中由氨基酸类生成。杂醇油为黄色或棕色液体，具有特殊的臭味，辣喉。在陈酿过程中可生成酯类物质，是陈酿香的来源。

此外，在发酵过程中还有异丙醇、正丙醇、异戊醇和丁醇等。这些醇的含量很低，但它们是构成葡萄酒香气的主要成分。

二、影响酒精发酵的主要因素

(一) 温度

葡萄酵母菌的生长繁殖及酒精发酵的最适温度为 $20\sim30℃$，在此温度范围内随温度每升高，发酵速度也提高，但发酵速度越快，停止发酵越早，产酒率越低，副产物越多，如果温度升高到 $35℃$ 时，酵母菌繁殖速度则迅速下降，酒精发酵有可能停止。反之，当发酵温度低时，发酵速度慢，但产酒率高，副产物少，酒质稳定、风味好。因此要获得较高酒度的优质葡萄酒，必须将发酵温度控制在较低的水平上。

一般，将 $35℃$ 的高温称为葡萄酒发酵的临界温度。此时酵母菌的活动受到很大影响，活力大大减弱，生产的酒酒味粗糙，且容易受到醋酸菌等杂菌的污染，挥发酸含量增加。因此，在生产中发酵温度不能超过 $35℃$。

(二) 酸度

酸的影响主要是 pH，在 pH 为 $4.2\sim4.5$ 时，一般微生物都能适应，而当 pH 控制在 $3.3\sim3.5$ 时，酵母菌能很好地繁殖和进行酒精发酵，而其他杂菌的生长活动受抑制。因此发酵前对葡萄汁进行酸度调整，有利于发酵的顺利进行，同时赋予葡萄清爽风味。当 pH 下降至 3.0 以下时，酵母菌的发酵会减弱。

(三) 氧气

酵母的生长繁殖需要氧气，而酒精发酵是在无氧条件下进行的。因此，在葡萄酒发酵初期，宜适当多供给些氧气，以增加酵母菌的数量。为以后的发酵打下基础。一般在破碎和压榨过程中所溶入的氧已经足够酵母菌生长繁殖之所需，只有在酵母菌生长停滞时，才通过倒桶、搅拌等措施适量补充氧气。但如果供氧气太多，会影响酒精发酵的进行，产酒率低。

（四）糖分

糖是酵母菌生长繁殖和酒精发酵的基质。糖浓度为 1%～2% 时酵母菌发酵速度最快，糖浓度增加到 14%～16% 时，繁殖发酵仍能正常旺盛进行，当糖分超过 25% 时则会抑制酵母菌活动。因此，生产含酒精度较高的葡萄酒时，可采用分次加糖的方法，保证发酵的正常进行。

（五）酒精和 CO_2

酒精和 CO_2 都是发酵产物，它们对酵母的生长和发酵均有抑制作用。酒精对酵母的抑制作用因菌株、细胞活力及温度而异，如当酒精含量达到 5% 时，尖端酵母就不能生长；葡萄酒酵菌则能耐受 13% 的酒精，甚至可以忍耐 16%～17% 的酒精浓度。选育耐高度酒精的葡萄酒酵母，在生产中有重要意义。

CO_2 压力对酵母菌的生长与杂菌也有一定的影响，当 CO_2 的压力达到 0.8MPa 时，酵母菌的生长繁殖停止；当 CO_2 的压力达到 1.4MPa 时，酒精发酵停止；CO_2 的压力达到 3.0MPa 时，酵母菌死亡。

（六） SO_2

葡萄酒酵母具有较强的抗 SO_2 的能力。生产上常采用亚硫酸（以 SO_2 计）来保护发酵。但 SO_2 会延迟发酵的进行，当原料果汁中游离 SO_2 含量为 10mg/L 时，对酵母没有明显作用，而对大多数有害微生物却有抑制作用。当 SO_2 为 20～30mg/L 时也只能延迟发酵进程 6～10h；SO_2 为 50mg/L 时，延迟发酵进程 18～24h；SO_2 为 100mg/L，延迟发酵进程 4 天。葡萄酒发酵时，SO_2 的使用量为 30～120mg/L。

三、葡萄酒陈酿过程中的化学变化

发酵结束后的新酒，酒精味浓，味酸、苦涩味重，含有 SO_2 及酵母的臭味，酒液混浊。葡萄酒经过陈酿，使不良物质减少或消除，酒味醇和芳香，酒体澄清透明。陈酿过程中主要有以下几种变化。

（一）酯化反应

陈酿过程中，新酒中所含有机酸和乙醇在一定温度下发生酯化反应生成酯和水。反应式如下：

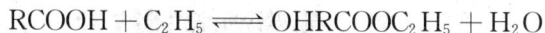

$$RCOOH + C_2H_5 \rightleftharpoons OHRCOOC_2H_5 + H_2O$$

其他的醇也能和有机酸发生酯化反应，生成的酯具有香味，是构成葡萄酒陈酿香的主要成分。

酯化反应与皂化反应是可逆反应，服从于质量作用定律。酯化反应主要受温度、酸的种类、pH 和微生物等因素的影响。酯化反应的速度较慢，反应速度与温度成正比例关系。适当的升温（即热处理），可以增加酯的含量，从而改善葡萄酒的风味；适量增加有机酸的含量，也可以增加酒中的含酯量，从而增进酒的风味；加入的酸以乳酸效果最好，柠檬酸及苹果酸次之，琥珀酸较差；pH 影响酯化的速度，有资料表明，pH 由 4 降到 3 时，酯的生成量能增加 1 倍；微生物细胞中的酯酶所催化的酯化反应的酯化率甚至可以超过化学反应的限度。

（二）氧化还原反应

葡萄酒陈酿过程中由于在压榨、添桶过程中溶入了游离态氧气，另外在发酵过程中乙醛的生产，都使新酒呈现"氧化味"，影响酒的品质。

在陈酿过程中，葡萄酒中的酚类物质、糖苷、微量乳酸发酵所产生的 1,3-二羟丙酮，还有原料果汁带入维生素 C 等具有还原性的物质，能减少或防止葡萄酒中有损品质的氧化反应，保持葡萄酒较强的还原力，不但有利于发酵的顺利进行，还能促进葡萄酒特有的芳香物质的形成。

加入适量的 SO_2 是保持葡萄酒还原性的有效措施。

（三）澄清作用

葡萄酒陈酿过程中，由于酒石的析出、单宁及色素物质的氧化沉淀、胶质物质的凝固、单宁和蛋白质结合产生的沉淀，以及酵母细胞的存在等作用会使酒液混浊。因此，需要通过澄清作用，使酒液呈现澄清状态。

葡萄酒中含有大量的酒石酸，形成的酒石酸盐会使葡萄酒变混而不稳定，利用低温可除去酒石酸盐，添加偏酒石酸可有效防止酒石酸盐引起的酒液混浊现象。陈酿过程中静置数日自然沉淀通过换桶或过滤可去除酵母细胞及碎屑。而蛋白质、树胶、果胶物质等通常是通过加白明胶等使其沉淀澄清。

葡萄酒经陈酿以后，酒质就会变得澄清透明，如果发酵过程中受到杂菌污染或其他因素如重金属离子等的影响，经陈酿后仍处于混浊状态，则需要对葡萄酒进行澄清处理。处理方法参考第三节的内容。

（四）缔合作用

陈酿过程中，酒精分子与水分子缔合，使酒味柔和；亚硫酸与醛类缔合成结合型，亚硫酸的臭味消失。另外，有机酸之间、有机酸、醇、水分子之间的缔合，都促进了酒质良好风味形成。

在自然条件下，上述作用是很缓慢的，陈酿时间愈长作用愈彻底，风味色泽愈好，白葡萄酒的陈酿时间为 1 年左右，红葡萄酒为 1~3 年。

第三节　葡萄酒酿制技术

葡萄酒的发酵有自然发酵与人工发酵之分。自然发酵是将制备调整的汁液盛于发酵容器中，不需人工接种酵母菌，而是利用葡萄皮上原有的酵母菌进行发酵。而人工发酵则是向果汁中添加纯种扩大培养的酒母进行发酵。后者能保证发酵的安全、迅速，且所产葡萄酒酒质优良。红葡萄酒与白葡萄酒的生产工艺流程如下。

```
                              原料
                               ↓
                              分进
                               ↓
            红葡萄酒          破碎          白葡萄酒
              ↓                              ↓
          去梗、破碎                        压榨
              ↓                              ↓
          成分调整                          澄清
              ↓                              ↓
          前发酵                          成分调整
              ↓                              ↓
          压榨  ───→  后发酵  ←───  发酵
                       ↓
                      陈酿
                       ↓
          调配  ───→  装瓶  ───→  杀菌  ───→  成品
```

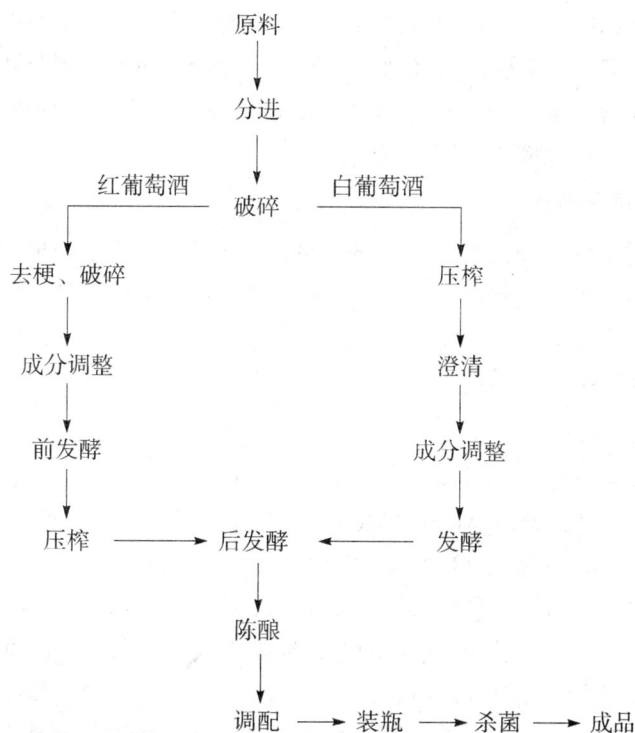

一、原料的选择

　　酿制葡萄酒的葡萄一般要求原料较高的糖量和酸度，香味浓郁，汁多易取，成熟度高。不同类型的葡萄酒对原料的要求不同。红葡萄酒酿制时要求原料的单宁含量、色素含量适当的高。一般多选用紫黑色、颗粒较小的品种，如赤霞珠、黑比诺、品丽珠、晚红蜜等；白葡萄酒酿制原料对色素和单宁含量要求不严格，紫黑色品种和绿色品种均可，多以绿色品种酿制，如雷司令、长相思、灰比诺、白雅、贵人香、龙眼等；有些葡萄品种如佳里酿既可生产优质的白葡萄酒，亦可生产优质的红葡萄酒。

　　酿制白葡萄酒的葡萄宜稍早采收，以充分成熟、果实含糖量接近最高时为宜，红葡萄酒的原料宜稍晚采收，糖分积累到最高时为好。葡萄采收宜在晴天，掌握先熟先采、不熟不采，好坏分开，区别酿制。采后应及时加工。

二、葡萄汁液的制备和调整

（一）汁液的制备

　　酿制红葡萄酒的原料必须先除去果梗。白葡萄酒的原料不宜去梗，破碎后立即压榨。葡萄破碎机都附有除梗装置，有先破碎后除梗，或先除梗后破碎两种形式。

　　破碎时要求每粒葡萄都要破碎，只要求破碎果肉，不能将籽粒和果梗破碎。在破碎过程中，葡萄及汁液不得与铁、铜等金属接触。一般使用硬木质、不锈钢或纯铝以及硅铝合金为宜。

酿制红葡萄酒是破碎去梗后连渣发酵，当主发酵完成后及时压榨取出新酒。酿制白葡萄酒是取净汁发酵，故破碎后宜及时压榨取汁。澄清是酿制白葡萄酒特有的工艺，以便取得澄清果汁发酵。葡萄破碎后经淋汁，取得自流汁，再经压榨取得压榨汁。自流汁、压榨汁分别存放，经澄清处理后进行发酵。

（二）葡萄汁成分调整

葡萄的酿酒适应性较好，但由于气候条件、栽培条件、栽培管理等因素，使压榨出的葡萄汁成分不一。遇到这种情况，就要对葡萄汁的成分进行调整，然后再发酵。其目的是：①使酿制的酒成分接近，便于管理；②防止发酵不正常；③酿制的酒质量较好。葡萄汁成分调整包括糖度、酸度等成分的调整。

1. 糖量的调整

糖是酒精生成的基础，1g葡萄糖将生成0.511g或0.64mL的酒精（20℃时酒精的相对密度为0.7943）。或者说，要产生1%酒精需要葡萄糖1.56g或蔗糖1.475g。但实际上发酵过程中除了主要生成酒精和CO_2外，还有少量的甘油、琥珀酸等产物的形成，并且酵母菌本身的生长繁殖也要消耗一定的糖分，以及酒精本身的挥发损失等。所以，实际生成1%酒精需1.7g/100mL左右的葡萄糖或1.6g/100mL左右的蔗糖。

一般，干型果酒的酒精在11%左右，甜型果酒在15%左右，若葡萄汁中含糖量低于应生成的酒精含量时，必须提高糖度，发酵后才能达到所需的酒精含量。增高葡萄汁中含糖量的方法，一种是补加精制蔗糖，使其生成足量浓度的酒精；另一种是发酵后补加同品种高浓度的蒸馏酒或经处理过的酒精。实践证明，优质葡萄酒酿制需采用第一种方法。

例如：利用潜在酒精含量为9.5%的5000L葡萄汁发酵，制成酒精含量为12%的干葡萄酒，则需要增加酒精含量为12%−9.5%＝2.5%。需添加蔗糖量为：2.5×16.0×5000＝200000g＝200kg。

若考虑白砂糖本身所占的体积，因为1kg砂糖溶于水中后体积增加0.625L，则所需加糖量按下式计算：

$$X = \frac{V(1.7M - N)}{100 - 1.7M \times 0.625}$$

式中：X——应加固体蔗糖量，kg；

1.7——1.7g糖能生成1°酒精；

N——果汁的原含糖量，g/100mL；

V——果汁总体积，L；

M——发酵要求达到的酒精度；

0.625——每千克蔗糖溶解于水后，增加0.625L体积。

加糖时先用少量果汁将糖溶解，再加入大批果汁中去。同时应结合酸分含量情况，酸度高者则制成糖浆加入调整酸度。反之宜加干糖。

调整糖量还应结合酵母菌对糖浓度的适应性。酵母菌在含糖20g/100mL以下糖液中，繁殖、发酵都较旺盛。再增高糖浓度，繁殖发酵就会延迟。因此，生产上酿制高酒精度的葡萄酒常用分次加糖法。

2. 酸度调整

调整酸度有利于酒精发酵的顺利进行，有利于陈酿期酒的稳定性及成品酒的口感，葡萄酒发酵时其酸度在 $0.8 \sim 1.2g/100mL$ 最适宜。若酸度低于 $0.5g/100mL$，则需要加入适量柠檬酸或酸度较高的果汁进行调整。

若酸度偏高，可采用化学降酸法，常用的有碳酸钙、碳酸氢钾或酒石酸等，其中任意一种都可中和过量的有机酸，降低酸度；或者可以采用冷冻促进酒石酸盐沉淀来降酸；还可用生物法即苹果酸-乳酸发酵、裂殖酵母将苹果酸分解成酒精和 CO_2 降低酸度。

另外，有些品种的葡萄其单宁物质含量偏低，可适量加单宁或者用单宁含量较高的葡萄进行调整，以满足葡萄酒酿制对单宁的需要。

3. SO_2 处理

SO_2 是一种杀菌剂，可抑制各种微生物的活动，保证发酵的顺利进行。添加适量的 SO_2，抑制了微生物的活动，可推迟发酵进程，有利于葡萄中悬浮物质的沉降，使葡萄汁很快澄清。SO_2 能防止酒的氧化，特别是阻碍和破坏葡萄中的多酚氧化酶，减少了单宁、色素的氧化，防止葡萄汁过早褐变。由于 SO_2 的应用，生成的亚硫酸有利于果皮中色素、酒石、无机盐等成分的溶解，增加了浸出物的含量和酒的色度。一方面，SO_2 阻止了分解苹果酸与酒石酸的细菌活动；另一方面，亚硫酸氧化成硫酸，与苹果酸及酒石酸的钾、钙等盐类作用，使酸游离，增加了不挥发酸的含量。

SO_2 加入葡萄汁（酒）中后，以游离形式存在，与葡萄汁（酒）中的乙醛、糖、色素等化合物形成结合态 SO_2。结合态 SO_2 在很大程度上已失去了防腐性。只有呈溶解态 SO_2 才具有挥发性或刺激性，具有杀菌作用，称为活性二氧化硫。活性 SO_2 的比例取决于酒中的 pH。pH 愈小，活性 SO_2 愈多。SO_2 处理一般是在发酵之前进行。

SO_2 的添加量与葡萄品种、葡萄汁成分、温度、存在的微生物和它的活力、酿酒工艺等有关。添加时必须注意 SO_2 的用量，若使用不当，可使葡萄酒产生怪味并且对人体产生毒害，还由于会控制微生物活动而推迟葡萄酒成熟。葡萄破碎和发酵时 SO_2 的添加量见表 11-1。

表 11-1　葡萄破碎和发酵时 SO_2 的添加量（$\mu g/g$）

葡萄状况	红葡萄酒	白葡萄酒
清洁、无病、酸度偏高	$40 \sim 80$	$80 \sim 120$
清洁、无病、酸度适中（$0.6\% \sim 0.8\%$）	$50 \sim 100$	$100 \sim 150$
果子破裂、有霉变	$120 \sim 180$	$180 \sim 220$

SO_2 的添加应在发酵触发前一次性加入。破碎时用滴加法。这样一开始就起到杀菌作用。若使用亚硫酸试剂，可以计算后直接加入，操作方便且计量准确，而采用其他的

亚硫酸盐则需计算其有效 SO_2 含量后，将固体试剂溶于水后加入。

三、发酵

葡萄酒的发酵有自然发酵与人工发酵之分。自然发酵是将制备调整的汁液盛于发酵容器中，供其自然发酵，由于葡萄皮上存在有酵母，管理得当能获得良好结果。人工发酵是加入纯种扩大培养的酒母，能保证发酵安全、迅速，酒的质量好。目前，各大葡萄酒厂普遍采用人工发酵。

葡萄酒的发酵过程分为前发酵和后发酵，不同类型的葡萄酒发酵方式不同。

（一）发酵盛器

发酵盛器即葡萄酒发酵及贮存的所在场所。要求不渗漏，能密闭以及不与酒液起化学反应等。使用之前必须同盛器的所在场所一样进行严格的清理和消毒处理。可采用 SO_2 气体或甲醛熏蒸处理。

发酵容器过去常用水泥池、木质桶等。水泥池造价低，坚固耐用，大小不受限制，能密闭，使用方便。但占地面积大，不易搬迁，池表面易腐蚀，施工不当会出现渗漏，维修费用较高，空池不宜保管，不宜贮放高档葡萄酒。而橡木（柞木）、栎木、山毛榉木或栗木等制成的木桶系多孔物质，可发生气体交换和蒸发现象，酒在桶中轻度氧化的环境中成熟，赋予柔细醇厚滋味，尤其新酒成熟快，酒质好，是酿造高档红葡萄酒和某些特产名酒的传统、典型容器。但该类容器造价较高，维修费用大，对贮酒室要求建在地下，贮存管理较麻烦。

近年来，发酵罐常用不锈钢和碳钢板制成的内层涂料的圆锥体发酵罐。占地面积小，可不建厂房，坚固耐用，易搬迁，维修费用低，密封条件好，易清洗、保管，露天贮酒能起到人工老熟的作用。但造价高，罐内设置升降装置，罐顶端设有进料口和排气阀等，底端有出料口和排渣阀，单列或数个串联，适于大型酒厂。葡萄酒发酵容器如图 11-1 所示。

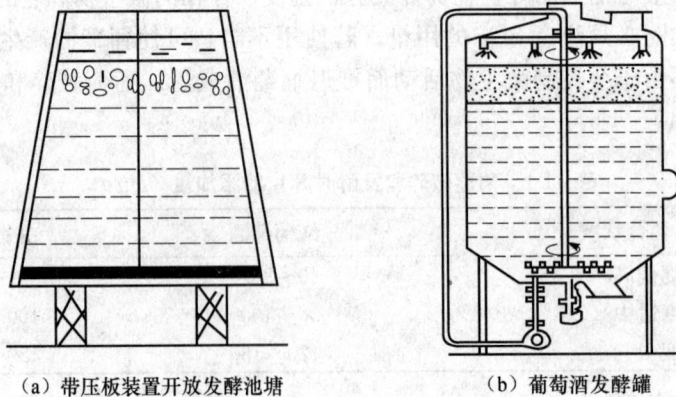

（a）带压板装置开放发酵池塘　　（b）葡萄酒发酵罐

图 11-1　葡萄酒发酵容器

（二）酒母的制备

葡萄酒是由酵母菌发酵制成的，酵母菌的好坏对酒的品质影响很大。同一原料用不同酵母进行发酵，酿成的酒品质是不一样的。用来向果汁中接种的酵母菌制剂称为"酒母"。葡萄酒生产中，制备"酒母"的方法有 3 种。

1. 天然酒母的培养

在无法获得纯种酵母时，可以利用天然的酵母菌进行繁殖，制成酒母。这种方法适用于小型规模的葡萄酒厂家。具体方法是：选择成熟、新鲜、无病虫害、品质优良的葡萄，破碎后加入 0.01%SO$_2$ 或 0.02%偏重亚硫酸钾，混合均匀后放在温暖处任其自然发酵。其间，经常给予搅拌并将皮渣压入汁液中。当糖的浓度仅有 3%～4%时，加入糖分并恢复到初始浓度，同时加入 0.1%～0.5%的磷酸铵，以补足酵母的营养供给。继续培养至酒精在 8%～10%时，真正的葡萄酒酵母菌占据了优势地位，即可投入生产使用。

培养成熟的酒母其酵母菌数达（0.8～1.2）×10^7 个/mL，且健壮正常，出芽率为 20%～25%，死亡率为 1%～2%。没有杂菌，培养成熟的酒母须及时使用，以免酵菌衰老，及增加出芽和死亡率。

2. 纯种酵母的扩大培养

从菌种保管处得到酵母菌，其菌株大多是琼脂斜面培养基培养的，需经数次扩大培养，每次扩大倍数为 10～20 倍，其扩培方式各厂不完全一样，下面为例之一。

试管斜面培养 $\xrightarrow{活化}$ 麦芽汁斜面试管培养 $\xrightarrow{10倍}$ 液体试管培养 $\xrightarrow{12.5倍}$ 三角瓶培养 $\xrightarrow{12倍}$ 玻璃瓶（或卡氏罐）$\xrightarrow{14\sim25倍}$ 酒母罐培养 $\longrightarrow$ 酒母

（1）液体试管培养。在葡萄开始压榨前 7～10 天，采摘完全成熟、无霉变的葡萄，经破碎和压榨过滤得到新鲜葡萄汁，将其分装于已经干热灭菌的带棉塞的数支试管或 2～3 个 200mL 三角瓶中，试管装量为 10～20mL，三角瓶装量为 50mL。塞过棉塞后在 59～98kPa 压力下杀菌 30min（或常压 100℃间歇杀菌 3 次），冷却至 28～30℃，在无菌操作下接入纯种酵母菌 1～2 针，摇动果汁，使菌体分散。在 25～28℃恒温下培养 24～48h，当发酵旺盛时可进行下级扩大培养。

（2）三角瓶培养。用清洁、干热杀菌的 1000mL 三角瓶或烧瓶，盛入新葡萄汁 500～600mL，加上棉塞，如前法杀菌。冷却后接入培养旺盛的试管酵母液 2～3 支或三角瓶酵母液 1 瓶。在 25～28℃恒温下培养 24h，当发酵进入旺盛期即视为二级菌种，可进行三级增大培养。

（3）玻璃瓶（卡氏罐）培养。用清洁、消毒的卡氏罐或 10L 大玻璃瓶，盛入瓶容量的 70%的新鲜葡萄汁，如前法杀菌比较困难，可采用 SO$_2$ 或偏重亚硫酸钾杀菌，SO$_2$ 的用量为 150mg/L。SO$_2$ 杀菌后需放置 24h 后才可以使用。接种在无菌室进行。先用 70%酒精消毒瓶口，然后接入二级菌种，接种量为培养液的 2%～5%，在 25～28℃恒温下培养 24～28h，当酵母发酵旺盛，可进行再扩大培养。

（4）酒母桶培养。酒母桶一般用不锈钢或木材制成，将葡萄汁自入口出灌入杀菌桶，当葡萄汁量达桶容量的 80% 时，利用蒸汽对其杀菌，杀菌温度为 85℃，保持几分钟后通入冷水使果汁冷却至 30℃，将果汁放入消毒的培养桶，培养桶可用蒸汽杀菌 15～30min，也可以用 SO_2（80～100mg/L）熏蒸，4h 后即可装入果汁，接入发酵旺盛的玻璃瓶培养的酵母，接种量为 5%～10%。在桶上安装发酵栓，定时打开通气口，送入过滤净化的空气，在 25℃ 下培养 2 天左右至发酵旺盛时即可取出 2/3～3/4 作酒母使用。余下部分可继续添加灭菌澄清葡萄汁进行酒母培养。只要培养的酒母健壮，无杂菌感染则可连续培养。若有杂菌感染或酵母菌衰弱则需将培养罐（桶）彻底灭菌，重新接种培养。

（5）酒母使用。培养好的酒母一般应在葡萄醪加 SO_2 后，经 4～8h 再加入，以减少游离 SO_2 对酵母的影响。酒母用量为 1%～10%，视情况而定。

3. 葡萄酒活性干酵母的应用

采用低温真空干燥技术制成的活性干酵母解决了葡萄酒厂扩大培养酵母的麻烦和鲜酵母易变质不好保存等问题，为葡萄酒厂提供了方便。具体用法如下。

（1）复水活化。活性干酵母必须先使它们复水，恢复活力，然后才可直接投入发酵使用。即往温水（35～42℃）中加入 10%，小心混匀，静置。每隔 10min 轻轻搅拌一下，经过 20～30min（在此活化温度下最多不超过 30min）酵母已复水活化，可直接添加到经 SO_2 处理后的葡萄汁中去进行发酵。

（2）活化后扩大培养制成酒母。为提高使用效果，减少商品活性干酵母的用量，也可在复水活化后再进行扩大培养，制成酒母使用。做法是将复水活化的酵母投入澄清的含 80～100mg/L SO_2 的葡萄汁中培养，扩大比为 5～10 倍，当培养到酵母的对数生长期后，再次扩大 5～10 倍培养。但为防污染，每次活化后扩大培养以不超过 3 级为宜，培养条件与其他葡萄酒母相同。

（三）红葡萄酒的前发酵

红葡萄酒发酵分为前发酵与后发酵，前发酵的主要目的是进行酒精发酵、浸提色素物质和芳香物质。前发酵进行的好坏是决定葡萄酒质量的关键。其发酵方式按发酵中是否隔氧可分为开放式发酵和密闭发酵。

1. 开放式发酵

为了保证发酵的顺利进行，开口式发酵桶（池）的葡萄果浆装入量为其体积的 4/5，约留 1/5 的空间，防止发酵时皮渣冲出桶外。装桶最好在一天内完成。酒母的加入量为果浆量的 3%～10%。酒母可与果浆同时送入发酵容器，亦可先加酒母后送果浆。然后控制适宜的发酵温度进行发酵。

酵母菌接入果浆后，发酵前期主要以酵母菌的繁殖为主。发酵器中果浆的表面最初是平静的，随后有微弱的 CO_2 气泡产生，表明酵母已开始繁殖，CO_2 的释放逐渐加强则表明酵母已大量繁殖。发酵初期要将发酵温度控制在 25～30℃ 下，经 20～24h，酵母开始旺盛繁殖。若温度偏低则会延迟到 48～72h，甚至到 96h 才开始旺盛繁殖。但发酵温度不能低于 15℃。控制品温的最好方法是保持一定的室温。为了促进繁殖，要保证空气的供给。通常可通入过滤净化的空气，还可将发酵果汁在发酵桶内形成雾状喷淋，以增强与空气的接触。

酵母旺盛繁殖后即前发酵开始，前发酵（也称主发酵）是主要的酒精发酵阶段。果汁的甜味渐减，酒味增加，品温也逐渐升高，有大量的 CO_2 放出，皮渣上浮结成一层，称之为"酒帽"。发酵达到高潮时空气味刺鼻熏眼，品温升到最高，活性酵母细胞数保持一定水平。随后发酵势逐渐减弱，CO_2 放出逐渐减少并接近平静，品温逐渐下降到近室温，糖分减少到 1% 以下，酒精积累接近最高，汁液开始清晰，皮渣酒母部分开始下沉，酵母细胞逐渐死亡，活细胞减少，前发酵或主发酵结束。

发酵期的长短因温度而异，一般 25℃需 5～7 天，20℃需 14 天。

前发酵的管理主要是：

(1) 温度控制。一般来讲，发酵温度越高，葡萄酒的色素物质含量高，色度值高且发酵速度快，但产酒率低，且易受杂菌特别醋酸菌的污染，挥发酸含量高。因此，从葡萄酒质量考虑，发酵温度控制低一些好。一般控制在 25～30℃。

发酵过程中由于发酵热的产生，发酵液温度升高，常用的降温方法有循环倒池法、发酵池内安装蛇形冷却管、外循环冷却法等。

(2) 皮渣的浸渍。前发酵过程中皮渣很厚并且往往浮在葡萄汁上，与空气直接接触，易感染有害杂菌，败坏葡萄酒的质量。为保证酒的品质，并充分浸渍皮渣上的色素、单宁及芳香成分，需将皮渣压入葡萄醪中。常用的方法是将发酵液从桶底放出，用泵将其喷淋在皮渣上，每天 1～2 次，也可用压板将皮渣压在液面下 30cm 左右。

(3) 通风。主发酵的前期以酵母菌繁殖为主，酵母繁殖需要氧气，在生产上可以通过搅拌、葡萄汁的循环、通入过滤空气等方法保证空气的供给，促进酵母菌生长繁殖。

2. 密闭式发酵

调整的葡萄汁液及发酵旺盛的酒母送入密闭发酵桶至八成满。安装发酵栓，发酵产生的 CO_2 将通过发酵栓逸出。发酵过程中产生的 CO_2 体积存在发酵液面上部的空间，可防止氧化作用生成挥发酸。

密闭式发酵的进程及管理与开放式发酵相同。其优点是酒精浓度较高，能保持原果实特有的芳香，游离酒石酸较多，挥发酸分较少；其缺点是发酵过程中所产生的热量不易散失，需配备控温设备。

我国传统的红葡萄酒生产者大都属于开放式发酵，近来红葡萄酒的生产多采用新的密闭式发酵。

（四）出桶压榨

当残糖量降至 1% 以下，发酵液面只有少量 CO_2 气泡，"酒帽"已经下沉，液面平静，发酵温度接近室温，并且有明显的酒香味，表明主发酵结束，此时应及时出桶，以免渣滓中的不良物质过多的溶出，影响酒的风味。开始不加压流出的酒称自流酒，可与原酒互相混合。加压后流出的酒称为压榨酒，品质较差，应分别盛装。出渣时，若发现浮渣败坏、生霉或变酸，则需将浮渣取弃掉。排渣后将酒液放出，该酒液称之为原酒，将其装入转酒池，再泵入消过毒的贮酒桶，桶内需留 5%～10% 的空间，安装发酵栓后进行后发酵。良好的浮渣取出后可用压榨机压出酒液。压榨后的残渣可供蒸馏酒或果醋的制作。

（五）后发酵

由于出桶时供给了空气，酒液中休眠的酵母菌复苏，使发酵作用再度进行，直至将酒液中残留的糖分发酵完毕。该发酵过程称为后发酵。后发酵比较微弱，宜在 20℃ 左右进行。经 2～3 周，已无 CO_2 释出，糖分降低到 0.1% 左右，此时将发酵栓取下，用同类酒类添满后用塞子封严，待酵母菌和杂质完全下沉后及时换桶，分离沉淀，以免沉淀物与酒接触时间太长而影响酒质。

后酵期的管理：①补加 SO_2：前发酵结束后，压榨得到的原酒需补加 SO_2，添加量为 30～50mg/L；②温度控制：后发酵时品温一般控制在 18～25℃，过高则不利于新酒的澄清，给杂菌繁殖创造条件；③隔绝空气：后发酵的原酒应避免与空气接触，工艺上常称为隔氧发酵。

除此之外，搞好卫生是后发酵的重要内容。

（六）白葡萄酒发酵

白葡萄酒的发酵进程和管理上与红葡萄酒基本相同，不同之处是取净汁在密闭发酵桶（池）内进行发酵。经澄清后的葡萄汁，一般缺乏单宁，需在发酵前按 4～5g/100L 的比例加入单宁，以提高酒的品质。

白葡萄酒的发酵多采用人工培育的优良酵母（或固体活性干酵母）进行低温发酵。一般为 16～22℃，不发酵期 15 天左右，在此温度下酿制的酒色泽浅，香味浓。在发酵高潮时可不加发酵栓，让 CO_2 顺利排出。主发酵结束后，以同类酒类添至桶容量的95%，安装发酵栓进行后发酵。经 4～5 周后发酵结束时，再用同类酒杯添满，用塞子密封，隔绝空气。待其沉淀完成后，在当年气温最低的 12 月或 1 月进行换桶，进入陈酿。

白葡萄酒中含有多种酚类物质，在与空气接触时很容易氧化，生成棕色聚合物，使白葡萄酒的颜色变深，产生氧化味。因此在白葡萄酒生产过程中如何控制氧化是十分重要的。防氧化措施主要有：①选择最佳葡萄成熟期进行采收，防止过熟霉变；②葡萄原料先进行低温处理，再快速压榨分离果汁；③低温发酵；④正确使用 SO_2；⑤添加抗氧化剂；⑥避免与铁、铜等金属器具接触。

四、陈酿

新鲜葡萄汁经发酵而制得的葡萄酒叫原酒。原酒口味粗糙，极不稳定，不具备商品价值，必须经过一个时期的陈酿和适当的工艺处理，使酒质醇厚完整，并提高酒的稳定性，达到商品葡萄酒应有的品质。

陈酿一般需在低温下进行，用于陈酿的容器必须密封，不与贮酒起化学反应，无异味。陈酿温度 8～18℃为佳，干酒 10～15℃，白葡萄酒为 8～11℃，红葡萄酒为 12～15℃，贮酒室环境相对湿度为 85％～90％，室内有通风设施，保持室内空气新鲜，清洁卫生。

陈酿期间主要的管理措施如下。

1. 换桶

换桶的目的：①分离酒液和沉淀（酒泥或酒脚），使酒质混合匀一；②借助换桶，使过量的挥发物质蒸发逸出（尤指 CO_2）；③溶解适量的新鲜空气（使每升酒溶解 2～3mL）。促进了酵母最终发酵作用完成，对葡萄酒的成熟和稳定起着重要作用。

换桶时间和次数因酒质不同而定。酒质较差的宜提早换桶并增加换桶次数。一般在当年 12 月换桶一次，翌年 2～3 月第 2 次换桶，8 月换第 3 次桶，以后根据情况每年换一次或二年换一次桶。第 2 次换桶及以后的换桶应采用密闭式操作，换桶时间应选择低温无风的时候。干白葡萄酒换桶必须与空气隔绝，以防止氧化，保持酒的原果香。

在一般酒厂，换桶往往采用虹吸法，也可用泵进行换桶。倒酒的空池或空桶都事先用二氧化硫熏过。

2. 满桶

也称添桶。满桶的目的就是使贮酒桶内的葡萄酒装满，防止酒液出现氧化和好气性杂菌生长发生败坏现象。添桶是一项相当简单的操作规程，但需要极端小心和保证清洁卫生。

添桶最好用同年龄、同品种、同质量的原酒，然后用高度原白兰地或精制酒精轻轻添在液面上，以防液面杂菌感染。添桶时可在贮酒器上都安装玻璃满器，以缓冲由于温度等因素的变化引起的酒液体积的变化，保证满装和利于观察。

添桶一般在春、秋季或冬季进行。从第 1 次换桶时起，第 1 个月应该每星期添桶一次，以后在整个冬季，每两周添桶 1 次。夏季因气温升高，葡萄酒受热易膨胀溢出，要及时检查并从桶内抽出，以防溢酒。

3. 下胶处理

正常的葡萄酒外观澄清透明，一般情况下原酒经陈酿之后都可以达到澄清透明的质量要求，但葡萄酒在外界条件作用下，会发生一系列的变化，影响到它的透明度。这时需采用下胶处理，加速澄清。

下胶净化即在葡萄酒内添加一种有机或无机的不溶性成分，使它在胶体内产生沉淀物。沉淀物在沉降过程中，吸附葡萄酒中大部分浮游物（包括有害微生物），沉降到容器底部。常见的下胶材料有明胶、鱼胶（一般 1L 酒约用 0.02g 胶）、蛋清（一般 100L 红葡萄酒中加入 2～4 个蛋清）、干酪素、皂土等。皂土常与明胶一起用（明胶用量为皂土 10％）可提高澄清效果。

值得注意的是：下胶处理是以加到葡萄酒中的澄清剂和酒中胶体物质相互作用为基

础，在下胶前必须通过小样试验确定下胶材料用量，否则影响澄清效果，下胶过量时甚至会出现新的混浊现象。

葡萄酒的澄清除用下胶处理外，目前大规模澄清处理已采用离心设备，离心机可使杂质及微生物细胞在几分钟内沉降下来，大大提高了生产的效率。

4. 冷热处理

葡萄酒的陈酿，在自然条件下需很长时间，一般在 2～3 年。为了缩短酒龄，提高酒的稳定性及设备利用率，通过对陈酿机理的认识，研究采用了人工加热及冷却葡萄酒，以加速陈酿过程。

(1) 冷处理。葡萄酒冷处理后可以发生一些变化：①酒中的过饱和酒石酸盐与不安全的色素析出并沉淀；②低温使酒中的氧溶解量增加，加速单宁等物质氧化；③低温条件下酒中的蛋白质、死酵母、果胶等有机物质沉淀析出。

冷处理的温度须高于葡萄酒的冰点温度 0.5～1℃，这样才能达到最佳的效果。葡萄酒的冰点与酒度和浸出物有关，根据生产经验，一般酒度 13°以下的酒，其冰点约为酒精度的一半。例如，葡萄酒酒度在 12°，其冰点为 -6℃，则冷冻温度为 -5℃。

冷处理时不得使酒液结冰，否则会发生变味。冷处理时应迅速降温，达到所需温度后，要在低温下保持一定时间，以便沉淀完全。处理时间一般为 5～6 天，必要时可延长到 10～15 天。

冷处理时，可以在葡萄酒中溶入一定的 CO_2，可防氧化，尤其是白葡萄酒。

(2) 热处理。热处理可加速酒的酯化及氧化反应，增进葡萄酒的品质。还可以使蛋白质凝固，防止酒石酸氢钾沉淀，提高酒的稳定性，并兼有灭菌作用，增强酒的保藏性。处理方法是：在一个密闭的容器内，将酒间接加热到 67℃、15min 或 70℃、10min 热处理。也有人认为以 50～52℃下处理 25 天效果最好；热处理可在通气条件下进行，也可在隔绝空气的条件下进行，处理温度需稳定且不可过高，以免产生煮熟味，严重时会出现氧化味。

(3) 冷热交换处理。冷热交换处理可兼顾两种处理的优点，并克服单独使用的弊端。处理时既可先热后冷。也可先冷后热。

冷热处理是加速葡萄酒成熟的方法之一。在生产上也可采用臭氧、H_2O_2、电离辐射等处理也能取得较满意的效果。

五、成品酒的调配

不同品种的葡萄酒都有各自的质量指标。为了使酒质均一，保持固有的特色，提高酒质或修正缺点，常在酒已成熟而未出厂时取样品评及进行化学分析，确定是否需要调配及调配方案。

原酒的酒度若低于指标，最好用同品种高酒度的酒进行勾兑调配。亦可用同品种的蒸馏酒或精制酒调配。生产甜型葡萄酒时，最好用同品种的浓缩果汁调配，亦可用精制的砂糖调配。酸分不足时以柠檬酸补充，1g 柠檬酸相当于 0.935g 酒石酸。酸分过高时可用中性酒石酸钾降酸。红葡萄酒的色调太浅时，可用色泽较浓的葡萄酒进行调配。有时亦用葡萄酒色素给予调配，但以天然色素为好。

当酒的香味不足时用同类天然香精调配。调配后的酒有较明显的酒精味，也易产生沉淀，需要再陈酿一段时间或冷热处理后才能进入下一工序。

六、包装杀菌

在进行包装之前葡萄酒需进行一次精滤，并测定其装瓶成熟度，具体方法是：取一清洁消毒的空瓶盛酒，用棉塞塞口，在常温下对光放置 1 周，保持清晰不混浊，或 60℃、30min 消毒后观察清晰不混浊即可装瓶。

装瓶前杀菌是将酒通过快速杀菌器（90℃、1min），杀菌后立即装瓶密封（瓶子需先清洁灭菌）。装瓶后杀菌是将葡萄酒冷装入瓶至适当满。密封后在 85～90℃下杀菌 10～15min。装瓶杀菌后还需对光检验，合格后贴标签、装箱即为成品。

第四节　葡萄酒常见问题及控制

一般情况下，葡萄酒是不易发生病害的，但在生产过程中由于原料不符合要求、设备消毒不严格以及操作管理不当等均可使葡萄酒发生病害。根据引起病害原因，可将葡萄酒病害分为两大方面，即非生物病害和生物病害。

一、葡萄酒的非生物病害

（一）金属离子的危害

葡萄酒中过量的金属元素主要来自两个方面的原因，一是土壤、肥料、农药等栽培因素，导致葡萄含有一定量的金属元素，在葡萄酒酿造过程中随汁液进入酒中；二是由于葡萄酒在生产过程中设备及容器所含金属溶解到酒中，其中以铁和铜危害最大，使酒产生不良的风味甚至明显的金属味。

当葡萄酒中铁离子含量大于 15mg/L 时，在有氧情况下，二价铁离子逐渐氧化成三价铁离子。三价铁离子与葡萄酒中多酚类物质特别是单宁结合，生成黑色或蓝色的不溶性化合物，使葡萄酒产生黑蓝色的浑浊与沉淀。三价铁离子又能与酒中磷酸铁产生白色沉淀，称为白色破败病。铜离子能催化加速葡萄酒中儿茶素、绿原酸、单宁多酚类物质的氧化，使葡萄酒变得暗褐。

铁破败的产生取决于铁的含量、酒中酸的性质及含量、pH、氧化还原电位、磷酸盐的含量以及单宁的种类及其含量。红葡萄酒中含有较多的单宁，故黑色沉淀出现在红葡萄酒中，白色破败病常表现在白葡萄酒中。

防止措施：①选择适当的原料，尽量用铁、铜等金属离子含量低的葡萄做酿造原料；②注意发酵用的容器及涂料的质量；③防止磷酸盐污染葡萄酒；④合理使用农药。

（二）非正常氧化酶引起的变色

葡萄中含有多酚氧化酶系，在葡萄酒酿制过程中该酶系能催化葡萄汁液中多酚类物质的氧化变色，这是葡萄酒酿制过程中正常的变色反应。但是，有时因葡萄霉烂等原因，导致霉菌分泌的氧化酶不正常的催化反应，特别是单宁色素的氧化，常使酒出现暗棕色混浊沉淀，这种现象称为棕色破败病。

防止措施：做好葡萄原料的分选；添加一定量的 SO_2；加热破坏氧化酶。

二、葡萄酒的生物病害

（一）生膜（又名生花）

葡萄酒暴露在空气中，先在表面生长一层灰白色或暗黄色、光滑而又薄的膜，随后逐渐增厚、变硬，膜面起皱纹，将酒面全部盖满。振动后膜即破碎成小块（颗粒）下沉，并充满酒中，使酒混浊，产生不愉快的气味。

生膜是由酒花菌类繁殖形成的。它们的种类很多，主要是醭酵母菌（图 11-2）。该菌在氧气充足、酒度低、24～26℃时繁殖速度最快。当温度低于 4℃或高于 34℃时停止繁殖。

防治方法：①贮酒盛器需经常添满，密闭贮存；②在酒面上加一层液体石蜡隔绝空气，或经常充满一层 CO_2 或 SO_2 气体；③在酒面上加一层高浓度酒精；④要保持贮酒室的清洁卫生。若已生膜，则需用漏斗插入酒中，加入同类的酒充满盛器，使酒花溢出以除之。注意不可将酒花冲散。严重时则用过滤法除去酒花，必要时杀菌处理后再行保存。

（二）变酸

葡萄酒变酸主要是由于醋酸菌发酵引起的。发酵或陈酿的过程中若受到醋酸菌的污染，醋酸菌将酒精氧化成醋酸，使酒产生刺舌感。酒中含量未超过 0.1%，尚无大碍，若醋酸含量超过 0.2%，就会感觉有明显的刺舌感，不宜饮用。

引起醋酸发酵的醋酸菌种类很多，常见的是醋酸杆菌（图 11-3）。该菌为需氧菌，最适生长温度为 33～35℃，酒精度 12% 以下，所需固形物浓度及酸度较低。

醋酸菌污染葡萄酒时，先在酒面上生出一层淡灰色薄膜，最初是透明，以后逐渐变暗，有时变成一种玫瑰色薄膜，出现皱纹，并沿器壁生长而高出酒的液面。以后薄膜部分下沉，形成一种黏性的稠密的物质，称之为"醋母"。但有时醋酸菌的繁殖并不生膜。

醋酸菌是酿酒工业的大敌，防治方法与生膜相同。对已感染上醋酸菌的葡萄酒，轻微加热灭菌后再行保存，污染严重的彻底灭菌倒掉。凡已存过病酒的容器要用碱水洗泡，刷洗干净后用硫黄杀菌后备用。

另外由于乳酸菌繁殖也会引起变酸，乳酸菌将糖转化为乳酸，微量的乳酸能增进酒味，使其柔和协调，过量则风味不良。乳酸菌在有氧和缺氧下都能繁殖，但在 pH 低于 3.5 时生长受阻碍。生产上经 SO_2 处理后可以预防乳酸菌的污染，若污染严重的，可杀菌后用活性炭处理，以除去异味。

（三）异味

1. 霉味

用生过霉的盛器、清洗除霉不严、霉烂的原料未能除尽等都会使酒产生霉味，可用活性炭处理过滤而减轻。

2. 苦味

多由种子或果梗中的糖苷引起，可通过加糖苷酶加以分解，或提高酸度使其结晶过滤除去。有些病菌（如苦味杆菌，图 11-4）的侵染也可以产生苦味，主要发生在红葡萄酒的酿制中，白葡萄酒发生较少。防止办法可用下胶处理，或用新鲜的酒脚按病酒量 3％～5％加入病酒中搅拌均匀，沉淀后分离，可除去异味。也可将病酒与新鲜葡萄皮渣浸渍 1～2 天，也能获得较好的效果。得了苦味的病酒在换桶时，一定注意不要与空气接触，否则会加重葡萄酒的苦味。

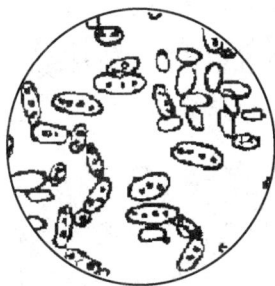

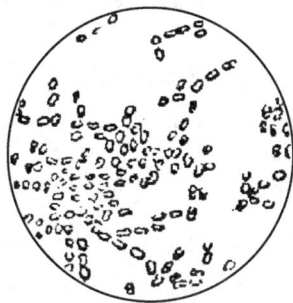

图 11-2　醭酵母菌　　　　　图 11-3　醋酸杆菌　　　　　图 11-4　苦味杆菌

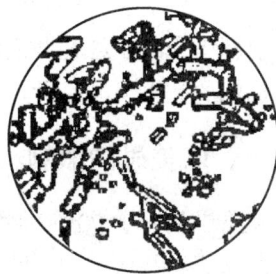

3. 硫化氢味（臭皮蛋味）或乙硫醇味（大蒜味）

酒中固体硫被酵母菌还原而产生硫化氢和乙硫醇，致使葡萄酒出现异味。因此，硫处理时切勿将固体硫混入葡萄汁中。利用 H_2O_2 可以去除乙硫醇。在生产上最好采用亚硫盐或 SO_2 气体进行硫处理。

4. 其他异味

如酒中的木臭味、水泥味和果梗味等，可加入精制的棉籽油、橄榄油、液体石蜡等与酒体混合吸附。这些油与酒互不融合而上浮，分离后即可去除异味。

（四）变色

1. 变黑

葡萄酒变黑主要是生产过程中使用铁制的器具引起的，酒中的铁含量高（超过 8～10mg/L）就会导致酒体变黑。铁与单宁化合生成单宁酸铁，呈现蓝色或黑色（称为蓝色或黑色败坏）。铁与磷酸盐化合则会生成白色沉淀（称为白色败坏）。防止方法：不使用铁质器具与葡萄汁和葡萄酒接触，减少铁的来源。如果已经发生，则需进行下胶处理。

2. 变褐

主要是葡萄酒或汁液中的多酚类物质，在有氧的条件下发生了酶促褐变，生成褐色物质（称为褐色败坏）。防止方法：用 SO_2 处理可抑制过氧化酶的活性，或加入单宁和维生素 C 等抗氧化剂，保持葡萄酒的还原性，都可有效地防止葡萄酒的褐变。

（五）混浊

葡萄酒产生混浊的原因很多，如葡萄酒澄清后分离不及时，酵母菌体的自溶或被腐败性细菌分解而产生浑浊；下胶不适当也会引起混浊；由于有机酸盐的结晶析出，色素单宁物质析出，以及蛋白质沉淀等均会导致酒体混浊。

上述混浊现象可采用下胶过滤法除去。如果是由于再发酵或醋酸菌等繁殖而引起混浊则需先行巴氏杀菌后再下胶处理。

第五节　其他果酒的酿制技术

前面已介绍了红葡萄酒和白葡萄酒的基本酿制技术。下面介绍几种在葡萄酒的基础上再加工的几类果酒品种，如味美思、起泡葡萄酒、苹果酒和白兰地。

一、味美思的酿制

味美思起源于欧洲，属苦味型加香葡萄酒，直译为苦艾酒，音译为味美思。以意大利的甜味美思和法国的干味美思在国际上最为有名。酒度为 16%～18%，糖度为 4%～16%。

味美思按色泽可分为红、桃红及白 3 种类型，按糖度可分为甜型和干型，其生产可采用加香发酵法、直接浸泡法和浸提液制备法等加香方法，还可在酒中添充一定量的 CO_2 制成味美思汽酒。

味美思在药材配比中以苦艾药材为主，辅助药常用的有几十种，随不同的品种选料各异。

白味美思不调色，红味美思需用糖浆和糖色进行调色。

（一）原酒生产

味美思的生产用白葡萄酒作原酒。生产中酒的贮藏方法依酒的类型而不同。白味美思，尤其是清香型产品一般采用新鲜的、贮藏期短的白葡萄酒原酒。因此，贮藏期间需添加 SO_2，以防酒的氧化，其加量为 40mg/kg。红味美思及以酒香或药香为特征的产品往往采用氧化型白葡萄原酒，原酒贮存期长。部分产品的原酒需在柞木桶中贮藏，贮藏期间可不加或少加 SO_2。贮藏前需用原白兰地或酒精调整到 16%～18%。在柞木桶中贮藏的时间与原酒和木桶的质量有关。新桶的单宁及可浸出物含量高，原酒的贮藏时间不宜过长，贮藏一段时间后即转移到老木桶中贮藏。木桶使用 30 年后就不宜再使用了。木桶使用 3～5 年后需将内壁刮削一层再用，以提高贮藏效果。

（二）加香

一般采用先将药材制成浸提液，再与原酒调和加香。用原酒直接浸提的方法需经常进行搅拌，并增加澄清过滤的工序。直接浸提法的容器利用率低，不便于大规模生产。

1. 直接浸提法

分为常温浸提和高温浸提两类。药材处理后，定量与原酒混合，定时搅拌，常温浸提时间一般需 15～20 天，高温浸提时温度为 60℃左右，浸提需几天时间。

2. 蒸馏法

将药材用白兰地或食用酒精浸泡，用蒸馏法提取馏液作为调香用料。

味美思配方中常用的香料有：苦艾、龙胆草、菖蒲根、勿忘草、肉桂、豆蔻、橙皮、金鸡纳皮、丁香、当归等。味美思的配方应根据地方习惯、民族特点、不同的场合，可自行设计。

（三）成分调配

味美思的调配分两个方面：一是糖度、酒精含量、酸度、色度的调配；二是药香的调配。白味美思可用蔗糖或甜白葡萄酒调整糖度，蔗糖可直接用原酒溶解，也可先制成糖浆，再行调整。红味美思可以用糖浆调整糖度。

糖浆的制法：100kg 糖加水 15kg，用直火加热，不断搅拌，温度控制在 150℃左右，经 1h 糖色达到棕褐色即可，加水冷却至 100L 出锅。

红味美思采用糖浆色调色，一般用量在 15kg 左右。

糖浆色的制法：25kg 加水 2L，直火加热增温至 160～170℃，不断搅拌，经 2～2.5h，取少许溶液于水中，如色泽显紫红，味微苦而不甜，即加入蒸馏水 6.5L，煮沸后出锅冷却待用。

其他成分的调整参阅前述内容。

经调配的原酒再经陈酿、冷处理、澄清过滤等工序即为成品。

（四）贮藏

上等的味美思在成分调整后需在柞木桶中贮藏一定时间，以使酒体通过木桶壁的木质微孔完成其呼吸陈化过程，还可以从木质中得到浸出的增香成分。

白味美思可在不锈钢罐内贮藏或在老的木桶内贮藏。在老木桶中的贮藏时需经常检查，以免在桶中时间过长使苦味加重、色泽加深。红味美思在新桶中贮藏的时间也不宜过长，新老木桶需交替使用。红味美思一般至少在木桶中贮藏 1 年。

（五）低温处理

在接近味美思冰点的条件下保持 7 天，使其中部分酒石酸盐和大量的胶质沉降，起到澄清作用。对风味也有明显的改善。

（六）澄清过滤

味美思中含有大量的植物胶质类物质，增加了黏度，给澄清过滤带来一定困难，但部分植物胶又起到了保护胶体的作用，处理好的味美思可以放置十几年而不沉淀，且口感更佳。

味美思的澄清可采用下胶、下皂土等方法进行。鱼胶的用量在 0.03% 左右。对于色泽较深的白味美思可采用下皂土的方法进行澄清，同时还可吸附一定量的色素。其用量为 0.04% 左右。胶与皂土可按 1:(5~10) 的比例混合使用。

味美思的黏度较大，由于棉饼吸附性较强，采用棉饼过滤对味美思的色泽有一定的影响，一次过滤可减色 10%~20%，需在调配时多加一些。

二、起泡葡萄酒的酿制

起泡葡萄酒是一种含 CO_2 的白葡萄酒，CO_2 可以由加糖经二次发酵法产生或人工压入，其含量在 0.35MPa 以上（20℃）。由人工充填 CO_2 所制成的起泡葡萄则称为加气起泡葡萄酒。香槟酒特指法国的香槟地区制造的经二次发酵的起泡葡萄酒。

（一）原酒制备

起泡葡萄酒的原料酒（酒基）其加工方法同白葡萄酒。一般只使用自流汁发酵，最宜出汁率在 50% 左右。葡萄汁经澄清处理，在 15℃ 下低温发酵，并且在整个发酵过程中需尽可能避免与空气接触，以防氧化或香味的损失。

原酒的质量标准为：酒精 9%~11%（体积分数），糖小于 4g/L，酸 6~7g/L，单宁不超 0.05g/L，游离二氧化硫不超 30mg/kg。

（二）瓶式发酵

将葡萄原酒加入适量糖分后装入特制的酒瓶内，接入 5% 的液体培养发酵酵母菌，塞封瓶口后置 9~11℃ 温度下进行二次发酵。

原酒中的加糖量为 24~25g/L。加入酒中的糖一般先要制成糖浆再用。先用陈酒或新葡萄酒将糖溶化，可适当加热，但不产生老化味，更不能有焦糖味。自然转化的糖浆对酒的质量有益。糖浆经过滤贮存 50~60 天即可使用。这些糖在发酵后可产生 0.6MPa 的 CO_2 分压（10℃ 以下）。

当瓶内压力达到要求标准，酒中残糖降至 1g/L 以下时发酵即结束。将酒瓶转到特制的酒架上，进行后熟。后熟的目的是将酒中的酵母和其他沉淀物集中沉积在酒瓶口处，以便去除。在酒架上瓶子是倒置的，开始应经常转动瓶子，以使原来沉到瓶底的沉淀物沉到瓶口处。

当沉淀结束要进行"吐渣"时，从酒架上取下瓶子，以垂直状态移入低温操作室。瓶子保持倒立在 -24~-25℃ 下的冷水槽内降温，直至瓶口处的沉淀物与酒呈冰塞状，将瓶子呈 45° 倾斜，把瓶口插入特制的瓶套中，迅速开塞，利用 CO_2 的压力将沉淀物排出。随后迅速将瓶口插入补料机上，补充喷出损失的酒液。用做补充的酒液是同类原酒。

按照生产类型和产品标准。在添料机的贮酒罐中加上一些糖浆、白兰地、防腐剂等来调整产品的成分。如果生产干型起泡酒，可用同批号原酒或同批起泡酒补充。生产半干、半甜、甜型起泡酒，可用同类原酒配制的糖浆补充。若要提高起泡酒的酒精度，可以补加白兰地酒。

从酒瓶颈迅速开塞到添料机补加料酒，应该在很短时间内完成。然后迅速压盖或加软木塞，捆上铁扣，倒或横放在酒窖中存放。

CO_2 的压力会影响酵母菌的生长发育，特别是在 pH 较低、偏酸和酒精度较高时更为明显。在 CO_2 压力达 0.7MPa，且 pH 较低时，酵母菌的发酵就不能进行了。

利用转移机可进行转罐的吐杂填充。工艺过程为：当瓶内压力达到要求时，启开瓶塞，用吸酒器将酒倾入密封保存压力的酒罐内。在罐内调整成分，品温保持在 $-5 \sim 5℃$，沉淀物沉在罐底，将瓶子清洗干净待用。罐中的酒经过滤后再装入瓶内，密封，贮存。装瓶时在低温下进行，保持 CO_2 的压力和原有的泡沫性能。采用此法可使酒质一致，澄清好，损耗少。若能在厌氧条件下操作，成品酒能赶上传统瓶内起泡酒的质量。

（三）罐式发酵

所用酒基与瓶式发酵相同。但在设备、工艺上均先进，生产效率也高。二次发酵罐是夹层罐，既可降温也可升温，还有压力控制开关，可以释放超量的 CO_2。

先对空罐杀菌。罐内冲洗干净后通入蒸汽并维持 40min，然后冷却。将调整后的原酒装入罐内，升温 60℃，维持 30min 后冷却至常温。接入二次发酵酵母菌 5%，进行低温发酵。要保持酵母在酒中均匀分布，并留出 $1/4 \sim 1/5$ 的空间。经过 $10 \sim 15$ 天完成发酵，发酵结束后需降低品温，使发酵液中的杂质和酵母等沉降，并随时清除，整个发酵过程在密封条件下进行。需每日测量品温、耗糖量和压力，掌握发酵的情况。发酵结束后，酒需经过冷处理和过滤，以提高酒的稳定性，并使之清澈透明。随即在低温下装瓶，塞封即为成品。

（四）加气起泡葡萄酒酿造

加气起泡葡萄酒的酒基同瓶式起泡葡萄酒。若酿制甜型加气酒则需加入一定量的糖浆，其含糖量为 50g/L，半甜型加气酒的含糖量为 $12 \sim 50g/L$，半干型为 $4 \sim 12g/L$；干型酒不加糖。调整过的原酒，经热、冷处理，除去沉淀物和杂质，经过滤后泵入 CO_2 混合器，使 CO_2 溶入酒中，装瓶并封口即为成品。装瓶时注意需对每个瓶子进行试压，用 CO_2 气冲去瓶中的空气后再灌装。

三、苹果酒的酿制

以新鲜苹果汁为原料，经过"苹果酒酵母"的发酵作用，从而制成含有低度酒精的饮料，习惯称为苹果酒。

(一) 酿制工艺

具体工艺流程如下：

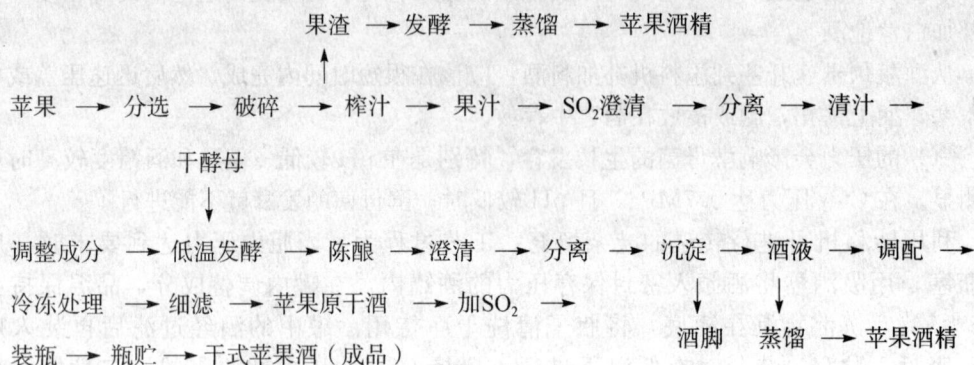

果渣 —→ 发酵 —→ 蒸馏 —→ 苹果酒精
                                ↑
苹果 —→ 分选 —→ 破碎 —→ 榨汁 —→ 果汁 —→ SO_2澄清 —→ 分离 —→ 清汁 —→

            干酵母

调整成分 —→ 低温发酵 —→ 陈酿 —→ 澄清 —→ 分离 —→ 沉淀 —→ 酒液 —→ 调配 —→

冷冻处理 —→ 细滤 —→ 苹果原干酒 —→ 加SO_2 —→   ↓   ↓

装瓶 —→ 瓶贮 —→ 干式苹果酒（成品）   酒脚   蒸馏 —→ 苹果酒精

(二) 酿制过程中的操作要点

1. 原料选择、清洗、分选

原料充分成熟，含糖量为14％～15％，含酸量为0.4％左右，单宁含量为0.2％左右。果实应进行充分清洗，去除表面灰尘及残留农药，降低表面微生物数量。必要时可采用1％～2％稀盐酸或0.1％高锰酸钾浸泡处理，增强洗涤效果。

2. 破碎

破碎的果块大小应适宜、均匀，一般果块直径为3～4mm。破碎过程中可添加护色剂如维生素C、柠檬酸等，以防果肉氧化。破碎时不要破碎的太细，特别注意不可将果核破碎，否则会给果汁带来异杂味。

3. 榨汁

破碎完成后应立即进行榨汁，出汁率保证在60％左右。榨汁完成后，彻底清洗榨汁机，并将果渣及时处理。

4. 果汁成分调整

调整果汁成分使果汁中含糖量达到18％～20％，SO_2含量80～100mg/L为宜。糖在发酵初期一次补足，总酸度一般在4.5g/L以上则不必调整。

5. 发酵

发酵容器刷洗干净，无异味，并进行杀菌消毒处理。果汁装入量占发酵容器的80％左右。采取密闭发酵，活性干酵母加量为3％～5％；可用葡萄酒活性干酵母，清汁发酵温度为15～22℃，发酵12％的酒约需12～20天。当残糖降至5.0g/L，相对密度≤1.000时，结束主发酵。

6. 陈酿、澄清、冷冻

贮酒室温度为10～15℃，空气相对湿度85％～90％，室内应有通风设施，能定期更换空气，保持室内空气清洁、新鲜。倒酒时向苹果酒中重新加入 50mg/L 的 SO_2。陈酿期为 4～6 个月。为了提高酒的稳定性，可用凝聚澄清剂进行澄清或冷冻处理，冷冻过程应控制温度 -5～-4℃，保持 1 周左右。苹果酒质量标准见表 11-2。

表 11-2　苹果酒质量标准

指标	项目	干型	半干型
感官指标	色泽	呈金黄色或淡黄色	
	澄清度	外观澄清透明，无悬浮物	
	香味	具有清新、优雅、协调的苹果香与酒香	
	口味	清新爽口、酒体醇厚，余味幽长	
	典型性	具有苹果酒的典型风格	
理化指标	酒精度(体积分数,20℃)(%)	11.5±0.5	11.5±0.5
	总糖(以葡萄糖计)(g/L)	4	4.1～12.0
	总酸(以苹果酸计)(g/L)	4.5～4.7	4.5～7.5
	挥发酸(以乙酸计)(g/L)	≤1.1	≤1.1
	游离 SO_2(mg/L)	≤50	≤50
	总 SO_2(mg/L)	≤250	≤250
	干浸出物(g/L)	≥12	≥12
	铅(mg/L)	≤0.5	≤0.5

四、白兰地的酿制

由葡萄汁或浆渣经酵母发酵得到酒液，将此酒液蒸馏，收集得到的馏出物被称为白兰地。通常所说的白兰地是以葡萄为原料酿制而成的。以其他水果原料酿成的白兰地，均冠以原料水果名称，如苹果白兰地、李子白兰地等。葡萄发酵蒸馏而得到的葡萄酒无色透明，酒性较烈，是原白兰地。原白兰地必须经过在橡木桶的长期陈酿，调配勾兑，才能成为真正的白兰地。白兰地应金黄透明，并具有愉快芳香和柔和协调之口味。

(一) 原料酒的制备

制作优质的白兰地，一般需用优质的白葡萄酒蒸馏制取。因为白葡萄酒是取净汁发酵，含单宁、杂质少，挥发酸含量低，总酸含量高。制作白兰地也可用葡萄皮渣发酵蒸馏，或利用葡萄汁加糖发酵蒸馏。后者制得的白兰地档次低，品质差。

白兰地原料酒的酿制可参照白葡萄酒酿制。但要注意几点：①葡萄品种，利用白福儿、龙眼、白玉霓等品种酿制最好；②原料酒必须发酵完全，如发酵不完全，一是由于产生的酯不够、香味差造成产品质量的优劣，二是由于酒精产生少经济上会受到损失；③原料酒无病害，含酒精浓度 7°～8°，总酸量 0.7～0.8g/100mL 为宜。如果不符合要求时要进行酒度和酸分调整，然后贮存数天再行蒸馏。

（二）蒸馏

1. 蒸馏的原理

发酵结束后的新酒主要成分是水和醇，在常压下，水的沸点为100℃，酒精的沸点为78.3℃，两者混合的共沸点介于100℃与78.3℃之间，并且随着酒精含量的高低，共沸点亦随之降低或升高。蒸馏时酒精先气化而出，水也蒸馏出一部分。故最初的蒸出液中酒精的浓度较高，随后逐渐降低。

另外，新酒中还含有一些挥发性物质，会随酒精一起进入馏出液。这些挥发性成分具有不同的沸点（表11-3），它们含量虽少，但对白兰地品质影响很大。蒸馏时它们由新酒中转入馏出液的顺序，不仅取决于它们的沸点，也取决于它们与水分子之间的亲和力，以及它们在水和酒精混合液中的溶解度。

表11-3　原料酒中挥发性物质的沸点

物质名称	沸点（℃）	物质名称	沸点（℃）	物质名称	沸点（℃）
乙醇	78.3	呋喃甲醛	162.5	戊醇	129.0
乙醛	20.0	挥发性盐基物	155.0～186.0	丁酸	160.2
丙醇	98.5	醋酸乙酯	74.0	丙酸	140.0
醋酸	117.6	异丁醇	106.5	乙二醇	178.0

2. 蒸馏的方法

白兰地虽然是一种蒸馏酒，但它与酒精不同，不像蒸馏酒精那样要求很高的纯度，而是要求在含酒精60%～70%的范围内保持适当量的挥发性混合物，以保证白兰地具有固有的芳香。

虽然近代蒸馏技术发展很快，但典型的白兰地蒸馏却还以壶式蒸馏器为主。壶式蒸馏器（图11-5）由蒸馏器、鹅颈管、预热器、冷凝器组成。为了使白兰地有一股特殊的芳香，大都以木炭作为燃料直火加热。

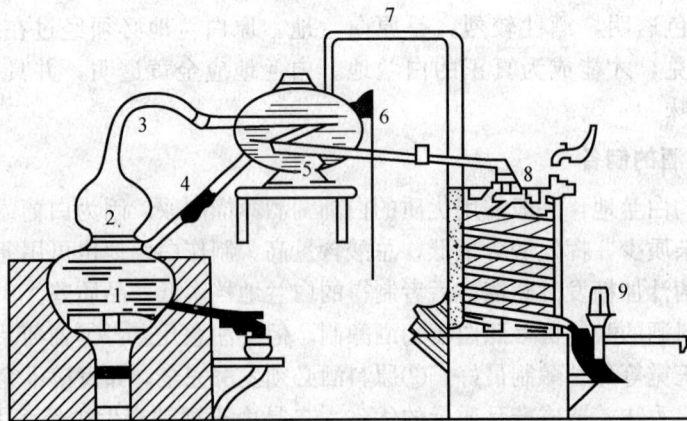

图11-5　壶式蒸馏器

1—蒸馏锅；2—锅帽；3—鹅颈管；4—温酒进管；5—酒预热器；6—冷空气管；7—回收酒气管；8—冷凝管；9—验酒器

壶式蒸馏器属于两次蒸馏装置，第1次蒸馏白兰地原酒，得到粗馏原白兰地，然后将粗馏原白兰地进行一次蒸馏，掐去酒头和酒尾，取中馏分，即为原白兰地。

（1）粗馏原白兰地的蒸馏方法。将白兰地原酒装入壶式蒸馏器中，通过直接蒸馏，得到26%～29%酒精含量的粗馏原白兰地。这种蒸馏不掐酒头，为了使粗馏原白兰地达到要求的酒精度，当蒸馏出的酒降至4%时即要截去、分盛。并将其回入白兰地原酒中，蒸入下一锅粗馏原白兰地中。

（2）原白兰地的蒸馏方法。将粗馏原白兰地进行再蒸馏，去除最初蒸出的酒（酒头），其中含低沸点的醛类物质较多，对酒质有碍，应单独用容器盛装，称之为截头，占总量的0.4%～2.0%。继续蒸馏，直至蒸出的酒液浓度降为50%～58%时即分开，这部分酒称为酒心，质量最好即为原白兰地。取酒心后继续馏出的酒称为酒尾，含沸点高的物质多，质量较差也另外用容器盛装，即为去尾。酒头和酒尾可混合加入下次蒸馏的原料酒中再蒸馏。

根据原料葡萄酒的质量，来确定截取酒头的数量，质量好的原酒截取酒头数量要少；质量差的原酒，截取酒头要多些。一般按酒精计算，截取总酒分的0.5%～1.5%为酒头馏水。

（三）白兰地的陈酿后熟

新蒸馏出来的白兰地具有较强的刺激性气味，香味不柔和，品质粗糙，还常有蒸锅味，不适宜饮用。须经过陈酿后熟才具有良好的品质和风味。

将蒸馏后的新酒装入橡木桶中密封，放入通风干燥阴凉的室内任其自然后熟。贮存前白兰地的颜色是无色的，贮存过程中橡木中所含的单宁、色素等被酒精溶出，使白兰地渐渐变成金黄色，微有涩味。木桶有一定透气性，白兰地得到微量氧气而进行缓慢的氧化和酯化作用，使原来的辛辣味降低而变得细腻芳香。同时酸分含量有所增加，白兰地的口味得到改善。一般情况下，贮存陈酿时间越长，色泽越深，香气越浓、味道越细腻柔和。

贮存过程中为了防止酒精含量降至40%以下，可在贮存开始时适当提高酒精含量。

自然后熟由于所需时间很长，贮存时间多在4年以上，且自然损耗较大，酒度亦会下降，效率低。近年有的人通过人工后熟的方法，可以大大缩短白兰地的成熟时间。具体方法是：将白兰地置于40℃以上的温度下保温3～4天，或进行喷淋加氧法，或加臭氧等加速酯化和氧化作用，均可在较短时间内完成白兰地的陈酿后熟。

（四）白兰地的勾兑和调配

单靠原白兰地长期在橡木桶里贮存，要得到高质量的白兰地，在生产上是不现实的。因为除过长的生产周期外还会导致酒质的不稳定。因此，勾兑和调配在白兰地生产中是获得稳定的高质量的酒的关键。具体作法如下：①不同品种原白兰地之间的调配，先按一定比例试验后再应用于生产；②不同木桶贮存的原白兰地之间的调配，大桶与小桶之间、新桶与老桶之间；③不同酒龄的原白兰地之间进行，酒龄不同，酒质也不同，老酒与新酒调配，可提高新酒质量。

为得到品质优良一致的白兰地。经勾兑的白兰地还需对酒中的糖、酒精、颜色、香味进行调整。香味不足需要增香，口味不醇可适量加糖，颜色偏浅可适量加入糖色，用同类酒精或蒸馏水调节酒度。若出现混浊，须过滤或加胶澄清。制好的白兰地酒液透明、无沉淀、色泽金黄，具有白兰地特有芳香、微苦、无杂味。

经过精心勾兑和调配的白兰地，还应再经一定时间的贮存，二次调配，冷冻处理后即可出厂。

本 章 小 结

葡萄酒是世界上最古老的酒精饮料之一，产量在世界饮料酒中列居第二。葡萄酒营养丰富、酒精含量低且别具风韵，因而深受消费者的青睐。葡萄酒通常指以新鲜葡萄或葡萄汁为原料，经酒精发酵酿制而成，酒精含量不低于 8.5% 的饮料酒。葡萄酒种类繁多，一般按照酒的颜色可分为红葡萄酒、白葡萄酒和桃红葡萄酒；按照含糖量可分为干型葡萄酒、半干型葡萄酒、半甜型葡萄酒和甜型葡萄酒。

葡萄酒成分主要有 3 种来源：葡萄、酿造过程及添加物。葡萄酒中的化学成分有醇类、酯类、有机酸、醛类、含氮化合物和酚类等 20 余种。主要通过视觉、嗅觉、味觉、触觉综合品评葡萄酒的质量。葡萄酒的酿制是利用有益微生物酵母菌将葡萄汁中可发酵性糖类经酒精发酵作用生产酒精，再在陈酿澄清过程中经酯化、氧化、沉淀等作用，制成酒液清晰、色泽鲜美、醇和芳香的产品。红葡萄酒和白葡萄酒最大的酿制工艺区别在于红葡萄酒原料经破碎后带渣一起进行酒精发酵，而白葡萄酒仅用过滤后的葡萄汁液进行发酵。

葡萄酒在发酵贮藏过程中常见的病害有生膜、产生异味、变色、变酸、混浊等，可以通过针对性的措施加以防止。

思 考 题

1. 葡萄酒是怎样进行分类？
2. 酒精发酵的原理是什么？如何保证发酵的顺利进行？
3. 葡萄酒酿造的基本工艺流程是什么？简述其操作要点。
4. 红、白葡萄酿造的区别是什么？
5. 白兰地酒蒸馏的原理和方法是什么？
6. 葡萄酒生产中常见的病害有哪些？如何防治？
7. 起泡葡萄酒酿造技术的要点是什么？
8. 葡萄酒陈酿过程中发生的化学变化有哪些？对酒质有什么影响？
9. 葡萄酒中常见的病害有哪些？其产生的原因和控制办法是什么？

第十二章　果蔬速冻

学习要求

(1) 掌握果蔬速冻的保藏原理；

(2) 熟悉冻结速度对速冻果蔬品质的影响；

(3) 掌握果蔬速冻工艺及操作要点；

(4) 了解果蔬速冻方法及设备；

(5) 了解速冻果蔬解冻的方法和特点。

第一节　速冻保藏原理

果蔬速冻将产品中的热迅速排除，使水分变成固态冰晶结构，并在低温条件下保存，有利于抑制果蔬内部的理化变化和微生物的败坏作用，从而使产品得以较长期保藏。

一、果蔬冻结

（一）果蔬的冰点

依据拉乌尔定律，溶液的冰点降低与物质的浓度成正比。果蔬组织细胞内含有大约4/5以上的水分，其中溶有各种无机物和有机物，如盐类、糖类和酸类以及悬浮的蛋白质等物质，是一种复杂的胶体悬浮溶液。因此，果蔬要降到0℃以下才产生冰晶，液相与固相达到平衡状态，此时温度为产品的冰点。

果蔬组织的冰点随其种类、细胞内可溶性固形物的含量及生长环境温度而存在差异，果蔬的冰点一般在−4～−1℃。通常可溶性物质含量高、生长环境温度低的果蔬冰点较低，几种果蔬的冰点见表12-1。

冷冻保藏果蔬除可抑制微生物的生长活动，还会促使微生物死亡。果蔬冻结后，仅是大部分对低温忍耐力较差的微生物生长被抑制，而一些引起食物中毒的微生物，如肉毒杆菌和葡萄球菌等产生毒素的微生物仍能生存。据报道，在−16℃下肉毒杆菌能存活12个月之久，其毒素可保持14个月，在−79℃下其毒素仍可保持2个月。在速冻蔬菜中经常能检出产生肠毒素的葡萄球菌，它们对速冻低温的抵抗力比一般细菌要强。因而，低温冻藏只是抑制腐败微生物的生长繁殖，阻碍或延缓果蔬腐败变质，其主要作用并不是杀死微生物。一旦解冻，温度升高，条件适宜，微生物的生长繁殖又会逐渐恢复，仍然会使果蔬产品腐败。故解冻之后的果蔬应尽快食用。

低温和冻结的速度对微生物都有影响。在果蔬冻结前的降温阶段，降温速度越快，微生物的死亡率越高。迅速降温时，微生物细胞对其不良环境条件来不及适应而死亡。在冻结过程中情况就有所不同，若是缓慢冻结将导致微生物大量死亡。因为缓冻会形成大颗粒的冰晶体，对微生物细胞产生的机械性损伤和蛋白质变性作用大，导致微生物死亡率增加。而速冻时形成的冰晶体颗粒小，对细胞的机械性破坏作用也小，所以微生物死亡相对少。

三、冷冻对果蔬的影响

虽然果蔬的速冻过程和冻藏过程都在很低的温度下进行，产品的品质变化较小，但由于冻结本身的特殊性，或冻藏时温度波动较大等，冻结果蔬还是会发生变化，使品质有所下降。其主要的变化如下。

(一) 龟裂

0℃时冰的体积比水的体积约增大9％，因此含水量多的果蔬冻结时体积会膨胀。由于冻结时表面水分首先结成冰，然后冰层逐渐向内部延伸。当内部的水分因冻结而膨胀时，会受到外部冻结层的阻碍，于是产生内压（即冻结膨胀压）。内压过大使外层难以承受时则会造成产品龟裂。

(二) 干耗

果蔬在冻结过程中，其表面的水分蒸发会使果蔬重量减轻，称为干耗。冻结不仅会造成重量损失，也影响产品外观质量。冻结过程中，温度高、湿度低、风速大、果蔬表面积大等，都会使干耗增大。

(三) 变色

果蔬的色泽发生不同程度的变化，如绿色变为灰绿色、产品颜色变暗等。

在常温下能发生的变色，在长期冻藏过程中同样会发生，只是进行的速度缓慢而已。因为冻结并不能完全抑制酶的活性，一旦温度回升，酶活性提高，就会使各种生化反应加速。

(四) 流汁

冻结速度缓慢使组织受机械损伤，解冻后内部冰晶融化成水，有一部分不能被细胞组织重新吸收回复到原来状态而造成汁液流失。流失的汁液中包含有溶于水的各种营养、风味成分，会使果蔬质量和重量都受损失。所以，流失液的产生率是评定速冻果蔬质量的重要指标。

第二节　速 冻 设 备

果蔬速冻常在各种冻结装置内进行，以尽快使其冻结。果蔬速冻随着技术的进步发展很快，主要体现在自动化程度和工作效率大幅度提高。现在生产上常用的设备有如下几种类型。

一、冻结室

食品冷冻保藏发展的初期是一种缓慢冷冻，即将产品静置在一个隔热的由制冷系统控制的低温室中，在冷空气的自然流动下进行冷冻，往往需 12～72h 才能使产品冻结。这种在冷库中的静止冻结往往因冻结速度缓慢而使速冻果品品质下降。现在采用的快速冻结室，提高了冻结的速度。主要措施是在冻结室内设计一定的冷风气流，以强化冻结时的对流传热作用；冻品则可在冻结小车上分层摆放或在传送链上悬吊，以增加传热面积，冻品可以连续或半连续操作。通常使用的速冻操作条件为 −28～−45℃，冷风流速约 10～15m/s。

二、隧道式鼓风冻结

鼓风冻结属于一种空气冻结，它主要是利用低温和空气的高速流动，促使物料快速散热，以达到速冻的目的。

生产上多采用隧道式鼓风冷冻机，在一个长形的、墙壁有隔热装置的隧道中进行冷冻。适宜冻结体积较大的果蔬产品，如清蒸茄子、青玉米、甜玉米、整番茄、桃瓣。在隧道里有承架，将处理过的物料铺放在浅盘中，放在架子上以一定的速度从隧道一端陆续送入，经过一定时间冻结后，从另一端推出。蒸发器和冷风机装在隧道的一侧，风机使冷风从侧面通过蒸发器吹到果蔬物料，冷风吸收热量的同时将其冻结。吸热后的冷风再由风机吸入蒸发器被冷却，如此不断反复循环。有的在隧道中设置几层连续运行的传送带，物料在进口先后落在最上层的网状带上，向前运行到末端，产品卸落在第 2 层网带上，上下两层的网带运行方向相反，产品直到最下层末端卸出。一般采用的吹风温度在 −18～−34℃ 的范围，风速 30～1000m/min。

三、流化冻结

将颗粒状的物料铺放在网带上或有孔眼的盘子上，成一薄层，厚度视物料的情况而定，通常在 2.5～12.5cm，将冷却的空气以足够的速度，由网带的下部向上经过网眼通过网上铺放的物料。这种强制向上吹送的冷气流会使颗粒状的物料轻微跳动，或将物料吹起浮动，形成流化现象（图 12-1）。物料被急速冷风所包围，进行强烈的热交换，被

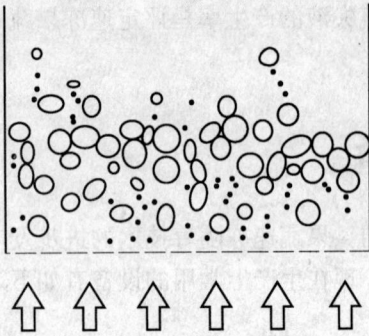

图 12-1　流化冻结的物料状态

急速冻结。另外，物料形成不断跳动的悬浮状态，不仅能使颗粒果蔬分散，而且还会使每一颗粒都能和冷空气密切接触，从而解决了果蔬冻结时常互相粘连的问题，这就是流化冻结法。流化冻结所使用的冷空气流速至少在 375m/min 以上，空气的温度为 —34℃。流化冷冻的网带上产品铺放的厚度视产品的形状、性质、大小、颗粒的均匀程度而定。

流化冻结的优点是传热效率高，冷冻快，自动化程度高，生产率高，效果好。由于要把冻品造成悬浮状态需要很大的气流速度，故被冻结的原料大小受到一定限制，对大型和不均匀的原料使用此法有困难，一般小形果蔬原料以及切成颗粒状、小片状、短段状的果蔬原料较为适用。

四、间接接触冷冻

用制冷剂或低温介质使金属板冷却，被冻物料与低温的金属板接触而使物料冻结的方法称为间接接触冷冻法。这是一种完全用热传导方式进行冻结的方法，其冻结效率取决于它们的表面相互间接触的程度，可用于冻结未包装或用塑料袋、玻璃纸或是纸盒包装的果蔬。

间接接触冷冻主要是在绝热的冷冻箱内装置多层可以移动的空心金属平板，冷却剂通过平板的空心内部，使其降温，平板间距可在一定范围内调节。各平板间放入物料，将平板调节至与物料贴紧即可进行冻结。由于冻结物料是上下两面同时进行降温冻结，故冻结速度比较快。此种冷冻方式有间歇式接触冷冻厢、半自动接触冷冻厢和全自动平板冷冻厢 3 种类型。

五、浸渍冻结

浸渍冻结是将物料直接浸渍在低温介质或超低温的液体冷冻剂中而达到冻结的方法。液体是热的良好传导介质，冷冻液与物料的所有部位密切接触，传热面大，热阻低，传热迅速，物料能够在很短时间内完全冻结。

浸渍法冷冻时，分直接浸入冷冻剂和用冷冻剂喷淋物料两种类型。被冷冻的物料有带包装和不包装两种形式。直接浸入冷冻剂法所使用的冷冻剂，若直接接触未包装的物料，必须是无毒、清洁、纯度高、无异味、无外来色素及漂泊作用等的介质；对于包装物料，介质也必须无毒并对包装材料无腐蚀作用。

常用的冷冻剂有液态氮、液态一氧化氮、丙二醇、丙三醇、液态空气、糖液和盐液等。前 4 种冷冻剂只能用于有包装的速冻产品。

采用低温冷冻剂冻结未包装的产品时，在渗透作用下，产品内部汁液会向冷冻剂内渗出，导致冷冻剂污染和浓度降低，使冻结温度上升。另外，直接接触冷冻时，产品表面上会有一层冰衣形成，可防止冻藏时未包装的产品干缩。此法与空气接触时间最少，因而宜用于冻结易氧化的产品。

六、深低温冻结

深低温冷冻指的是未包装的或者是薄膜包装的产品，在一种冷冻剂进行变态的条件下（液态变为气态）而获得迅速冷冻。这种低温是通过冷冻剂在沸腾变态的过程中除去产品中的热。采用低温冷冻的冷冻剂都具有很低的沸点。通常采用有氮、二氧化碳、一氧化二氮等。

深低温冷冻所获得的冷冻速度大大地超过传统的鼓风冷冻和板式冷冻。与浸渍冷冻和流化冷冻比较，深低温冷冻速度更快。以普遍应用的液态氮快速冷冻装置冷冻果蔬产品，经 10～30min 后，表面温度达－30℃，中心温度达－20℃，可完成冻结任务。

果蔬深低温冷冻的示意图如图 12-2。产品在一个循环传带上通过隔热的冷冻室。这个冷冻室分为 A、B、C 三个部分，产品首先到 A 室中，与比较冷的高速氮气流相遇，成品与冷气氮以相对的方向进行，使产品在前进途中不断降温，迅速冻结。传送带携带产品前进到 B 室中时，上面有液态氮直接喷淋在产品上，由于液氮汽化蒸发吸收大量的热量，使产品继续冻结。经过一定时间（由传送带的速度控制）后，传送带将产品带进 C 室，使产品内温度均匀一致，再由末端卸出。

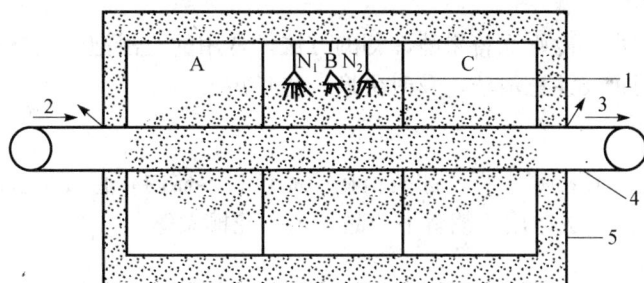

图 12-2　果蔬深低温食品冷冻装置示意图
1—液体氮喷头；2—产品进口；3—产品出口；4—传送带；5—绝热层

此法有较多优点：产品脱水率在 1% 以下，干耗小，失重少；冷冻期间排除了氧，几乎无氧化变色现象，品质好；冻伤轻微；设备简单，使用范围广，适于连续操作；投资费用低，生产率高。其缺点是维持费用高，主要是液态氮的消耗和费用较大。

第三节　速冻工艺

一、工艺流程

不同的果蔬原料在速冻加工中，工艺略有差别。如浆果类一般采用整果速冻；叶菜类有的采用整株冻结，有的进行切段后冻结；块茎类和根菜类一般切条、切丝或切片后再速冻。果蔬速冻的工艺流程大致如下。

原料选择 → 预冷 → 预处理 → 护色 → 沥干 → 布料 → 速冻 → 包装 → 成品

二、技术要点

(一) 原料选择

果蔬原料与速冻产品的质量有着非常紧密的关系，原料选择是控制产品质量的第一道关口。应选择适宜的种类和品种，适宜速冻的蔬菜主要有青豆、青刀豆、芦笋、胡萝卜、蘑菇、菠菜、甜玉米、洋葱、红辣椒、番茄等；果品有草莓、桃、樱桃、杨梅、荔枝、龙眼、板栗等。速冻的绝大多数蔬菜要在七八成熟时采收，其成熟度稍嫩于供应市场的鲜食蔬菜。另外，速冻原料要求新鲜，放置或贮藏时间越短越好。总之，只有选择适宜的种类、品种、成熟度、新鲜度及无病虫害的原料进行速冻，才能达到理想的速冻效果。

(二) 预冷

一般果蔬采收后，其体内的代谢过程仍在继续进行。如果在加工冷冻之前需要存放一段时间，则在堆放期间，因果蔬的田间热及其释放的呼吸热，使果蔬温度不断升高，呼吸也随之增强，品质变化迅速，必定造成严重的后果。因此，有必要在果蔬暂存期间预冷降温。

果蔬预冷的方法有冷水冷却、冰冷却、冷空气冷却、真空冷却等。

1. 冷水冷却

用较低温度的水作冷媒而将果蔬冷却的方法。常用的有浸泡、喷淋等方式。此法预冷速度快，冷却用水要注意清洁，及时更换，防止污染。

2. 冰预冷

用天然或人造冰作冷媒，将碎冰装填在产品包装容器内，直接接触产品。装冰量约占产品质量的 1/3。此法适用于胡萝卜、甜玉米、花椰菜等。

3. 空气冷却

吹入冷空气，使冷空气穿流于果蔬之间进行冷却。降温速度比冷水慢，但不存在污染问题。

4. 真空冷却

即在一定真空条件下，使产品表面部分水分在减压条件下汽化，产品则由于汽化吸热而降温。该法适用于表面积比较大的叶菜类蔬菜，而表面积比较小的根菜类和各种水果，不宜用真空预冷。真空预冷蔬菜失水较多，冷却前在产品上喷水，以增加湿度。此法预冷效果好，但需减压设备和装置，成本较高。

选择预冷方法应根据果蔬的种类和当地的条件选用。预冷的终温一般以不使原料结冰为限，对易感染冷害的果蔬要注意不要长时间处于不适宜的低温条件下。

(三) 预处理

1. 剔选

去掉有病虫害、机械伤害或品种不纯的原料。有些要选剔畸形、老叶、黄叶、失水过重的原料，并且切去须根，修整外观，使果蔬品质一致，做好速冻前的准备。

2. 分级

同品种的果蔬在大小、颜色、成熟度、营养含量等方面都有一定的差别。为了保证速冻产品的质量和标准，减少损耗，适于包装，原料须进行分级，按不同的等级标准分别归类，达到等级质量一致，优质优价。

3. 洗涤

果蔬在生长成熟期间以及采后的贮运中，经常会受到自然环境的污染、病虫害的侵染，还有农药的残留、杂物的混入等。所以，速冻加工前原料要充分清洗，而且速冻果蔬食用时不需洗涤，解冻后直接食用或下锅烹饪，因此清洗环节必须严格。通过洗涤，不仅可除去果蔬表面附着的灰尘、碎叶、异物和农药，还可减少微生物的数量以保证产品符合食品卫生标准。一般采用人工或机械洗涤。

对喷过防止病虫害药剂的果蔬，还须用化学药品洗涤，一般使用0.5%～1.5%的盐酸溶液或0.03%～0.05%的高锰酸钾溶液等，常温下浸泡数分钟后，再用清水洗去化学药品。

4. 去皮、切分、整理

果蔬原料外皮一般角质化和纤维化较重，如果带皮加工，厚硬的外皮会给加工过程带来不便，造成产品质量不均匀，感官质量不佳，因此要去皮。去皮时要连带去除原料的须根、果柄、老筋、叶菜类的根和老叶等不可食用的部分，如青椒去籽、菠菜去根等。去皮的方法有手工、机械、热烫、碱液浸泡、冷冻去皮等，采用哪种方法因原料而异。

对于形状大的果蔬原料，要进行切分处理。果蔬切分的目的，一是使原料经切分后，大小和规格一致，产品质量均匀，包装整齐；二是切分后的原料便于处理，工艺参数便于统一，使后序工艺容易控制。相反，如果不经过切分，则很难在同一工艺参数下使原料达到同样的处理效果，而且会加大处理的难度。切分的缺点是原料在处理过程中的损失加重。切分的规格，一般产品都有特定的要求，切分的形状主要有块、片、条、段、丁、丝等，应根据原料的具体状况而定。切分时要求切的大小、厚度、长短、形态均匀一致，掌握统一的标准严格管理。切分后尽量不与钢铁接触，避免变色、变味。

（四）护色

果蔬速冻前的护色常采用烫漂和添加剂处理等方法。其中，烫漂主要用于蔬菜速冻，而添加剂处理主要用于果品速冻。

1. 烫漂

烫漂即将整理好的原料放入沸水和热蒸气中加热处理适当的时间。通过烫漂可以全部或部分破坏原料中的氧化酶、过氧化物酶及其他酶，并杀死微生物，保持蔬菜原有的色泽，同时排除细胞组织中的各种气体（尤其是氧气），利于维生素类营养素的保存。

热烫还可软化蔬菜的纤维组织，去除不良的辛、辣、涩等味，便于后来的烹调加工。目前，大多数蔬菜都要进行烫漂工序，只有少数蔬菜在冻结前不进行加热处理，如洋葱、青柿子椒、韭菜、番茄等。

烫漂中要掌握的关键是热处理的温度和时间，过高的温度和过长的时间都不利于产品的质量。一般，烫漂温度和时间应根据蔬菜的种类、成熟度、大小、含酶种类和工艺要求等条件而定。常见的几种蔬菜在 100℃ 热水中的烫漂温度和时间见表 12-3。一般采用热水烫漂时，投料量与热水质量之比为 1∶20，以保证烫漂的有效温度。

表 12-3　几种蔬菜在 100℃ 热水中的烫漂时间

蔬菜种类	时间（min）	蔬菜种类	时间（min）
菠　菜	2.0	甜玉米（粒）	2～3
小白菜	0.5～1	胡萝卜丁	2.0
花椰菜	2～3	蒜	1.0
油　菜	0.5～1	豌　豆	1.5～2
黄瓜片	2.5	马铃薯块	2～3
荷兰豆	1～1.5	南　瓜	3

烫漂后的原料要立即冷却，使其温度降到 10℃ 以下。冷却的目的是为了避免余热对原料中营养成分的进一步毁坏，避免酶类再度活化，也可避免微生物重新污染和大量增殖。

2. 添加剂处理

水果去皮切分后与空气接触，很容易变成褐色。为了抑制褐变，一般采用加添加剂的方法进行处理。

（1）加糖处理。速冻易变色的新鲜水果（如苹果、桃、梨、樱桃等）应在速冻前采用糖水浸渍以防褐变。水果浸糖处理除可以避免氧化褐变外，还可减轻冻结时形成的冰晶体对水果内部组织的破坏作用。同时，由于糖水包住了水果，也可阻滞空气的氧化，削弱氧化酶的活性，有助于保持水果的色、香、味及维生素 C 的含量，保持了水果原有的品质和风味。糖水浓度为 10%～50%，用量配比是 2 份水果 1 份糖水。水果中加入糖水后，应先在 0℃ 库房中存放 8～10h，使糖水渗入水果，然后再送去速冻。冷冻草莓可加砂糖处理，草莓与砂糖的质量比为 7∶3。草莓加糖后也需存放一段时间，使砂糖吸收果汁而溶解，形成糖浆，起到糖水的作用。

（2）添加维生素 C。添加维生素 C 主要是针对在去皮、切分、除核后褐变特别敏感的水果。如将桃的薄片浸渍于糖液中，经速冻后在冻藏期间会屡次颜色变褐，致使产品质量下降。但如果将桃的薄片浸渍在含有 0.2% 维生素 C 的糖液中，取出速冻，于 −18℃ 以下冷藏两年也不变色。

（3）柠檬酸和苹果酸处理。柠檬酸和苹果酸是人们食用水果时常感觉到的两种天然存在的有机酸。它们具有抑制酶活动的作用。水果中氧化酶的活性，可用降低 pH 的方法而使其受到抑制。因此，提高水果酸度也可以防止褐变。特别是柠檬酸在果蔬加工中经常使用，柠檬酸能降低产品的 pH 而控制其氧化。一般，在速冻果品的填充糖液中加入 0.5% 的柠檬酸就能起到保护色泽的作用。

（五）沥干

原料经过一系列处理后的果蔬表面沾附了一定量的水分，这部分水分如果不去掉，带入包装内影响产品的外观质量。另外，在冻结时很容易结成冰块，既不利于快速冻结，也不利于冻后包装。这些多余的水分一定要采取措施将其沥干。沥干的方式很多，有条件时可用离心甩干机或震动筛进行，震动沥水时间 10～15min 为宜，离心甩水为 5～10s；也可简单地把原料放入箩筐内，将其自然晾干。

（六）布料

沥水后的果蔬由提升机输送到振动布料机中。布料机的布料质量对实现均匀冻结和提高果蔬的冻结质量具有很重要的作用。如果布料不均匀造成物料成堆或空床，就会影响冻结效果和冻结质量。

（七）速冻

这是速冻加工的中心环节，是保证产品质量的关键。一般，冻结速度越快，温度越低越好。具体要求是：原料在冻结前必须冷透，尽量降低速冻物体的中心温度，有条件的可以在冻结前加预冷装置，以保证原料迅速冻结。在冻结过程中，最大冰晶生成温度带为 −5～−1℃。在这个温度带内，原料的组织损伤最为严重。所以在冻结时，要求以最短的时间，使原料的中心温度低于最大冰晶生成的温度带，保证产品质量。为此，应采用 −30～−35℃ 以下的低温进行冻结，使果蔬的中心温度在 30 分钟内迅速降至 −18℃。

（八）包装

速冻食品之所以能够长时间贮藏不变质，包装起了很重要的作用，包装是贮藏好速冻果蔬制品的重要条件。包装可以有效地控制速冻果蔬制品内部冰晶的升华，即防止水分由产品表面蒸发而形成干燥状态；防止产品在长期贮藏中接触空气而发生氧化、引起变色、变味、变质；阻止外界微生物的污染，保持产品的卫生质量；便于产品的运输、销售和食用；利用自身的包装装潢可吸引消费者，起到宣传广告的作用。

包装必须保证在 −5℃ 以下低温环境中进行，温度在 −4～−1℃ 以上时速冻果蔬会发生重结晶现象，品质极大地降低。由于速冻果蔬是解冻后直接食用的即食食品，卫生要求严格，包装间在包装前 1h 必须开紫外线灯灭菌，所有包装用器具、工作人员的工作服、帽、鞋、手均需定时消毒，确保卫生。

包装容器所用的材料种类和形式多种多样，通常有纸板盒，纸箱、塑料薄膜袋及箱。

第四节　速冻果蔬的贮运与解冻

一、速冻果蔬的贮运

（一）速冻果蔬的冻藏

完成速冻的果蔬制品要及时进行贮藏，速冻果蔬冻藏的主要目的就是尽一切可能阻止食品中的各种变化，保证其速冻的品质。

1. 冻藏温度的选择

冻藏期间影响速冻品质量的主要因素是冻藏的温度。冻藏温度越低，越有利于保持冻藏品质。目前，认为最经济、最有效的冻藏温度是－18℃以下。在此温度下，微生物的生长发育几乎完全停止。另外，在此温度下，酶的活性大大减弱，水分蒸发少，也利于运输中的制冷。一般在此温度下贮藏 1 年左右的冻结食品其品质和营养价值都能得到良好的保持。

冻藏温度的波动对冻藏品的品质有很大的影响，会出现重结晶现象，从而破坏产品的组织结构，造成机械伤，使产品流汁，影响品质。因此，在冻藏期间保持稳定的贮藏低温非常重要。

2. 速冻果蔬的冻藏管理

（1）库房及用具消毒。速冻包装好的产品在入库前，必须对库房的墙体、地面及贮架、包装容器、工具器材等进行全面消毒，以确保其清洁卫生。

（2）入库食品的要求。凡是进入冻藏库的速冻食品必须清洁、无污染。入库时，对有强烈挥发性气味和腥味的食品以及要求不同贮温的食品，应入专库贮藏，不得混放。要根据食品的自然属性和所需要的温度、湿度选择库房，并力求保持库房内的温度、湿度稳定。库内只允许在短时间内有小的温度波动，在正常情况下，温度波动不得超过1℃。在大批冻藏食品入库出库时，一昼夜升温不得超过 4℃。冻藏库的门要密封，一般不得随意开启。对入库冻藏食品要执行先入先出的制度，并定期或不定期地检查食品的质量。

（3）入库堆码要求。速冻食品入库后，按要求进行堆码，产品应堆码在清洁的垫木上，禁止直接放在地面上。货堆之间应保留 0.2m 的间隙，以便于空气流通。如系不同种类的货堆，其间隙应不小于 0.7m。食品堆码时，不能直接靠在墙壁或排管上。货堆与墙壁和排管应保持以下的距离：距设有顶排管的平顶 0.2m，距设有墙排管的墙壁 0.3m，距顶排管和墙排管 0.4m，距风道口 0.3m。

（4）消除库房异味。库房中的异味一般是由于贮藏了具有强烈气味的食品或是贮存食品发生腐败所致。各种食品都具有各自独特的气味，若将食品贮藏在具有某种特殊气味的库房里，这种特殊气味就会传入食品内，从而改变了食品原有的气味。因此，必须对库房中的异味进行消除。

库房内还要及时灭除老鼠和昆虫，它们除了会造成食品污染外，还会对库内设施造成破坏，因此应设法使库房周围成为无鼠害区。

（二）速冻果蔬的流通

速冻果蔬在流通上，要应用能制冷及保温的运输设施，在－18～－15℃条件下运输冻品。运输时，要应用有制冷及保温装置的汽车、火车、船、集装箱专用设施，运输时间长的要控制在－18℃以下，一般可用－15℃；销售时也应有低温货架与货柜。整个商品供应程序也是采用冷链流通系统。能使产品维持在冻藏的温度下贮藏。由冷冻厂或配送中心运来的冷冻产品在卸货时，应立即直接转移到冷藏库中，不应在室内或室外的自然条件下停留。零售市场的货柜应保持低温，一般仍要求在－18～－15℃。

二、速冻果蔬的解冻

速冻果蔬在食用前或进一步加工前需经解冻，使冰晶融化，果蔬恢复到冻结前的新鲜状态。解冻是冻结果蔬中的冰晶还原融化成水的过程，可视为冻结的逆过程。其进行的好坏对冻结果蔬的品质影响很大。

（一）速冻食品解冻的要求

冷冻食品在解冻与速冻的进行过程中是两个相反的传热方向，而且解冻比速冻速度要缓慢。解冻时的温度变化趋向于有利于微生物的活动和理化变化的增强。如前所述，果蔬的速冻并不能作为杀死微生物的措施，只是起抑制微生物的作用。食品解冻之后，组织结构已有破坏，内容物的升高，都有利于微生物的活动和理化性质的变化。因此冷冻食品应在食用之前解冻，而不宜过早解冻。解冻之后即应当食用，不宜在室温下长时间搁置待用。解冻的食品败坏得更快，解冻的过程愈短愈好，可以减少败坏的发展。

（二）速冻食品的解冻方法

1. 外部解冻法

外部解冻法是指以热空气或热水作为解冻介质，对产品进行外部加热解冻。

（1）空气解冻。一般采用静止或流动空气解冻。温度以15℃以下缓慢解冻效果好。

（2）水解冻。由于水比空气传热性好，故对冻结果蔬的解冻速度快、时间短，但可溶性固形物在解冻中部分损失，易受微生物污染。

（3）真空解冻。利用水在真空状态下低温沸腾产生大量水蒸气与冻结产品进行热交换，水蒸气在冻结产品表面凝结时放出热量。这部分热量被冻结产品吸收，使其温度升高达到解冻目的。

2. 内部加热法

内部加热法是在冻结产品内部加热迅速解冻的方法。主要有低频电流加热解冻、高频电流加热解冻和微波解冻。

（1）低频电流加热解冻。交流电频率是50～60Hz/s，该方法比空气和水解冻的速冻快2～3倍，耗电少、费用低。缺点是只能解冻表面块状食品，内部解冻不匀。

（2）高频电流加热解冻。交流电频率为1～50mHz/s。冻结食品表面和内部同时加热，解冻时间短。

（3）微波解冻。解冻速度快，食品质量变化小，不受污染，营养成分不流失，较好地保持食品的色、香、味。但成本较高。

冷冻蔬菜的解冻，可根据品种形状的不同和食用习惯，不必先洗、再切而直接进行炖、炒、炸等烹调加工，烹调时间以短为好，一般不宜过分的热处理，否则影响质地，口感不佳。

冷冻水果一般解冻后不需要热处理就供食用。解冻终温以解冻用途而异，如鲜吃的果实以半解冻较安全可靠；有些冷冻的浆果类，可作为糖制品的原料，经过一定的加热处理，仍能保证其产品的质量。

第五节　果蔬速冻生产实例

一、速冻果品生产实例

（一）速冻草莓

成熟的草莓果实鲜红艳丽，柔软多汁，甜酸适中，芳香宜人，有增进食欲、帮助消化作用，是老少皆宜的佳果，具有较高的营养价值。但草莓在常温下只能贮藏1～3天，经速冻加工处理后在−18℃冻藏可达1年。

1. 工艺流程

具体工艺流程如下：

原料采收 → 挑选、分级 → 去果蒂 → 清洗 → 加糖液处理 → 冷却 → 速冻 → 包装 → 冻藏

2. 操作要点

（1）原料要求。冻结加工对草莓原料的品质要求比较严格，采摘时带蒂采收且须精心操作，由于带露水的草莓采摘后容易变质，所以要待露水干后才采摘。草莓果实成熟适宜，果面红色占2/3，大小均匀，坚实，无压伤，无病虫害，采摘装箱时不宜装得过满，运输时注意轻拿轻放，避免太阳直接照射。

（2）预处理。按果实的色泽和大小分级挑选。首先挑选出果面红色占2/3的适宜速冻加工的果实，然后按直径大小进行分级，分20mm以下、20～24mm、25～28mm、28mm以上等；也可按单果重分级，单果重10g以上为1级、8～10g为2级、6～8g为3级、6g以下为4级。质量较次的草莓冻结后可作为加工草莓酱的原料。

原料分级后，去果蒂，注意不要损伤果肉。一手轻拿果实，另一手轻轻转动，即可去果蒂。接着用清水清洗果实2～3次，除去泥沙、杂物等。

将预先配制好的浓度为30%～50%的糖液倒入浸泡容器中，然后放入草莓，轻轻搅拌均匀，浸泡3～5min，捞出滤去糖液。

（3）冻结和冻藏。将浸泡过糖液的草莓迅速冷却至15℃以下，尽快送入温度为

－35℃的速冻机中冻结，10min 后草莓中心温度为 18℃。冻结后的草莓尽快在低温状态下包装，以防止表面融化而影响产品质量。包装材料采用塑料袋或纸盒。装入塑料袋内真空包装或用塑料袋直接包装封口，每袋可装 0.25kg 或 0.5kg，然后装入纸箱，每箱装 20kg。在温度为－18℃的冻藏库贮藏。

（二）速冻荔枝

1. 工艺流程

荔枝原产我国，是亚热带名贵水果，色美、味香、营养丰富，主要产地为广东、福建。荔枝采收的季节炎热，采后极易腐烂变质，是最难贮藏的果品之一。目前，荔枝主要采用 15℃温度结合气调的中短期贮存和低温速冻后的长期贮存，以速冻贮存为主要保存方式，其生产工艺流程如下：

选料 → 清洗 → 消毒 → 护色 → 速冻 → 包装 → 检验 → 冷藏

2. 操作要点

（1）原料验收与挑选。选择供速冻加工的荔枝，成熟度 8～9 成时采收，果皮呈鲜红色或暗红色，果实饱满，果肉洁白，肉质致密，嫩脆，味甜微酸，香气浓郁。原料进厂后，应仔细挑选，剔除病虫害、腐烂、破裂、褐变、未熟、过熟以及直径大小不合格的果实。

（2）清洗、消毒。经验收符合规格及质量要求的果实，倒入流动水中洗去果皮沾附着的泥沙杂质等，再放入 0.1% 高锰酸钾溶液中浸泡 3～5min，然后用流动水冲洗干净。

（3）护色处理。生产上多采用硫处理护色，方法是用 2% 亚硫酸钠，1% 柠檬酸和 2% 氯化钠溶液浸果 2min 后，进一步吹风降温，并使果皮干爽，而后立即速冻。

（4）速冻。荔枝在冷冻过程中，果实的组织结构会受到影响，荔枝细胞膜中的胶体溶液因不可逆的脱水而使其改变渗透性和弹性。解冻后失去坚实度，表现为泥软状态。还有的在冻结过程中失去水分，解冻后水分不能全部被吸收，致使果实失去新鲜多汁的风味。

（5）包装。包装必须－5℃以下低温环境中进行，温度在－4～－1℃以上时，速冻荔枝会发生重结晶现象，极大地降低了速冻荔枝的品质。包装材料在包装前必须在－10℃以下低温间预冷，内包装可用耐低温、透气性差、不透水、无异味、无毒性、厚度为 0.06～0.08mm 聚乙烯袋，有条件的可采用真空包装。

外包装用瓦楞纸箱，每箱净重 10kg，纸箱外面必须涂油，内衬清洁蜡纸，外用胶带纸封口。

（6）检验。对每批次生产的速冻荔枝，需随机抽样检验，抽样数量按国家标准进行，待检样品应随机抽取。检验包括感官检验、卫生检验及理化检验。

（7）冷藏。将检验符合质量标准的速冻荔枝迅速放入冷藏库中冷藏，冷藏温度－20～－18℃，温度波动范围应尽可能小，一般控制在±1℃内。速冻荔枝冷藏时应存入专用库。

（三）速冻葡萄粒

1. 工艺流程

具体工艺流程如下：

原料 → 脱粒、清洗 → 去皮、去核 → 沥干 → 包装 → 速冻 → 装箱 → 冷藏

2. 操作要点

（1）原料选择。选择成熟适宜、含糖量高、颗粒大、籽少肉厚的新鲜葡萄，剔除损伤果、病虫害果、过小过生的果实。

（2）脱粒、清洗。用机器将葡萄从穗中摘下，分离果梗。成熟度稍差的可用手摘，青果、小果留在果穗上，放置 3～5 天再摘。脱下的葡萄粒用清水冲洗干净。

（3）去皮、去核。将清洗干净的葡萄果实用机器除去皮核，也可将葡萄放在盘中，用手搓去果皮，再放入含 0.05％维生素 C 的水溶液中挤出果核。

（4）沥水、拣选。将葡萄捞出，放在竹筛或塑料筛上沥水 3～5min，然后除去夹杂的果蒂、果核、过小果粒及破损严重、有斑点或褐变的果粒。

（5）装袋、装盘成型。将完好的葡萄果粒装入 500mm×700mm、0.08mm 厚的 PE 袋中，称重 10.5kg，加入 0.05％的维生素 C 水溶液 1～1.5kg 用于护色，排净袋内空气后封口，装入 500mm×370mm×70mm 的模盘中，摆放平整使之成型。

（6）速冻。将装好的模盘放入 0℃的冷库内预冷，使葡萄果粒温度达 0～5℃，然后送入隧道式速冻器或速冻库内，于 −30～−38℃以下的低温冻结，使葡萄粒的中心温度达到 −18℃。

（7）脱模、装箱。将冻结后的葡萄粒速冻块从模盘中脱出，放入纸箱中，封好。

（8）低温冷藏。包装后的成箱葡萄放入 −18℃以下的低温冷库中冷藏。

二、速冻蔬菜生产实例

（一）速冻豌豆

1. 工艺流程

具体工艺流程如下：

原料 → 剥豆粒 → 浸盐水 → 热烫 → 速冻 → 包装 → 冷藏

2. 操作要点

（1）选料。选用白花品种，要求豆粒鲜嫩、饱满、均匀，呈鲜绿色，色泽一致。加工成熟度以乳熟期为好，此时含糖量高而淀粉少，质地柔软，甜嫩适口。

（2）剥豆粒、分级。人工或机器剥荚，机器剥荚应尽量避免机械损伤。剥出的豆粒按直径大小用筛子分级。要求豆粒直径不小于 5mm。

（3）浸盐水。将豆粒放入 2％的盐水中浸泡约 30min，既可驱虫，又可分离老熟豆。然后先捞取上浮的嫩绿豆，下沉的老熟豆作次品处理。浸泡后的豆用清水冲洗干净。

（4）拣选。将经浮选漂洗的豆粒倒在工作台上，剔除异色豆、有破裂和有病虫害的

豆粒，并除去碎荚、草屑等杂质。

（5）热烫。将豆粒放入沸水中烫漂 1.5～3min，要适当翻动，使其受热均匀，烫至口尝无豆腥味为适宜。

（6）冷却、沥水。热烫后的豆粒立即投入 5～10℃的冷水或常温水中冷却，轻轻搅拌以加快冷却。冷却后捞出沥干水分。

（7）速冻。采用流化速冻。即将豆粒均匀地放入流化床输送带上，豆层厚度为 30～40mm，在－30～－35℃，冷气流速为 4～6m/s 的条件下冻结 3～8min，至中心温度为－18℃以下。

（8）包装。用 PE 袋以 0.25kg、0.5kg 或 10kg 包装，再装入纸箱中，每箱 10kg。

（9）低温冷藏。包装后迅速送入低温冷库中，冷藏温度为－18～－20℃，在此温度下冷藏期限为 12～16 个月。

（二）速冻菜花

1. 工艺流程

具体工艺流程如下：

原料验收 ⟶ 复选 ⟶ 冲洗 ⟶ 驱虫 ⟶ 切成小花球 ⟶ 烫漂 ⟶ 冷却 ⟶ 沥水 ⟶ 速冻 ⟶ 挂冰衣 ⟶ 包装 ⟶ 入库贮存

2. 操作要点

（1）原料验收、复选。要求原料鲜嫩、色泽正常、无斑痕、病虫害。适时采收及时运到工厂加工，一般不超过 4h。复选是将机械伤、畸形、色泽不正常、干枯、开花、病虫害、腐烂变质的部分除去。

（2）冲洗、驱虫。用流动水将原料上的污物及其他杂质洗掉，置于 2%～3% 的盐水溶液中浸泡驱虫，浸泡时间以驱净小虫为原则。

（3）切成小花球。花球直径 2～3cm。整体长度（包括花茎在内）为 2～3cm，即每个产品的尺寸应控制在内径为 2cm，外径为 3cm 的球壳体之间。要按规格要求认真进行，为了不损伤其他小花球，茎部切口要平整。

（4）烫漂护色。在 0.1% 柠檬酸沸水中烫漂 5～10min，注意不要损伤花球。

（5）冷却、沥水。烫漂后，应及时冷却，产品冷透后须用网状筛自然沥水。

（6）速冻。沥干水分后，及时进入速冻机进行速冻。速冻机的入口温度必须低于－33℃，产品中心温度降到－18℃以下，即速冻完成。

（7）挂冰衣。速冻好的产品立即浸入 8℃以下的冷水中，并立即取出，甩去多余水分。

（8）包装。在室温 0～5℃的清洁、无污染的包装间进行包装，每包产品加 2% 重量。

（9）冷藏。产品必须在－18℃条件下存放，不可与肉制品、水产品或其他异味产品（如蒜薹、蒜苗等）共用一个贮存库。

（三）速冻蘑菇

蘑菇是一种食用真菌，品种较多，世界上现有的品种有白蘑菇、棕色蘑菇等。近年来，我国大量种植蘑菇，产量居世界首位，主要品种是白色双孢蘑菇，简称白蘑菇。白蘑菇味道鲜美，营养丰富，100g 鲜蘑菇中含有蛋白质 2.9g，其中约 50％是完全蛋白质，同时含有谷氨酸、精氨酸，以及维生素 C、维生素 K 等 6 种维生素，还含有核苷酸、矿物质及多糖类。蘑菇速冻后品质良好，肉质鲜美，是人们喜欢食用的速冻蔬菜。

1. 工艺流程

具体工艺流程如下：

原料验收 → 护色 → 漂洗 → 热烫 → 冷却 → 沥干 → 速冻 → 分级 → 复选 →
镀冰衣 → 包装 → 检验 → 冷藏

2. 操作要点

(1) 原料。蘑菇原料要求新鲜、白色、菌盖带柄，形态完整近似圆形，菌盖横径 20～40mm，无畸形，允许轻微薄菇，但菌皱不发黑、不发红、无斑点、无鳞片。菇柄切削平整，不带泥根、无空心、无变色。

(2) 变色及护色。有多种方法：①蘑菇采摘后浸入含量为 0.6％～0.8％、温度为 13℃以下的食盐溶液中运入工厂。浸泡时间不得超过 4～6h。②将刚采摘的蘑菇浸入 300mg/kg Na_2SO_3 溶液或 500mg/kg $Na_2S_2O_5$ 溶液中浸泡 2min 后，立即将菇体浸没在 13℃以下的清水中运往工厂；或浸泡 $Na_2S_2O_5$ 溶液 2min 后捞出沥干，再装入塑料薄膜袋，扎好袋口并放入木箱或竹篓运往工厂。到厂后立即放入温度 13℃以下的清水池中浸泡 30min，脱去蘑菇体上残留的护色液，这一方法能使蘑菇色泽在 24h 以内变化不大。③将刚采摘的蘑菇浸入 0.4mmol/L 半胱氨酸溶液中 30min 后取出。此法护色的蘑菇经 4～6h 后，菇色仍为白色，基本上保持了蘑菇的本色。④把蘑菇浸入 1％的柠檬酸溶液中，同时加入少量维生素 C，抽真空并使真空桶中保持真空度 0.053MPa，维持 3min 后，再把空气放入。

(3) 热烫。热水温度 96～98℃。并在水中加入 0.1％的柠檬酸溶液。热烫时间根据菌盖大小控制在 4～6min。为了防止菇色变热烫溶液酸度应经常调整并注意定期更换热烫水。

(4) 冷却。热烫后迅速将蘑菇放入冷却水池中冷透，以防过度受热影响品质。冷却水含余氯 0.4～0.7mg/kg。

(5) 沥干。蘑菇速冻前还要进行沥干。否则蘑菇表面含水分过多，会冻结成团，不利于包装，影响外观。而且，过多的水分还会增加冷冻负荷。沥干可用振动筛、离心机或流化床预冷装置进行。

(6) 速冻。蘑菇速冻宜采用流化床速冻装置。将冷却、沥干的蘑菇均匀地放入流化床传送带上，由于蘑菇在流化床中仅能形成半流化状态，因此传送带的蘑菇层厚度为 80～120mm。流化床装置内空气温度要求－30～－35℃，冷气流流速 4～6m/s，速冻时间 12～18min，至蘑菇中心温度为－18℃以下。

(7) 分级。速冻后的蘑菇应进行分级，按菌盖大小可分为大大（36～40mm）、大（28～35mm）、中（21～27mm）、小（15～20mm）4 级。

(8) 复选。剔除不合乎速冻蘑菇标准的畸形、斑点、锈渍、空心、脱柄、开伞、变色菇、薄菇、带泥根、菌裙发黑以及不合乎规格要求的蘑菇。

(9) 镀冰衣。将 5kg 蘑菇放入有孔塑料筐或不锈钢丝篮中,再把篮、筐浸入 1～2℃的水中 2～3s,拿出后左右振动摇匀沥水即可。冰水要求清洁干净,含余氯 0.4～0.7 mg/kg。

(10) 包装。包装工作场地必须保证在 -5℃ 以下低温,温度在 -4～-1℃ 以上时速冻蘑菇会发生重结晶现象,极大地降低速冻蘑菇的品质。内包装可用 0.06～0.08mm 聚乙烯薄膜袋,该材料耐低温、透气性低、不透水、无异味、无毒性。外包装用纸箱,每箱净重 10kg(20×500g,10×1kg)。纸箱表面必须涂油,防潮性良好,内衬清洁蜡纸,外用胶带纸封口,所有包装材料在包装前必须在 -10℃ 以下低温预冷。

(11) 检验。对每批次生产的速冻蘑菇需随机抽样检验,抽验数量按 GB 2828—87《逐批检查记数抽样程序及抽样表》,待检样品应在随机抽样的数量中取 1～3kg。检验包括感官检验、卫生检验及理化检验。

(12) 冷藏。将检验后符合质量标准的速冻蘑菇迅速放入冷藏库冷藏。冷藏温度 -20～-18℃,温度波动范围 ±1℃ 以内,速冻蘑菇宜放入专门存放速冻蔬菜的专用库。在此温度下冷藏期限为 8～10 个月。

本 章 小 结

果蔬速冻是将果蔬预处理后,放在低温下进行快速均匀冻结,并在 -18℃ 条件下贮存的过程。由于低温冷藏可很好地抑制微生物的生长活动和酶促生化反应,因此延长了果蔬的贮藏期并保持果蔬营养成分少受损失。但果蔬冻结后,内部水分变成冰晶,冰晶会对细胞造成一定的机械损伤,而导致果蔬产生龟裂、重量减轻、色泽变暗,解冻后还会产生流汁、风味变劣现象。冻结分为缓慢冻结和快速冻结两种,快速冻结时,形成的冰晶体体积细小,且分布均匀,可减小冻结对果蔬品质的不良影响,并最大限度地保持冻结食品的可逆性和质量。解冻后容易恢复原来的状况,能较好地保持果蔬原有的品质,使色、香、味和质地接近于新鲜原料。故生产上常采用隧道式鼓风冻结、流化冻结、间接接触冻结、浸渍冻结、深低温冻结等设备进行快速冻结。

果蔬速冻一般要经过原料采收、挑选、分级、预处理、冷却、速冻、包装、检验、冻藏等工序,必须根据原料的特性采用合理的预处理方式,如去皮、去核、切分、拣选、烫漂、护色等,然后进行速冻以保证产品品质。

果蔬冻藏温度通常在 -18℃ 以下,冻藏期间,切忌温度忽高忽低造成果蔬的重结晶,从而影响果蔬品质。温度波动范围一般控制在 ±1℃ 内。

速冻果蔬流通时要应用能制冷及保温的运输设施,在 -18～-15℃ 条件下运输冻品,销售时也应有低温货架与货柜。

有些果蔬食用前需要解冻。解冻的方法有空气解冻、水解冻、真空解冻、电流加热解冻、微波解冻等,根据不同的速冻果蔬种类采用合适的解冻方式。食品解冻之后,组织结构已有破坏,内容物浓度升高,汁液外流,有利于微生物的活动和果蔬理化性质的变化。因此，冷冻果蔬应在食用之前解冻，而不宜过早解冻。解冻之后应立即食用或加工，不宜在室温下长时间搁置待用。

思 考 题

1. 果蔬速冻原理是什么？
2. 简述果蔬的冻结过程。
3. 冻结速度对速冻果蔬品质有什么影响？
4. 简述速冻对果蔬的影响。
5. 举出一种速冻设备，并简述其工作过程。
6. 果蔬速冻前预冷常用的方法有哪些？
7. 简述速冻前果蔬的护色方法。
8. 试述速冻果蔬贮藏的最佳温度条件及贮藏期的管理措施。
9. 速冻食品常用的解冻方法有哪些？
10. 调查一种或两种果蔬速冻品的速冻技术。

第十三章　果蔬综合利用及其他加工技术

学习要求

　　(1) 了解果蔬中色素、果胶、柠檬酸、香精油、纤维素的提取；
　　(2) 掌握鲜切果蔬加工技术；
　　(3) 了解超微果蔬粉的加工方法和设备。

第一节　果蔬中物质的提取

一、色素物质的提取

(一) 果蔬色素提取和纯化

1. 果蔬色素提取技术

为了保持果蔬色素的固有优点和产品的安全性、稳定性，一般提取技术大多采用物理方法，较少使用化学方法。目前，提取色素的技术主要有浸提法、浓缩法和先进的超临界流体萃取法等。

浸提法工艺设备简单，其关键是如何提高产品得率和纯度，其工艺流程为：

　　原料 → 清洗 → 浸提 → 过滤 → 浓缩 → 干燥成粉或添溶媒制成浸膏 → 产品

浓缩主要用于天然果蔬汁的直接压榨、浓缩提取色素，其工艺流程为：

　　原料 → 清洗 → 压榨果汁 → 浓缩 → 干燥 → 产品

超临界流体萃取法是现代高新技术用于果蔬色素提取的先进方法，其工艺流程为：

　　原料 → 清洗 → 萃取器萃取 → 分离 → 干燥 → 产品

(1) 原料处理。果蔬原料中的色素含量与品种、生长发育阶段、生态条件、栽培技术、采收手段及贮存条件等有密切关系。如葡萄皮色素、番茄色素，不同品种以及不同成熟度的原料差别很大。浸提法生产收购到的优质原料，需及时晒干或烘干，并合理贮存；有些原料还需进行粉碎等特殊的前处理，以便提高提取效率；提取不同的色素，对原料要进行不同的处理，生产前要严格试验，找出适宜的前处理方法。浓缩法的原料处理以及榨汁过程可参考果蔬汁的加工。对于超临界流体萃取法提取色素，也应将原料洗涤、沥干及适当的破碎后，提取色素。

（2）萃取。对于用浸提法提取色素，第一，应选用理想的萃取剂，因为优良的溶剂不会影响所提取色素的性质和质量，并且提取效率高、价格低廉以及回收或废弃时不会对环境造成污染；第二，萃取的温度要适宜，既要加快色素的溶解，又要防止非色素类物质的溶解增多；第三，大型工业化生产应采用进料与溶剂成相反梯度运动的连续作业方式，以提高效率并节省溶剂；第四，萃取时应随时搅拌。对于超临界流体萃取法，一般所选的溶剂为 CO_2，在萃取时应控制好萃取压力和温度。

（3）过滤。过滤是浸提法提取果蔬色素的关键工序之一，若过滤不当，成品色素会出现混浊或产生沉淀，尤其是一些水溶性多糖、果胶、淀粉、蛋白质等，不过滤除去，将严重影响色素溶液的透明度，还会进一步影响产品的质量和稳定性。过滤常常采用离心过滤、抽滤，目前还有用超滤技术等。另外，为了提高过滤效果，往往采用一些物理化学方法，如调节 pH、用等电点法除去蛋白质、用酒精沉淀提取液中的果胶等。

（4）浓缩。色素浸提过滤后，若有有机溶剂，须先回收溶剂以降低产品成本，减少溶剂损耗，大多采用真空减压浓缩先回收溶剂，然后继续浓缩成浸膏状；若无有机溶剂，为加快浓缩速度，多采用高效薄膜蒸发设备进行初步浓缩，然后再真空减压浓缩。真空减压浓缩的温度控制在 60℃ 左右，而且也可隔绝氧气，有利于产品的质量稳定，切忌用火直接加热浓缩。

（5）干燥。为了使产品便于贮藏、包装、运输等，有条件的工厂都尽可能地把产品制成粉剂，但是国内大多数产品是液态型。由于多数色素产品未能找到喷雾干燥的载体，直接制成的色素粉剂易吸潮，特别是花苷类色素，在保证产品质量的前提下，制成粉剂有一定的难度，对这类色素可以保持液态。干燥技术有塔式喷雾干燥、离心喷雾干燥、真空减压干燥以及冷冻干燥等。

（6）包装。包装材料应选择轻便、牢固、安全、无毒的物质，对于液态产品多用不同规格的聚乙烯塑料瓶包装，粉剂产品多用薄膜包装；包装容器必须进行灭菌处理，以防污染产品。无论何种类型产品和使用何种包装材料，为了色素的质量稳定和长期贮存，一般应放在低温、干燥、通风良好的地方避光保存。

2. 果蔬色素的精制纯化

用果蔬提取的色素，由于果蔬本身成分十分复杂，使得所提色素往往还含有果胶、淀粉、多糖、脂肪、有机酸、无机盐、蛋白质、重金属离子等非色素物质。经过以上的提取工艺得到的仅仅是粗制果蔬色素，这些产品色价低、杂质多，有的还含有特殊的臭味、异味，直接影响着产品的稳定性、染色性，限制了它们的使用范围。所以，必须对粗制品进行精制纯化。精制纯化的方法主要有以下几种。

（1）酶法纯化。利用酶的催化作用使得色素粗制品中的杂质通过酶的反应而被除去，达到纯化的目的。如由蚕沙中提取的叶绿素粗制品，在 pH 为 7 的缓冲液中加入脂肪酶，30℃下搅拌 30min，以使酶活化，然后将活化后的酶液加入到 37℃的叶绿素粗制品中，搅拌反应 1h，就可除去令人不愉快的刺激性气味，得到优质的叶绿素。

（2）膜分离纯化技术。膜分离技术特别是超滤膜和反渗透膜的产生，给色素粗制品的纯化提供了一个简便又快速的纯化方法。孔径在 0.5nm 以下的膜可阻留无机离子和有机低分子物质；孔径在 1nm～10nm，可阻留各种不溶性分子，如多糖、蛋白质、果胶等。让色素粗制品通过一特定孔径的膜，就可阻止这些杂质成分的通过，从而达到纯化的目的。黄酮类色素中的可可色素就是在 50℃、pH 为 9、入口压力 490kPa 的工艺条件下，通过管式聚砜超滤膜分离而得到的纯化产品，同时也达到浓缩的目的。

（3）离子交换树脂纯化。利用阴阳离子交换树脂的选择吸附作用，可以进行色素的纯化精制。葡萄果汁和果皮中的花色素就可以用磺酸型阳离子交换树脂进行纯化，除去其粗制品浓缩液中所含的多糖、有机酸等杂质，得到稳定性高的产品。

（4）吸附、解吸纯化。选择特定的吸附剂，用吸附、解吸法可以有效地对色素粗制品进行精制纯化处理。意大利对葡萄汁色素的纯化，美国对野樱果色素的精制，我国栀子黄色素、萝卜红色素的纯化都应用此法，取得了满意的效果。

（二）几种果蔬色素提取技术

1. 葡萄皮红色素的提取

（1）工艺流程。具体工艺流程如下。

葡萄皮 → 浸提 → 粗滤、离心 → 沉淀 → 浓缩 → 干燥 → 产品

（2）操作要点

1）选用含有红色素较多的葡萄分离出果皮，或用除去籽的葡萄渣，干燥待用。

2）浸提时用酸化甲醇或酸化乙醇，按等量重的原料加入，在溶剂的沸点温度下，pH 3～4 浸提 1h 左右，得到色素提取液，然后加入维生素 C 或聚磷酸盐进行护色，速冷。

3）粗滤后进行离心，以便去除部分蛋白质和杂质。

4）离心后的提取液加入适量的酒精，使果胶、蛋白质等沉淀分离。

5）在 45～50℃、93kPa 真空度下，进行减压浓缩，并回收溶剂。

6）浓缩后进行喷雾干燥或减压干燥，即可得到葡萄皮红色素粉剂。

2. 类胡萝卜素色素的提取

（1）工艺流程。具体工艺流程如下。

胡萝卜 → 洗涤、切碎 → 软化 → 浸提 → 浓缩 → 干燥 → 产品

（2）操作要点

1）选用新鲜胡萝卜，洗涤后切碎，在沸水中热烫 10min 软化。

2）混合溶剂石油醚与丙酮按 1∶1 作为提取溶剂。第一次浸提 24h 后分离提取液，再进行第 2 次、第 3 次至浸提液无色为止，将数次获得的提取液混合后进行过滤。

3）将过滤后的提取液在 50℃、67kPa 真空度下进行浓缩，得到膏状产品并回收

溶剂。

4）膏状产品可在 35～40℃下进行干燥，得到粉状类胡萝卜素色素制品。

3. 苋菜红色素的提取

（1）工艺流程。具体工艺流程如下。

苋菜 → 洗涤、切碎 → 热浸提 → 粗滤 → 真空浓缩 → 沉淀 → 过滤 → 真空浓缩 → 干燥 → 产品

（2）操作要点

1）苋菜外观全红，去黄叶、除根，清洗干净，切碎。

2）用去离子水作浸提剂，原料与水之比为 1∶2，在 90～100℃下浸提 3min，然后过滤，得到苋菜色素提取液。

3）将苋菜色素提取液在 50～60℃、真空度 80～89kPa 下浓缩。

4）浓缩后，将 95％酒精加入浓缩提取液中，使得酒精含量为 60％～70％，沉淀除去杂质，过滤后进行第 2 次真空浓缩，同时回收酒精。

5）将第 2 次真空浓缩获得的苋菜色素浓缩提取液，可进行喷雾干燥，进风温度为 150～170℃，出风温度为 60～80℃，使得产品含水量在 10％以下。

4. 番茄红色素的提取

（1）工艺流程。具体工艺流程如下。

番茄 → 洗涤、破碎 → 浸提 → 过滤 → 浓缩 → 干燥 → 产品

（2）操作要点

1）选取新鲜且含有红色素高的番茄，洗涤后破碎。

2）以氯仿作为溶剂提取番茄红色素，给破碎后的番茄中加入 90％原料重的氯仿，用盐酸调节 pH 为 6，在 25℃下提取 15min，然后过滤得到番茄红色素提取液。

3）提取液在 45℃、67kPa 真空度下进行浓缩，得到膏状产品并回收溶剂。

4）用真空干燥后可得到番茄红色素产品。

5. 用超临界 CO_2 流体萃取沙棘黄色素

（1）工艺流程。具体工艺流程如下。

沙棘果渣 → 洗涤、沥干 → 萃取器萃取 → 分离 → 干燥 → 产品

（2）操作要点

1）选用榨汁后的沙棘果渣并去除沙棘籽，洗涤、沥干，适当破碎。

2）将处理好的沙棘果渣放入萃取器进行萃取，其条件为萃取压力 25～30MPa、温度 35～40℃、CO_2 流量 12kg/h，萃取时间 3h。

3）常压下分离出 CO_2 得到沙棘黄色素萃取物。

4）将沙棘黄色素萃取物进行喷雾干燥或减压干燥，即可得到沙棘黄色素粉剂。

二、果胶物质的提取

果胶用途很广，特别在食品工业方面，除用做果酱、果冻、果汁等的增稠剂外，又

是冰淇淋的优良稳定剂；此外，在制药、编织工业中也广泛应用。低甲氧基果胶除了具有一般果胶的用途外，还可制成低糖、低热值的疗效果酱果冻类制品；它又是铅、汞、钴等金属中毒的良好解毒剂。所以，低甲氧基果胶的生产在工业上已日益受到重视。

（一）工艺流程

具体工艺流程如下：

原料选择与处理 → 抽提 → 压滤 → 脱色 → 浓缩 → 沉淀 → 烘干 → 成品

果胶提取工艺流程中关键是提取和沉淀两道工序。

（二）操作要点

1. 原料选择与处理

柑橘类果实的果胶含量为 $1.5\% \sim 6\%$，其中以柚皮含量最高（6% 左右），其次为柠檬 $4\% \sim 5\%$，橙 $3\% \sim 4\%$，用压榨法提取香精油的橘皮渣及加工橘子罐头后的橘皮、囊衣、果园里的落果和残次果等，都是良好的原料。苹果果皮的果胶含量为 $1.24\% \sim 2.0\%$、果心为 0.43%，榨汁后的果渣中果胶含 $1.5\% \sim 2.5\%$。梨为 $0.5\% \sim 1.2\%$，李为 $0.2\% \sim 1.5\%$，杏为 $0.5\% \sim 1.2\%$，桃为 $0.56\% \sim 1.25\%$，山楂高达 6% 左右，这些都可作为原料。

在提取果胶前，先将原料破碎，如原料为干品，则应先在清水中浸泡 $0.5h$ 左右，然后加热即可。接着用清水将原料淘洗至色泽较浅、无不愉快气味时止，最后压干备用。

2. 抽提

原料中加入 0.15% 盐酸，将原料全部洗好投入。对幼果或未成熟的果实，其原果胶含量较多，可适当增加盐酸用量延长抽提时间。

3. 压滤与脱色

先用压滤机过滤抽提液，以除去其中杂质，再加 $1.5\% \sim 2\%$ 的活性炭，保温 $80℃$，$20min$，再行压滤，以除去颜色。如果抽提液黏度高、不易过滤时，可加入硅藻土 $1\% \sim 2\%$ 助滤。

4. 浓缩

将滤清的果胶液送入真空浓缩锅中，保持真空度为 $88.93kPa$ 以上，温度 $40 \sim 50℃$，浓缩至总固形物达 $7\% \sim 9\%$ 为止，制成果胶浓缩液。如在食品中直接应用果胶浓缩液，则应在抽提时添加柠檬酸为宜。

5. 沉淀

较简易的沉淀法是以 95% 酒精加入浓缩液中，使浓缩液中酒精含量达到 60% 以上，这时果胶从溶液中沉淀出来。并用酒精和水洗涤数次，最后经压榨得果胶。

6. 干燥、粉碎、标准化处理

将所得果胶在 $60℃$ 以下的温度中烘干，最好用真空干燥，至含水分 10% 时止，然后粉碎，过 60 目筛，即得果胶粗制品。必要时进行标准化处理，是为了果胶应用方便，在果胶粉中加入蔗糖或葡萄糖等混合，使产品的胶凝强度、胶凝时间、pH 一致，使用效果稳定。

（三）低甲氧基果胶的提取

低甲氧基果胶提取主要有碱化法、酸化法、酶化法等，其目的主要是脱去果胶中原来含有的一部分甲氧基。现就碱化法介绍如下：

提取的果胶液经真空浓缩，使浓缩液中果胶含量达到 4%，后把果胶液置于夹层锅中，加入氢氧化铵，调节 pH 为 10.5，15℃温度下保持 3h，后加入等容积的 95%酒精和适量盐酸，使 pH 降至 5.0，搅拌混合物，静置 1h，捞出沉淀果胶，压干酒精，打碎块状果胶，置于 pH 为 5.2 的 50%酒精中，以除去氯化铵。后即沥干、压榨、破碎并将其置于 95%酒精中 1h。压干后，耙碎，摊于烘盘中，在 65℃真空烘箱中烘 20h。取出用 100 目（孔径 0.172mm）筛过筛后立即包装。

三、有机酸的提取

有机酸在食品工业上用途很广，是制作饮料、蜜饯、果酱、糖果等所不可缺少的原料，也是医药、化学工业常用的原料之一。

果实有机酸经过中和作用生成钙盐析出，再以酸解取代钙，经过浓缩、晶析制得。以下是柠檬酸的提取工艺。

（一）工艺流程

具体工艺流程如下：

榨汁 → 发酵澄清 → 中和 → 酸解 → 晶析 → 离心 → 烘干 → 成品

（二）操作要点

1. 榨汁

将原料捣碎后用压榨机榨取橘汁。残渣加清水浸湿，进行第 2 次压榨，以充分榨出所含的柠檬酸。

2. 发酵澄清

经发酵处理，有利于澄清、过滤、提取柠檬酸。方法是将混浊橘汁加酵母液 1%，经 4～5 天发酵，使橘汁变清。再加适量单宁，并搅拌均匀，加热，促使胶体物质沉淀。再经过滤，得澄清液。

3. 中和

这是提取柠檬酸最重要的工序，直接关系到柠檬酸的得率与质量。先将澄清橘汁加热煮沸，然后用石灰或氢氧化钙或碳酸钙中和，其用量以质量比计算：柠檬酸 10 份，用石灰 4 份，或用氢氧化钙 5.3 份，或用碳酸钙 7.1 份。中和时，将石灰乳慢慢加入，不断搅拌，终点是待柠檬酸钙完全沉淀后汁液呈微酸性为准（检验柠檬酸钙是否完全沉淀，可再加入少许碳酸钙于汁液中，如未见泡沫发生说明反应完全）。将沉淀的柠檬酸钙分离出来，再将余液煮沸，促进残余的柠檬酸钙沉淀，最后用虹吸法将上部黄褐色清液排出。柠檬酸钙用清水反复洗涤。过滤后再次洗涤。

4. 酸解、晶析

将上述柠檬酸钙放入装有搅拌器及蒸汽管的木桶中，加入清水，加热煮沸，不断搅拌，缓缓加入 1.2625kg/L（30°Bx）硫酸，每 50kg 柠檬酸钙干品用 40～43kg 硫酸。继续煮沸，搅拌 0.5h，以加速硫酸钙沉淀生成（检验硫酸用量是否恰当的方法是：取溶液 5mL，加 5mL 45%氯化钙液，若仅有很少硫酸钙沉淀，说明硫酸用量恰当）。然后用压滤法将硫酸钙沉淀分离，用冷水洗涤沉淀，并将洗液加入溶液中。滤清后的柠檬酸溶液用真空浓缩法，将其浓缩到 1.3835～1.4106kg/L（40°Bx～42°Bx）。然后倒入洁净的缸中，经 3～5 天，柠檬酸结晶析出。

5. 离心、干燥

上述柠檬酸结晶还含有一定的水分与杂质，可用离心机除去。然后在 70℃下干燥到含水量达 1%以下，最后通过过筛、分级、包装，即为成品。成品贮存时要注意防潮。

四、香精油的提取

各种水果中都含有香精油，以柑橘类香精油为最普遍，其中果皮中含量达到 1%～2%。香精油广泛用于食品、食用化工工业、医药等方面。香精油的提取方法有如下几种。

（一）蒸馏法

香精油的沸点较低，可随水蒸气挥发，在冷却时与水蒸气同时冷凝下来，由于香精油密度比水轻，因而较易分离而取得。通常先用破碎机将原料破碎成细粒，然后于蒸馏装置中提取香精油。

蒸馏所得香精油称热油，一般含水量较高，又经加热氧化，所得品质较差。用橘皮蒸馏香精油的得率为 2%～3%。

核果类的种仁中大多含有苦杏仁苷，以杏为最多，其次为桃，它在苦杏仁苷酶的作用下，能水解成苯甲醛，即杏仁香精（约占 76%）及氢氰酸、葡萄糖等。氢氰酸有毒，所以蒸馏装置要严密，以防中毒。

（二）浸提法

应用酒精或石油醚、乙醚等有机溶剂，把香精油从组织中浸提出来。提取前先将原料破碎，再用有机溶剂在密封容器中进行浸渍。反复浸提 3 次，得到较浓的带有原料色素的酒精浸提液，过滤后可作为带酒精的香精油保存。也可进行真空浓缩，制成稠状的软膏。柑橘类的落花适宜于这种方法，其中以橙花为最好。

（三）压榨法

简易的方法是将新鲜橘皮的白皮层朝上，晾晒 1 天，使水分减少到 15%～18%，然后破碎到 3mm 的细粒，再行压榨。机械操作时，为提高出油率，在压榨前干橘皮浸在饱和的石灰水溶液中 6~8h，使橘皮变脆硬，油胞易破，以利于压榨。压榨出的油液流入沉淀池，然后用压力泵打入高速离心机中，分离出香精油，此法称压榨离心法。

（四）擦皮离心法

把柑橘外果皮擦破让油胞中的香精油逸出，用高压水冲洗下来，再将油水分离，取得香精油。

用浸提法、压榨法及擦皮离心法所提取的香精油，称冷油，其品质好，价格高。

五、从柑橘果皮渣中提取纤维素

柑橘皮渣经过提取精油、果胶、色素、糖甙等以后，还剩有占柑橘果皮渣重 60% 左右的残渣，这些残渣的主要成分为纤维素及半纤维素。利用这些残渣或柑橘皮渣可以提取食用纤维素。

目前，从柑橘果皮渣中提取纤维素，多数是从柑橘果皮渣中提取果胶后，再制取食用纤维素。其工艺流程为：

柑橘果皮渣 → 清洗 → 干燥 → 粉碎 → 酸液浸提 → 压滤 → 洗涤 → 脱色 → 乙醇洗涤 → 压滤 → 真空干燥 → 食用纤维素

柑橘果皮渣经过清洗去杂以后，风干或低温干燥，然后粉碎到粒度为 1~2mm 的粉末。

将柑橘果皮渣粉末加入 2~3 倍皮渣粉末重的水中，用盐酸浸调节 pH 为 2~2.5 浸提 1h 后，进行压滤，去滤液留渣。滤液用于提取果胶，渣用于制取食用纤维素。

压滤后的余渣用 50~60℃的热水浸泡后反复冲洗至中性，尔后用 5% 的过氧化氢在 pH 为 5~7、30℃左右下进行脱色 10min。

脱色后压滤去除滤液，用清水及 20%~50% 的乙醇进行洗涤余渣，再施压滤，滤渣进行真空干燥。真空干燥后就成了食用纤维素。

第二节 鲜切果蔬加工

鲜切果蔬又称作最少加工处理果蔬、半成品加工果蔬、轻度加工果蔬、切分（割）果蔬、调理果蔬等。它是指新鲜果蔬原料经过分级、整理、挑选、清洗、整修、去皮、切分、包装等一系列步骤，然后用塑料薄膜袋或以塑料托盘盛装外覆塑料薄膜包装，供消费者立即食用或餐饮业使用的一种新式果蔬加工产品。其特点是清洁、卫生、新鲜、方便。

一、鲜切果蔬加工的技术基础

（一）低温保鲜

一般，鲜切果蔬都需要进行低温保鲜。低温可抑制果蔬的呼吸作用和酶的活性，降低各种生理生化反应速度，延缓衰老和抑制褐变；同时也抑制微生物的活动。温度对果蔬质量的变化，作用最强烈、影响最大。环境温度愈低，果蔬的生命活动进行的就缓慢、营养素消耗亦少，保鲜效果愈好。但是，不同果蔬对低温的忍耐力是不同的，每一种果蔬都有其最佳的保存温度。当温度降低到某一程度时会发生冷害，即代谢失调、产生异味及褐变加重等，果蔬的货架期缩短。因此，有必要对每一种果蔬进行冷藏适温试验，以便在保持品质的基础上，延长鲜切果蔬的货架寿命。

鲜切果蔬品质的保持，最重要的是低温保存。但是，有些微生物在低温下仍能生长繁殖，为保证鲜切果蔬的安全性，结合低温还需要进行其他防腐处理，如酸化处理、添加防腐剂等。

（二）气调贮藏

气调贮藏主要是降低 O_2 的浓度、增加 CO_2 的浓度。可通过适当包装经由果蔬的呼吸作用而获得气调环境；也可以人为地改变贮藏环境的气体组成。CO_2 浓度为 5％～10％，O_2 浓度为 2％～5％时，可以明显降低组织的呼吸速率，抑制酶活性，延长鲜切果蔬的货架寿命。不同的果蔬对最高 CO_2 浓度和最低 O_2 浓度的忍耐度不同，如果 O_2 浓度过低或 CO_2 浓度过高，将会导致低 O_2 伤害和高 CO_2 伤害，产生异味、褐变和腐烂。另外，果蔬组织切割后还会产生乙烯，而乙烯的积累又会导致组织软化等劣变，因此，还需要添加乙烯吸收剂。

（三）防褐变处理

鲜切果蔬外观的主要变化就是褐变，褐变是有多酚氧化酶催化多酚与氧气反应造成的，这个反应进行需要 3 个条件：氧气、多酚氧化酶和底物。根据这些反应条件，防止鲜切果蔬褐变的措施主要有：抑制酶的活性，隔绝氧气或消耗氧气。

研究表明，添加维生素 C 能够消耗果蔬中的氧，从而有效的抑制鲜切果蔬的褐变；热烫杀酶、利用柠檬酸降低 pH、利用 EDTA 及其他螯合剂等手段抑制酶的活性，也能有效的抑制鲜切果蔬的褐变。

（四）涂层处理

因为涂层处理可以使果蔬不受外界氧气、水分及微生物的影响，因此，可提高鲜切果蔬的质量和稳定性。涂层的基础物质有 4 种类型：脂类、树脂、多聚糖、蛋白质。其中脂类和树脂涂层广泛用于水果，有良好的阻水性，但不易附着在亲水性的切割表面，而且容易造成厌氧环境；多聚糖有良好的阻气性，能附着在切割表面；蛋白质成膜性好，能附着在亲水性的切割表面，但不能阻止水分的扩散。根据不同涂层物质的优缺点，在配制涂层配方时，通常进行复合配制；有时也加入适当的防腐剂和抗氧化剂等。

二、鲜切果蔬加工技术

根据不同果蔬品种，鲜切果蔬的生产可分为两类。第 1 类是对无季节性生产的果蔬或不耐贮藏的果蔬，加工以后就立即销售，其工艺流程为：

$$采收 \longrightarrow 加工 \longrightarrow 运销 \longrightarrow 消费$$

第2类是对一些耐藏的季节性果蔬,其加工流程为:

$$采收 \longrightarrow 采后处理 \longrightarrow 贮藏 \longrightarrow 加工 \longrightarrow 运销 \longrightarrow 消费$$

从两类的加工流程看,第2类的加工流程比第1类的增加了采后处理和贮藏两个步骤,其目的是延长这类果蔬的供应期。

鲜切果蔬加工技术主要有挑选、去皮、切割、清洗、冷却、脱水、包装、冷藏等工序。不管是手工加工,还是机械加工,需要注意的是在整个加工过程中,尽可能地减少对果蔬组织的伤害。

1)挑选:剔除腐烂、残次果蔬,去除外叶黄叶,清洗后送下道工序加工。

2)去皮:可以通过手工去皮、机械去皮、加热去皮或化学去皮等方法完成。

3)切割:用手工或机械的办法,按用户的要求可切割成片、粒、条、块、段等等形状。

4)清洗、冷却:切割后,用冷水洗涤并冷却。如叶菜类除用冷水浸渍冷却外,也可以用真空冷却。

5)脱水:清洗、冷却后,沥干水分,可以用离心机脱水。

6)包装、预冷:经脱水后的果蔬,即可进行真空包装或普通包装。包装后尽快送冷却装置立即冷却到规定的温度,但真空预冷则先预冷后包装。

7)冷藏、运销:预冷后的产品再包装成箱,然后送冷库贮存或运往销售地。

三、鲜切果蔬加工的实例

(一)鲜切马铃薯的加工

1. 加工工艺流程

具体工艺流程如下:

$$原料选择 \longrightarrow 清洗 \longrightarrow 去皮 \longrightarrow 切割 \longrightarrow 护色 \longrightarrow 包装 \longrightarrow 冷藏或运销$$

2. 操作要点

(1)原料选择。原料要求大小一致,芽眼小,淀粉含量适中,含糖少,无病虫害,不发芽。采收后马铃薯宜在 $3 \sim 5$℃冷库贮存。

(2)去皮。可以采用化学去皮、机械去皮或人工去皮,去皮后应立即浸渍清水或 $0.1\% \sim 0.2\%$ 焦亚硫酸钠溶液中护色。

(3)切割、护色。采用切割机切分成所需的形状,如片、块、丁、条等。切割后的马铃薯随即投入 0.2% 维生素C、0.3% 植酸、0.1% 柠檬酸、0.2% 氯化钙混合溶液,浸泡 $15 \sim 20min$ 进行护色处理。

(4)包装、预冷。护色后的原料捞起沥干溶液,立即用 PA/PE 复合袋抽真空包装,真空度 $0.07MPa$。然后送预冷装置预冷至 $3 \sim 5$℃。

(5)冷藏、运销。预冷后的产品再用塑料箱包装,送冷库冷藏或配送销售,温度控制在 $3 \sim 5$℃。

（二）鲜切菠萝的加工

1. 加工工艺流程

具体工艺流程如下：

原料选择 → 分级 → 清洗 → 去皮、去心 → 整修 → 切分 → 浸渍 → 包装 → 预冷 → 冷藏或运销

2. 操作要点

1）原料选择：要求成熟度八九成、新鲜、无病虫害、无机械损伤的菠萝。

2）洗涤、分级：用清水洗去附着在果皮表面的泥沙和微生物等，按果实的大小进行分级。

3）去皮、去心：用机械去皮捅心，刀筒和捅心筒口径要与菠萝大小相适应。

4）整修：用不锈钢刀去净残皮及果上斑点，然后用水冲洗干净。

5）切分：根据用户要求切分，如横切成厚度为 1.2cm 的圆片、半圆片、扇片等，也可以切成长条状或粒状等。

6）浸渍：把切分后的原料用 40%～50%糖液浸渍 15～20min。糖液中加入 0.5%柠檬酸、0.1%山梨酸钾、0.1%氯化钙。

7）包装、预冷：捞起用 PE 袋包装，按果肉与糖液之比为 4∶1 的比例加入糖液。然后送至预冷装置预冷至 5～6℃。

8）冷藏、运销：产品装箱后在 5～6℃的冷库中贮存或在 5～6℃的环境下销售。

四、鲜切果蔬的质量控制

鲜切果蔬的货架期一般为 3～10 天，有的长达 30 天甚至数个月。产品贮藏过程中的质量问题主要是微生物的繁殖、褐变、异味、腐败、失水、组织结构软化等。如何保证产品质量是延长产品货架期的关键。因为鲜切果蔬经过加工后，如去皮、切割等，组织结构受到伤害，原有的保护系统被破坏，富有营养的果蔬汁外溢，给微生物的生长提供了良好的基质，使得微生物容易浸染和繁殖；同时果蔬体内的酶与底物的区域化被破坏，酶与底物直接接触，发生各种各样的生理生化反应，导致褐变等不良后果；再者有果蔬组织本身的代谢，当果蔬组织受伤后呼吸加强，乙烯生成量增加，产生次生代谢产物，加快鲜切果蔬的衰老和腐败。因此，为保证鲜切果蔬的质量，延长其货架期，应从以下因素加以控制。

（一）切分的大小与刀刃的状况

切分的大小是影响鲜切果蔬品质的重要因素之一，切分越小，切分面积越大，保存性越差。若需要贮藏时，一定以完整的果蔬贮藏，到销售时再加工，加工后要及时配送尽可能缩短切分后的贮藏时间。刀刃的状况与鲜切果蔬的保存时间也有很大的关系，锋利的刀切割果蔬的保存时间长，钝刀切割的果蔬切面受伤多，容易引起变色、腐败。

（二）清洗与控水

病原菌数也与鲜切果蔬保存中的品质密切相关，病原菌数多的比少的保存时间明显

缩短。清洗是延长鲜切果蔬保存时间的重要工序，清洗干净不仅可以减少病原菌数，还可以洗去附着在切分果蔬表面汁液减轻变色。

鲜切果蔬洗净后，若放置在湿润环境下，比不洗的更容易变坏或老化。通常使用离心机进行脱水，但过分脱水容易使鲜切果蔬干燥枯萎，反而使品质下降，故离心机脱水时间要适宜。

（三）包装

鲜切果蔬暴露于空气中，会发生失水萎蔫、切断面褐变，通过适合的包装可防止或减轻这些不良变化。然而，包装材料的厚薄、透气率大小以及真空度的高低都会依鲜切果蔬种类的不同而不同，在包装时应进行包装适用性试验，以便确定合适的包装材料或真空度。

一般而言，透气率大或真空度低时鲜切果蔬易发生褐变，透气率小或真空度高时易发生无氧呼吸产生异味。在保存中袋内的鲜切果蔬由于呼吸作用会消耗 O_2 生成 CO_2，结果是 O_2 减少 CO_2 增加。因此，要选择厚薄适宜的包装材料来控制合适的透气率或合适的真空度，以便保持最低限度的有氧呼吸和造成低 O_2 高 CO_2 环境，延长鲜切果蔬的货架期。

第三节　超微果蔬粉

一、概述

（一）超微粉的定义

一般而言，超微粉加工技术是利用各种粉碎方法及设备，通过一定的加工工艺流程，使得产品加工成为超微细粉末的粉碎加工过程。与传统的粉碎、破碎、研碎等加工技术相比，超微粉加工技术的重要特征是产品的粉碎粒度微小。由于产品的颗粒粒度微小，这类产品就有超微粉、超细粉、超细微粉等等之称。

超微粉的定义国内外尚未有准确一致表述。有人将粒径小于 $100\mu m$ 的粉体称为超细粉体；有人将粒径小于 $30\mu m$ 或 $10\mu m$ 的粉体称为超细粉体；也有人称小于 $1\mu m$ 的粉体为超细粉体。目前，国外较多采用粒径小于 $3\mu m$ 的粉体被称之为超细粉体。我国对超细粉体的称谓也不尽相同，有人用"超细粉"，有人用"超微粉"，也有人用"超细微粉"，其实在汉语中也很难对这些词进行严格区别。

超细粉体通常又分为微米级、亚微米级及纳米级粉体。粒径大于 $1\mu m$ 的粉体称为微米材料；粒径在 $0.1\sim1\mu m$ 的粉体称为亚微米材料；粒径处于 $0.001\sim0.1\mu m$ 的粉体称之为纳米材料。

对于食物来说，粉碎物的粒度并不是越细越好。若食物的粒度愈细，在人体中存留的时间就愈短，而且相应食物的舌感亦就没有了。一般情况下，食品颗粒径应大于 $25\mu m$，但由于不同的行业、不同的产品对成品粒度的要求不同，因此，在加工时应根据物料特性及其用途不同来确定成品的粒度。

（二）超微粉的特点

食品超微粉具有很强的表面吸附力及亲和力、很好的固香性、很容易被人体消化吸收、最大限度地利用原材料和节约资源等特点。因此，食品超微粉的问世使得食品的结构、形式及人体生物利用度均发生了巨大变化，食品超微粉在食品加工业中将是具有广泛前景地新型产品之一。

果蔬制成粉末状态可以大大提高果蔬内营养成分的利用程度，增加利用率。果蔬粉可以用在糕点、罐头、饮料等制品中及作为各种食品的添加剂，亦可直接作为饮料等产品饮用。

在保健食品行业中超细粉体技术的使用特别广泛。如灵芝、鹿茸、三七、珍珠粉、螺旋藻、蔬菜、水果、蚕丝、人参、蛇、贝壳、蚂蚁、甲鱼、鱼类、鲜骨及脏器的细化，为人类提供了大量新型纯天然高吸收率的保健食品。灵芝、花粉等材料需破壁之后才可有效地利用，是理想的制作超微粉的原料。

茶叶是我国传统地饮品，含有大量的氨基酸和维生素等有机物，还含有多种人体所需的矿物质元素，对人体有着重要的营养及保健功效。然而，传统的开水冲泡方法不能将茶叶的营养成分全部被人体吸收，如果将茶叶超细化，吸收将更充分，制成茶粉后，冷、温水冲饮及作为添加剂添加到食品、菜肴中，更是方便且富有营养。

动物鲜骨经超微粉碎后，是一种天然的补钙产品，且吸收率明显提高。

二、超微粉碎的方法和设备

（一）超微粉碎的方法

工业生产中，超微粉碎的方法有机械法、物理法和化学法。在食品工业中，生产食品超微粉的主要方法是机械法。根据粉碎过程中物料受力情况及机械的运动形式，机械法可分为气流粉碎法、媒体搅拌粉碎法和冲击粉碎法；根据物料的环境介质，机械法又可分为干式粉碎法和湿式粉碎法。

果蔬物料因含有水分、纤维、糖等多种成分，所以在粉碎上比较复杂，采用干式粉碎法较多。在果蔬粉碎时，应注意粉碎的程度、加工过程不被污染、避免加工过程中原料营养成分的损失等问题。

（二）超微粉碎常用的设备

1. 高速机械冲击式微粉碎机

利用高速回转子上的锤、叶片、棒体等对物料进行撞击，并使其在转子与定子间、物料颗粒与颗粒间产生高频度的相互强力冲击、剪切作用而粉碎的设备。按转子的设置可分为立式和卧式两种。该机入料粒度 3～5mm，产品粒度为 10～40μm。

2. 气流粉碎机

依高速气流（300～500m/s）或过热蒸气（300～400℃）的能量，使颗粒相互冲击、碰撞、摩擦而实现超细微粉碎。产品细度可达 $1\sim5\mu m$，具有粒度分布窄、颗粒表面光滑、颗粒形状规整、纯度高、活性大、分散性好的特点。由于粉碎过程中压缩气体绝热膨胀而产生焦耳—汤姆逊效应，不适合于低熔点、热敏性物料的超细微粉碎。目前工业上应用的有扁平式气流磨、循环管式气流磨、靶式气流磨、对喷式气流磨、流化床对喷式气流磨等。

3. 辊压式磨机

物料在一对相向旋转辊子之间流过，在液压装置施加的 $50\sim500MPa$ 压力的挤压下，物料约受到 $200kN$ 作用力，从而被粉碎。产品细度可达 $40\sim50\mu m$。

4. 振动磨机

振动磨机是用弹簧支撑磨机体，由一带有偏心块的主轴使其振动，通常圆柱形或槽形。振动磨的效率比普通磨高 $10\sim20$ 倍。振动磨的振幅为 $2\sim6mm$，频率 $1020\sim4500r/min$。

5. 搅拌球磨机

搅拌球磨机是超微粉碎机中最有前途而且能量利用率最高的一种超微粉碎设备。它主要由搅拌器、筒体、传动装置及机架组成。工作时搅拌器以一定速度运转带动研磨介质运动，物料在研磨介质中利用摩擦和少量的冲击研磨粉碎，使得在加工粒径小于 $20\mu m$ 的物料时效率大大提高。

6. 胶体磨机

胶体磨又称胶磨机、分散磨。主要由一固定表面和一高速旋转表面组成，两表面之间有可以微调的间隙，一般为 $50\sim150\mu m$。当物料通过间隙时，由于转动体以 $3000\sim15000r/min$ 高速旋转，在固定体与旋转体之间产生很大的速度梯度，使物料受到强烈的剪切从而产生破碎分散的作用。胶体磨能使成品的粒度达到 $2\sim50\mu m$。我国生产的胶体磨可分为变速胶体磨、滚子胶体磨、砂轮胶体磨、多级胶体磨和卧式胶体磨等。

7. 超声波粉碎机

超声波发生器和换能器产生高频超声波。超声波在待处理的物料中引起超声空化效应，由于超声波传播时产生疏密区，而负压可在介质中产生许多空腔，这些空腔随振动的高频压力变化而膨胀、爆炸，真空腔爆炸时产生的瞬间压力可达几千甚至几万个大气压，因此，真空腔爆炸时能将物料震碎。另外，超声波在液体中传播时能产生剧烈的扰动作用，使颗粒产生很大的速度，从而相互碰撞或与容器碰撞而击碎液体中的固体颗粒或生物组织。超声波粉碎机粉碎后的颗粒粒度在 $4\mu m$ 以下，而且粒度分布均匀。

本章小结

本章主要介绍了果蔬的综合利用途径及方法，果蔬的副产品色素、果胶、有机酸、香精油、纤维素等的提取方法，鲜切果蔬加工技术，超微果蔬粉的加工方法和设备。果蔬的副产品提取重点介绍了葡萄皮红色素、类胡萝卜素色素、苋菜红色素、番茄红色素、沙棘黄色素等几种色素的提取和果胶的提取，这一节主要是介绍各种果蔬的副产品的不同提取技术方法。鲜切果蔬加工这一节主要是通过鲜切马铃薯和鲜切菠萝加工技术的重点介绍，使我们掌握常见果蔬的鲜切加工技术，鲜切果蔬的产品深受广大消费者欢迎，其产品资源丰富，生产便于工业化。果蔬粉利用率高，传统食品和保健食品都普遍使用粉末状态，掌握超微果蔬粉的加工方法和设备是食品深加工的基础，本节介绍了超微果蔬粉的加工方法和常用的几种设备及各自特点。

思 考 题

1. 果蔬色素的纯化主要有哪些方法？
2. 简述葡萄皮红色素的提取技术。
3. 简述番茄红色素的提取技术。
4. 简述高甲氧基果胶的提取技术。
5. 试述从柑橘汁中提取柠檬酸技术。
6. 香精油的提取方法有哪些？
7. 怎么从柑橘果皮渣中提取纤维素？
8. 什么叫鲜切果蔬加工？其技术基础有哪些？
9. 简述鲜切马铃薯的加工技术。
10. 怎样控制鲜切果蔬的质量？
11. 什么叫超微粉？其特点有哪些？
12. 超微粉碎常用的设备有哪些？

第十四章　果蔬贮藏与加工实验

实验一　果蔬中可溶性固形物含量的测定

(一) 实验目的与要求

通过实验，学会手持糖度计的使用方法及果蔬可溶性固形物含量的测定方法。

(二) 材料与用具

(1) 材料：苹果、桃、梨、番茄、黄瓜等。

(2) 用具：手持糖度计、碱式滴定管、100mL 三角瓶、250mL 烧杯、200mL 容量瓶、100mL 容量瓶、移液管、漏斗、滤纸、研钵、脱脂棉、电子天平等。

(3) 试剂：0.1mol/L NaOH、1%酚酞指示剂。

(三) 主要实验步骤

手持糖度计的结构见图 14-1。使用前先用蒸馏水对仪器进行校正。即掀开照明棱镜盖板，用镜头纸将折光棱镜拭净，滴蒸馏水 2 滴，合上照明棱镜盖板，将仪器进光窗对向光源或明亮处，调节校正螺丝，将视场分界线校正为 "0" 处，然后把蒸馏水拭净，准备测定样品液。取果蔬汁液 2 滴，置于折光棱镜面上，按蒸馏水校正仪器的步骤进行测试。视

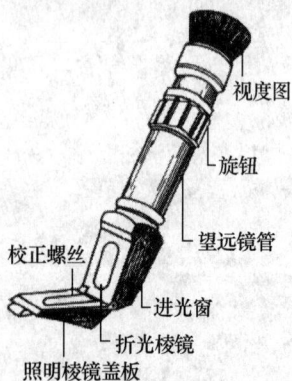

图 14-1　手持糖度计的结构

场中所见明暗分界线相应之读数，即为被测果蔬汁平均可溶性固形物含量的百分数。

当被测试液可溶性固形物含量低于 50% 时，转动旋钮，使得在目镜视场上的分划尺为 0～50，视场上明暗分界线相应的刻度，即为可溶性固形物的含量（%）。若可溶性固形物高于 50%，则应转动旋钮，使目镜视场中所见的刻度范围为 50～80，视场内明暗分界线相应的刻度读数即为被测试样的可溶性固形物的含量。

实验二　果蔬呼吸强度的测定

(一) 实验目的与要求

通过实验掌握呼吸强度测定的原理及方法。

（二）材料与用具

（1）材料：苹果、梨、柑橘、番茄、油菜等。

（2）用具：真空干燥器（图14-2）、大气采样器、滴定管架、25mL 滴定管、150mL 三角瓶、500mL 烧杯、8cm 培养皿、小漏斗、10mL 移液管、吸耳球、100mL 容量瓶、万用试纸、台秤。

（3）试剂：钠石灰、0.4mol/L NaOH（氢氧化钠）、0.1mol/L $H_2C_2O_4$（草酸）、饱和 $BaCl_2$ 溶液、酚酞指示剂、正丁醇、凡士林。

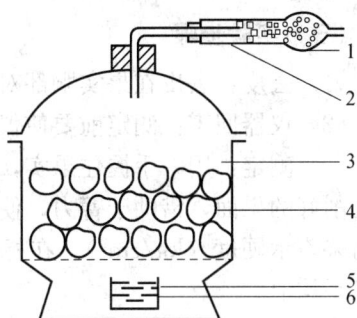

图14-2　真空干燥器

1—钠石灰；2—CO_2 吸管；3—呼吸室；
4—果实；5—培养皿；6—NaOH

（三）实验步骤

用移液管吸取 0.4mol/L 的 NaOH 20mL 于培养皿中，将培养皿放于干燥器底部→放置隔板→称取 1kg 果蔬样品→放入干燥器的呼吸室→封盖→呼吸 1h→取出培养皿→将碱液完全转入三角瓶→加饱和 $BaCl_2$ 5mL 和酚酞 2 滴→用草酸滴定至粉红色消失为终点→记录草酸的用量。

以同样方法做空白滴定，干燥器中不放果蔬样品。

（四）结果计算

$$呼吸强度[以 CO_2 计, mg/(kg \cdot h)] = \frac{(V_1 - V_2)c \times 44}{wt}$$

式中：V_1——空白测定时所用草酸量，mL；

V_2——测定样品时所用草酸量，mL；

c——草酸的浓度，mol/L；

t——测定时间，h；

w——样品质量，kg；

44——CO_2 的相对分子质量。

注意：滴定时要求不能过量或不够，否则会影响结果。

实验三　果蔬硬度的测定

（一）实验目的与要求

通过实验，使学生掌握硬度计的使用方法及果蔬硬度的测定方法。

（二）材料与用具

（1）材料：苹果、桃、梨、番茄、黄瓜等；本实验用的试材是苹果。

（2）用具：果实硬度计。

（三）实验步骤

（1）去皮：去皮在果实胴部对应两面削去厚2mm，直径为1cm的圆形果皮。

（2）仪器回零：测定前要使仪器回零。

（3）测定：用一手握住果实，削面与硬度计的测头垂直，另一只手握住硬度计，对准已削好的果面，借助于臂力，使测头顶端部分压入果肉中为止。以单位面积上承受的压力来表示硬度（kg/cm²）。在标尺上读出游标所指的硬度。每一个果实测2～4次，取其平均值。

（四）注意事项

（1）最好是测定果肉的硬度，因为果皮的影响往往掩盖了果肉的真实硬度。

（2）加压时，用力要均匀，不要转动加压，也不能用猛力压入。

（3）测头必须与果面垂直，不要倾斜压入。

（4）硬度计用后一定要擦拭干净测头，防止果实汁液腐蚀。

实验四　果蔬的人工催熟

（一）实验目的与要求

通过实验使学生掌握果蔬人工催熟的常用方法，并观察催熟效果。

（二）材料与用具

（1）材料：未经脱涩的柿子、淡绿色的番茄、未经催熟的香蕉、鸭梨或猕猴桃。

（2）用具：玻璃真空干燥器、保温箱、温度计、聚乙烯薄膜袋。

（3）试剂：酒精、乙烯、电石、乙烯利、石灰。

（三）操作步骤

1. 柿子脱涩

（1）温水处理：取涩柿5～10个置于容器中，灌入40℃的温水将柿子淹没。置保温箱中保温，经12h后取出检查柿子品质的变化，品尝有无涩味。如未脱涩，再继续处理6～12h并继续观察。

（2）酒精处理：用95％酒精喷在未脱涩柿子的表面，放在玻璃干燥器中，密闭并维持温度20℃经3～4昼夜，取出观察质地，味道变化。

（3）混果处理：将涩柿10个和鸭梨或猕猴桃2个混合置于玻璃干燥器中，密闭后维持温度20℃，经3天，检查柿子的品质变化。

（4）石灰水浸果脱涩：用清水50kg，加石灰1.5kg，搅匀后稍加澄清，吸取上部清液，将10个涩柿淹没其中，经4～7天取出，观察脱涩情况。

（5）对照：将柿子放在20℃左右的普通条件下，观察柿子品质的变化。

2. 番茄催熟

采摘已显乳白色的绿番茄，每10～20个为1组，分别装在催熟箱或玻璃干燥器中。

用下列方法进行催熟处理。

（1）乙烯处理：在容器中通入乙烯气体（保持 0.1％浓度）维持温度 20℃。每隔 24h 通风一次，并换入所需浓度的乙烯气体。观察番茄色泽的变化。

（2）乙炔处理：在容器底部放水少许，维持约 90％的相对湿度。另取表玻璃一块，上铺纱布并使湿润，然后加入一小块电石，随即封闭，维持温度 20℃。每 24h 通风一次，并换电石一块。观察番茄色泽的变化。

（3）酒精处理：将酒精喷于果面，封闭容器并维持 20℃，观察番茄色泽的变化。

（4）对照：将相同成熟度的绿番茄，放在 20℃室温下，观察番茄品质的变化。

3. 香蕉催熟

取已长成七八成熟的香蕉若干斤，分成数组，分别置于玻璃干燥器或催熟箱内，用以下方法进行催熟处理。

（1）乙烯处理：在容器中通入乙烯气体，保持 0.1％浓度维持温度 20～25℃和 90％以上相对湿度，经 2～3 天取出，观察其品质变化。

（2）乙烯利处理：取乙烯利配成 1000～2000mg/kg 的水溶液，把香蕉浸在水中，取出自行晾干，置 3～4 天后观察其品质的变化。

（3）对照：取同样成熟度的香蕉，不加处理，放在 20℃室温下观察其变化。

（四）作业

将测定的数据填入下列表中。

品　种	处理方法	处理日期		处理前品质	处理后品质（色、味、质地）
		开始	结束		

实验五　贮藏环境中氧气和二氧化碳含量的测定

（一）实验目的与要求

通过实验实训使学生掌握奥氏气体分析仪对贮藏环境中 O_2 和 CO_2 含量的测定方法。

（二）材料与用具

（1）材料：苹果、梨、桃、番茄、青椒等新鲜果蔬。

（2）仪器：奥氏气体分析仪、胶管、铁夹、塑料薄膜袋。

（3）试剂：焦性没食子酸、氢氧化钾、氯化钠、甲基橙、液体石蜡等。

氧吸收剂：取焦性没食子酸 30g 于烧杯中，另取 30g 氢氧化钾或氢氧化钠于另一烧杯中，分别加 70mL 蒸馏水，搅拌溶解后定容于 100mL；冷却后将两种溶液混合在一起，即可使用。

CO₂ 吸收剂：30％的氢氧化钾或氢氧化钠溶液吸收 CO_2（以氢氧化钾为好，因氢氧化钠与 CO_2 作用生成碳酸钠的沉淀量多时会堵塞通道）。取氢氧化钾 60g，溶于140mL 蒸馏水中，定容于 200mL 即可。

封闭液的配制：在饱和的氯化钠溶液中，加 1～2 滴盐酸，加 2 滴甲基橙指示剂即可。

（三）操作步骤

1. 清洗与调整

（1）清洗：将仪器的所有玻璃部分洗净，磨口活塞涂凡士林，并装配好仪器。在奥氏气体分析仪（图 14-3）的吸收瓶中注入吸收剂（3 中注入吸收剂，4 中注入吸收剂），吸收瓶分甲、乙两部分，甲管内装有许多小玻璃管，以增大吸收剂与气样的接触面，乙管顶端用橡皮塞塞紧，底部由一个 U 形玻璃管连通。吸收剂不宜装得太多，一般装到吸收瓶的 1/2 即可，调节液瓶中装入封闭液，将吸气孔接上待测气样。

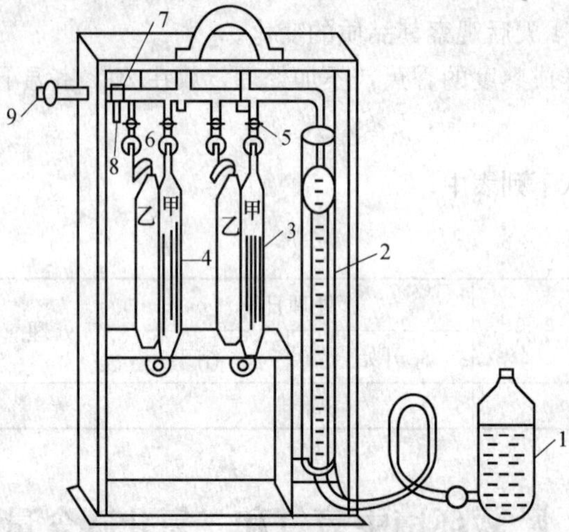

图 14-3　奥氏气体分析仪
1—调节液瓶；2—量气筒；3，4—吸收瓶；5，6—二通活口磨塞；7—三通活口磨塞；8—排气口；9—取样孔

（2）调整：将所有磨口活塞关闭，使吸气球管与梳形管不相通，转动 8 呈"⊦"状，高举调节瓶，排出 2 中空气，以后转动 8 呈"⊣"状，打开活塞 5 并降下 1，此时 3 中的吸收剂上升，升到管口顶部时，立即关闭 5，使液面停止在刻度线上，然后打开活塞 8，同样使吸收剂液面达到刻度线。

2. 洗气

用气样清洗梳形管和量筒内原有空气，使进入中的气样保持纯度，避免误差。打开三通活塞，箭头向上，调节瓶向下，气样进入量气筒，约 100mL，然后把三通活塞箭头向左，把清洗过的气样排出，反复操作 2～3 次。

3. 取样

正式取气样，将三通活塞箭头向上，并降低调节瓶，使液面准确达到"0"位，取气样 100mL，调节瓶与量气筒两液面在同一水平线上，定量后关闭气路，封闭所有通道。再举起调节瓶观察量气筒的液面，堵漏后重新取样。若液面稍有上升后停在一定位置上不再上升，证明不漏气后，可以开始测定。

4. 测定

先测定 CO_2，旋动二氧化碳吸气球管活塞，上下举动调节瓶，使吸气球管的液体与气样充分接触，吸收 CO_2，将吸收剂液面回到原来的标线，关闭活塞。调节瓶液面和量气筒的液面平衡时，记下读数。如上操作，再进行第 2 次读数，若两次读数误差不超过 0.3%，即表明吸收完全，否则再进行如上操作。以上测定结果为 CO_2 含量（体积分数，$\%$），再转动 O_2 吸气球管的活塞，用同样的方法测定出 O_2 含量（体积分数，$\%$）。

（四）计算结果

$$CO_2 \, 含量（\%）= (V_1 - V_2) \, V_1 \times 100\%$$
$$O_2 \, 含量（\%）= (V_2 - V_3) \, V_1 \times 100\%$$

式中：V_1——量气筒初始体积，mL；

$\quad\quad V_2$——测定 CO_2 时残留气体体积，mL；

$\quad\quad V_3$——测定 O_2 时残留气体体积，mL。

（五）注意事项

（1）举起调节瓶时量气筒内液面不得超过刻度"100"处，液面应以吸收瓶中吸收剂不超出活塞为准。

（2）举起调节瓶时动作不宜太快，以免气样因受压力大冲过吸收剂成气泡状而漏出，一旦发生这种现象，要重新测定。

（3）先测 CO_2 后测 O_2。

（4）焦性没食子酸的碱性溶液在 $15\sim20℃$ 时吸收氧的效能量大，吸收效果随温度下降而减弱，$0℃$ 时几乎完全丧失吸收力。因此，测定时，室温一定要在 $15℃$ 以上。

（5）多次举调节瓶读数不相等时，说明吸收剂的吸收能力减弱，需要新配置吸收剂。

（六）实训讨论

在贮藏环境中 O_2 和 CO_2 含量的测定操作中容易出现什么问题？如何避免？

实验六　糖水菠萝罐头的制作

（一）实验目的

通过实验，使学生熟悉罐头的加工工艺，掌握果蔬罐头的基本操作技能。

（二）实验原辅料与设备

菠萝、白砂糖、封罐机、杀菌锅、排气箱（锅）、配料锅、手提式糖度计、台称、去皮捅心机、果刀、挑刺刀、罐头瓶、盖等。

（三）工艺流程及操作要点

1. 工艺流程

具体工艺流程如下：

选料、分级 → 清洗 → 切端 → 捅心、去皮 → 修整、挑刺 → 切片 → 清洗 → 装罐、注液 → 排气 → 密封 → 杀菌 → 冷却 → 保温检验 → 成品

2. 操作要点

（1）选料：选择七八成熟的新鲜菠萝，剔除病烂、损伤、过熟或过生的果实，并按大小分级，清水洗净。

（2）切端：用刀切除果实两端，要求切面平行，以利于机械捅心去皮。

（3）捅心、去皮、挑刺：先用去皮捅心机去掉外皮和硬心，再人工将残皮修掉。用挑刺刀按果眼的螺旋纹路挑去果眼后，切成1.5cm厚的扇形状，最后用清水将果块洗净。

（4）空罐准备：选用无缺损、无裂纹的玻璃罐，刷洗后在0.01%氯液中浸泡10min，再用清水冲洗干净，控水备用。（若是回收玻璃罐，需在40～50℃、2%～3%的氢氧化钠溶液中浸泡5～10min，再按上法洗涤，方能除去油脂等污物）。

（5）糖水配制：用手持糖度计测定菠萝的果肉可溶性固形物含量，根据测得数值的不同，配制不同浓度的糖水。

进行糖水配制时，直接称取白糖和水，投入夹层锅内加热溶解并煮沸约5min，再加入糖水重量0.2%～0.3%的柠檬酸，继续煮沸后过滤备用。

（6）装罐、注液：将果块装入准备好的玻璃罐（净重500g）中，每罐果肉装入量为300g，再装入210g的热糖水，然后将冲洗过的罐盖扣上（不要旋紧）。

（7）排气、密封：有热力排气和真空抽气两种排气方法。热力排气：将装罐后的罐头送入排气箱，排气箱内蒸汽温度控制在95℃左右，排气时间7～8min，使罐头中心温度达70℃以上，取出迅速用封罐机密封。真空抽气：即采用真空封罐机抽气封罐，抽气密封时真空度应达到0.053MPa以上。

（8）杀菌、冷却：菠萝罐头含酸量高，可采用常压杀菌。杀菌公式为5～20min/100℃，分段冷却到40℃。玻璃罐需要分三段冷却。

（9）保温检验：将罐头置于25～28℃的恒温箱中放置5～7天，观察有无胖听和漏罐现象，并抽样做感官检验、理化检验和微生物检验。

做出的糖水菠萝罐头成品呈现微黄或金黄色，糖水较透明，甜酸适宜，有菠萝香味。

（四）实验记录

（1）实验数据。

（2）原料及配料情况：原料名称、新鲜原料质量、预处理后原料质量、用糖量、用

酸量等。

（3）工艺参数：护色条件、预煮条件、装罐量、排气条件、杀菌条件、保温试验等。

（五）作业

（1）加工过程中的护色措施有哪些，排气的目的是什么？

（2）加工过程中出现了哪些问题，你是怎样解决的？

实验七　泡菜的制作

（一）实验目的

通过实训，明确泡菜制作的基本工艺；熟悉各工艺操作要点及成品质量要求。

（二）材料与用具

1. 原辅料

甘蓝、食盐、糖、白醋、香料（花椒、八角、茴香、胡椒等）、辣椒、生姜、白酒等。

2. 仪器与设备

泡菜坛、不锈钢刀、案板、盆、不锈钢锅等。

（三）工艺流程及操作要点

1. 工艺流程

具体工艺流程如下：

甘蓝 → 清洗、预处理 → 盐水配制 → 装坛发酵 → 发酵管理 → 成品

2. 操作要点

（1）清洗与预处理：将蔬菜用清水洗净，剔除不适宜加工的部分，对块形过大的，应适当切分。沥干水分备用，以避免将生水带入泡菜坛中引起败坏。

（2）盐水配制：一般配制与坛子等容积的 6%～8% 的食盐水，糖 2% 左右，辣椒 3%、生姜 5%、八角 0.05% 和 1% 的花椒等香料，1.5% 的白酒。食盐水煮沸后降温至 30℃ 左右待用。

（3）装坛发酵：将清洗干净的泡菜坛子沥干水分，放入半坛原料稍稍压紧，加入香料等，再放入原料至离坛口 5～8cm，注入泡菜水，使原料被泡菜水淹没，盖上坛盖，注入清洁的坛沿水或 20% 的食盐水，将泡菜坛置于阴凉处发酵。发酵最适温度为 20～25℃。

（4）泡菜管理：泡菜如果管理不当会败坏变质，必须注意以下几点：①保持坛沿水清洁，经常更换坛沿水；揭坛盖时要轻要稳，勿将坛沿水带入坛内；②取食泡菜时，用清洁的筷子取食，勿使油脂混入；取出的泡菜不要再放回坛中，以免污染；③如出现长膜生花，可加入少量白酒，或加入苦瓜、大蒜头等含有杀菌素的蔬菜，以减轻或阻止此现象；④泡菜制成后取食期间应适当补充原料与食盐水，以保持坛内一定容量。

（四）质量标准

清洁卫生、色泽美观、香气浓郁、质地清脆、组织细嫩、咸酸适度；含盐量为 2%～

4%，含酸量（以乳酸计）为 0.4%～0.8%。

（五）作业

（1）影响泡菜与糖醋菜质量的主要因素有哪些？

（2）如何提高泡菜的脆性？

实验八 酱菜腌制

（一）实验目的

通过实验，使学生掌握酱菜制作工艺流程及其操作要点。

（二）材料与用具

适合制作酱菜和泡菜的原料如甘蓝等、甜面酱、黄豆酱、酱油、香辛料、食盐、白糖、干红辣椒、洗涤槽或洗涤用的塑料盆、案板、台秤、菜刀、泡菜坛、托盘天平。

（三）工艺流程及操作要点

1. 工艺流程

具体工艺流程如下：

切分（块、片、丁、丝等）─→ 腌坯 ─→ 脱盐 ─→ 酱渍 ─→ 成品

2. 操作要点

（1）切分，腌坯：首先将原料用流动清水洗净，再用小刀削去其粗筋、须根、斑点、烂点，然后将过大的原料切分，再按原料重 15%～18% 称取食盐，将蔬菜放入水泥池中或坛中进行层渍，一层食盐一层蔬菜。食盐用量上少下多，层层压紧，在菜坯的最上层加一层盖面盐，如此盐渍 10～20 天制成腌坯。若将食盐浓度加大到 25%，则可将菜坯长期保存，供周年生产所用。

（2）脱盐：将腌坯用清水浸泡 3～4h，其间换水 3～4 次，也可将腌坯置于流动水中漂洗脱盐，待腌坯脱盐至咸淡适口（即含盐量 2%～3%）为止。然后用离心机甩干明水，或者用压榨机压榨脱水。再根据需要将菜坯切分成不同形状。

（3）酱渍：酱渍常进行 3 次，所用之酱为甜面酱、黄豆酱、酱油或辣椒酱，也可在酱中加入香辛料或甜味剂等调味料，将酱菜制成不同风味。

第 1 次酱渍：将脱盐后的菜坯按一层菜坯一层酱放入盛器内，生产中常用白布包好菜坯，投入酱油缸中，通常每袋装入菜坯 1～5kg。务必使酱完全浸没盖住菜坯，再在最上层的酱面上撒入少量食盐、白酒，以防微生物污染。第 1 次酱渍时间约为 7 天。

第 2 次酱渍：将第 1 次酱渍的菜坯取出，用清水洗净表面的酱液并擦干，再浸入新酱缸中，方法和时间与第 1 次酱渍相同。一周以后再进行第 3 次酱渍，方法与第 2 次相同，酱渍一周后便可食用，也可将酱缸封口后长期保存。

酱的使用量一般与菜的质量相同，酱的用量越大，酱菜的质量越好。

酱的使用方法：第 1 次酱渍后的酱，可以作为下一批菜坯第 1 次酱渍时的酱油重复

使用 2～3 次。以后可以将第 2 次时所用的酱，作为下一次第 1 次酱渍用酱；将第 3 次酱渍用酱，作为下一次第 2 次酱渍用酱；第 3 次酱渍用酱，要求是新酱。

酱菜制作的三大关键是：①所用的酱应当是瓣鲜、色泽正常、香味浓郁；②盐渍菜坯时，食盐的浓度最低要达到 15％以上，菜坯咸淡要均匀；③酱渍时，菜要充分吸收酱液。

（四）作业

(1) 试述酱菜产品颜色形成的原因。

(2) 酱菜生产过程中的关键技术有哪些？

实验九　苹果脯的制作

（一）实验目的

通过实验，使学生熟悉并掌握果脯的加工方法及操作要点。

（二）材料与用具

苹果、白砂糖、亚硫酸氢钠、石灰、明矾、柠檬酸等；烘箱、烘盘、铝锅、漏勺、砧板、刀、刨刀、台称、洗果盆等。

（三）工艺流程及操作要点

1. 工艺流程

具体工艺流程如下：

原料选择 → 去皮 → 切分 → 去心 → 硫处理和硬化 → 漂洗 → 热烫、冷却 → 糖渍 →
糖煮 → 烘干 → 包装 → 成品

2. 操作要点

(1) 原料选择：选用果形大而圆整、果心小、果肉疏松、不易煮烂和成熟度适当的原料。可选用"红玉"、"倭锦"、"国光"等品种。果实在坚熟期采收，剔除过生、过熟发绵的果实。

(2) 去皮：按损伤程度分级后，用人工或机械方法削去果皮，挖去损伤部位果肉。

(3) 切分、去心：沿缝合线对半切开，挖去果心，用清水洗净。

(4) 硫处理和硬化：将果块于 0.1％的氯化钙和 0.2％～0.3％的亚硫酸混合液中浸约 8h，硬化和硫处理。肉质较硬的品种只需进行硫处理。每 100kg 混合液可浸泡 120～130kg 原料。浸时上压重物，防止上浮。浸后捞起，用清水漂洗 2～3 次，沥干备用。

(5) 糖煮：在铝锅中配成 40％的糖液 25kg，加热煮沸，倒入苹果 60kg，以旺火煮沸后，再添加上次浸渍后的剩余液 2kg，重新煮沸。这样反复进行 3 次，大约需要 30～40min。此时，果肉软而不烂，并随糖液沸腾而膨胀，表面出现细小裂纹。后再每隔 5min 加糖一次。第 1 次、第 2 次分别加糖 5kg，第 3 次、第 4 次分别加糖 5.5kg，第 5 次加糖 6kg，第 6 次加糖 7kg，再煮 20min，加糖总量为果实重的 2/3，全部糖煮过程需要 1～1.5h，待苹果果块被糖液所浸透呈透明时，即可起锅。

（6）糖渍：趁热起锅，果块连糖液倒入内浸渍 2 天，使果肉吃糖均匀。

（7）烘干：将果坯捞出铺在竹帘或烘盘上送入烘房，用 50～60℃的温度烘干 36h，或 60～70℃下烘至表面不黏手，稍带弹性，含水量为 20％。也可以在阳光下晒干。

（8）包装：剔除有伤疤、发青、色泽不匀的果脯，即可用塑料薄膜食品袋分千克包装，再装纸箱。

3. 质量标准

果脯表面不粘手，果肉带韧性，果块透明，呈金黄色，含水量 15％～18％。食之甜酸适口。

（四）作业

（1）果脯加工过程中的关键技术是什么？

（2）实验中出现了哪些问题，你是怎样解决的？

实验十　山楂果酱的制作

（一）实验目的

通过实验，使学生熟悉并掌握果酱及果冻的制作方法。理解各工艺过程对果酱品质的影响与果酱保藏原理。

（二）材料与用具

山楂果、砂糖、柠檬酸、不锈钢锅或夹层锅、搪瓷盆、台秤、磨浆机、滤布、煤气灶及其配套的罐、不锈钢小刀、不锈钢铲或木铲、温度计、折光仪、玻璃瓶罐及其盖与胶垫、杀菌锅、500mL 的量筒。

（三）工艺流程及操作要点

1. 工艺流程

具体工艺流程如下：

选料 → 去果核、蒂、柄 → 洗净 → 预煮 → 浸泡煮烂 → 与滤过的糖水混均 → 加柠檬液 → 熬煮灭菌 → 出锅冷却 → 成品

2. 操作要点

（1）原料处理：选用充分成熟、色泽好、无病虫害的山楂果实，去除果柄、花萼，切除病斑、烂点。

（2）清洗、去籽：将上述处理后的果实用自来水冲洗干净。将山楂果实对半切分，挖去种子。清洗山楂放入夹层锅中加水（加水量约为 1∶1），进行软化。软化时间约为 15～20min，达到山楂果煮透，内外充分软化为度。切勿软化过度，使产生糊锅、变褐、焦化等不良现象。将软化的果实与水一起倒入打浆机中打浆。将软化的山楂送入打浆机，分离果浆、籽渣。

（3）浓缩：将果浆倾入夹层锅进行浓缩，将75％的糖液分1～2次倒入锅中，糖液加入后需不断搅拌以使水分迅速蒸发，浓缩时间30～40min，浓缩时用拆光仪检查其可溶性固形物含量，如果已达60％时，即可停止浓缩进行装罐，在浓缩时注意搅拌以防止果酱焦化。

（4）装罐：果酱缩好后立即趁热装罐，装罐前玻璃罐需用蒸气加热或沸水消毒，保持罐温在35℃以上装罐。要求瓶口不能粘有浓缩的酱，留有3～8mm的顶隙，装瓶后迅速封口。

（5）封口：封口时，罐内温度应在80℃以上。

（6）杀菌：封罐后将罐放到沸水锅中继续煮沸20min，后逐步用70℃、50℃及30℃温水冷却，擦干，贴上标签，注明内容物种类及实验日期。

（四）作业

（1）果酱的制作原理是什么？加工过程中应注意哪些工艺要点？

（2）实验过程中出现了哪些问题，你是怎样解决的？

实验十一　葡萄干的制作

（一）实验目的

通过实验，使学生熟悉并掌握果蔬干制的原理与加工方法。

（二）实验原料与设备

葡萄、硫黄、烘箱、烘盘、不锈钢刀具、砧板或不锈钢工作台、不锈钢锅（或铝锅）、台称、去核器、塑料薄膜袋等。

（三）工艺流程及操作要点

1. 工艺流程

具体工艺流程如下：

原料选择 —→ 浸碱脱蜡 —→ 清水漂洗 —→ 熏硫 —→ 干燥 —→ 除梗 —→ 回软 —→ 包装 —→ 成品

2. 操作要点

（1）原料选择：应选择皮薄、果肉丰满柔软、含糖量高（20％以上）的无核品种，如无核白、无核紫、无子露等。果实应在充分成熟时采收。采后剔除病烂或太小的果粒。果穗过大的应分成几个小穗。以利于干燥。

（2）浸碱脱蜡：为加速干燥，可用1.5％～4％的NaOH溶液处理果实1～5h，以脱除表皮的蜡质层。皮薄蜡质少的品种，则用0.5％的碳酸钠溶液或碳酸钠与氢氧化钠混合液处理3～6h。浸碱后立即用清水漂洗干净。

（3）熏硫：干制白葡萄干时，为保持制品色泽，需用硫黄熏蒸3～4h，硫黄用量为0.3％。

（4）干制：①晒制：将处理好的葡萄整串摆放于晒盘中晒制，只放一层。暴晒约7天，当有部分果粒干缩时，用一空晒盘盖上，迅速翻转，暴晒另一面，如此反复翻晒，直到用手捏挤葡萄不出汁时，叠置阴干，直至葡萄干含水量达15％～17％时（表面干爽不粘手，质地柔韧适中），摘除果梗，堆放回软10～20天，即可包装、贮存。②风干：新疆吐鲁番盆地，夏秋季气候炎热干燥，可在四壁多孔的风干室吊挂经处理后的整穗葡萄，任其自然风干，经30～40天即可干燥。此法干制的葡萄干呈现半透明，不变色，质量好。③烘干：可用烘箱或隧道式干制机，初温45～50℃，终温70～75℃，空气相对湿度为25％。干燥时间24h左右。

（四）作业

（1）干制过程中的关键技术是什么？

（2）实验中出现了哪些问题，你是如何解决的？

实验十二　红葡萄酒的酿制

（一）实验目的

了解葡萄酒酿制的基本原理及工艺条件；明确葡萄酒酿制过程中影响发酵的主要因素；熟悉红葡萄酒酿制工艺操作规程及产品质量要求；掌握红葡萄酒的生产方法。

（二）实验原料与设备

1. 原辅料

红色品种葡萄、蔗糖、偏重亚硫酸钾、葡萄酒酵母、硅藻土、明胶、单宁等。

2. 仪器与设备

pH计、手持糖量计、酒精计、温度计、密度计等；破碎机、发酵罐、贮酒桶等。

（三）工艺流程及操作要点

1. 工艺流程

具体工艺流程如下：

红葡萄 ⟶ 预处理 ⟶ 成分调整 ⟶ SO_2 处理 ⟶ 主发酵 ⟶ 压榨 ⟶ 后发酵 ⟶ 陈酿 ⟶ 澄清过滤 ⟶ 调配 ⟶ 装瓶杀菌 ⟶ 成品

2. 操作要点

（1）原料选择、分选、清洗：原料色泽深、果粒小，风味浓郁，果香典型；原料糖分要求达21％以上；原料要求完全成熟，糖、色素含量高而果酸不太低时采收。常用的品种有赤霞珠、黑比诺、佳丽酿、蛇龙珠等。

原料进行认真挑选，剔除霉变、未成熟颗粒，并进行彻底清洗，若受到微生物污染或有农药残留，可用浓度为1％～2％的稀盐酸浸泡。

（2）破碎与除梗：每颗果粒都破裂，但不能将种子和果梗破碎，破碎过程中，葡萄及汁不得与铁、铜等金属接触。破碎后的果浆应立即进行果梗分离，防止果梗中的青草味和苦涩物质溶出，还可减少发酵醪体积，便于输送，防止果梗固定色素而造成色素的损失。破碎可采用人工或机械破碎。

（3）原浆成分的调整：测定葡萄原浆含糖量，确定是否添加糖。若需添加糖，加糖前应量出较准确的葡萄汁体积，一般每 200L 加一次糖。加糖时先将糖用少量果汁溶解，制成糖浆，再加入到葡萄汁中，充分搅拌，使其完全溶解，加糖最好在酒精发酵开始前进行。

加糖量计算公式：

$$m = \frac{V(1.7A - \rho)}{100 - 1.7A \times 0.625}$$

式中：m——应加固体砂糖量，kg；

ρ——果汁的原含糖量，g/100mL；

V——果汁的总体积，L；

A——发酵要求达到的酒精度；

0.625——每千克砂糖溶于水后增加 0.625L 体积；

1.7——1.7g 糖能生成 1% 的酒精。

测定的葡萄含酸量，确定是否添加酸。若需添加酸，可采用酒石酸。加酸时先将酒石酸用水配制成 50% 的水溶液，然后再添加到葡萄浆液中。

（4）SO₂ 处理：发酵醪中 SO₂ 含量一般要求达到 30～100mg/L，添加不能过量。为了便于操作，一般添加固体亚硫酸盐。使用时应先将固体溶解于水配制成 10% 溶液，然后按工艺要求添加。

（5）主发酵：将调整好的原浆转入发酵罐或桶内（注意：发酵罐或桶应清洗消毒处理后方可使用），装入量控制在发酵容器有效体积的 80%～85%；添加 3%～10% 的活化酵母；低温发酵温度 15～16℃，发酵时间 5～7 天；高温发酵温度 24～26℃，发酵时间 2～3 天；发酵最高温度不超过 30℃；发酵过程应定期检查糖度、密度、pH 等。当发酵液面平息即主发酵结束。

干酵母的活化：在 35～42℃的温水中加入 10% 的活性干酵母，小心混匀，静置 20～30min 即复水活化。一般干酵母用量为 2g/10L 发酵液。

（6）分离新酒：主发酵结束后，应及时进行酒渣分离，分离温度最好控制在 30℃以下。

（7）后发酵：分离得到的新酒，装入至后发酵罐中，装量为发酵罐有效体积的 95% 左右，上部留出 5～15cm 空间，补充添加 SO₂，添加量为 30～50mg/L，发酵温度控制在 18～25℃，发酵时间为 5～10 天。测定糖分已全部转化，可结束后发酵。

（8）陈酿、澄清：将后发酵结束的原酒，转入专用的贮酒容器中，密封，贮藏。陈酿期间，贮酒室温度一般应保持在 12～15℃，空气相对湿度保持在 85%～95%，应定期对贮酒室进行通风换气。优质红葡萄酒陈酿期一般为 2～4 年。

陈酿好的酒需进行澄清处理，常用的澄清剂有明胶、鱼胶、蛋清、皂土等。按澄清红葡萄酒量准确计算所需澄清剂用量，溶解后加入酒中。经 2～3 周澄清后，将上清液及时与酒脚分离。

（9）调配：以葡萄酒的分类为依据（GB/T150377－1997），设计配酒方案。卫生指标符合国家 GB27587－1981 食品卫生标准要求，感官、理化指标，符合 GB/T150377－1994 中规定标准。调配后的酒即为成品酒。

（四）作业

（1）在教师指导下，按照实训中所述的制作工艺加工出符合其产品质量标准的干红葡萄酒。

（2）自行设计并完成一套酿制干白葡萄酒的工艺试验方案。

（3）列表记载新鲜原料质量、原料的含糖量、含酸量及调整后发酵醪液的含糖量、含酸量，发酵温度与发酵时间，成品的色泽、滋味、气味、酒度、酸度等。

（4）发酵温度、酸度、糖度对发酵质量和发酵速度有哪些影响？在生产中应如何控制？

实验十三　速冻青刀豆的制作

（一）实验目的

通过实验，使学生掌握果蔬速冻的工艺流程及各工序要点，理解各工序对速冻后果蔬的品质影响。

（二）实验原辅料及设备

青刀豆、不锈钢盆、高压水、流化床速冻器、塑料盒、冻柜等。

（三）工艺流程及操作要点

1. 工艺流程

具体工艺流程如下：

原料采收 → 挑选、整理 → 浸盐水 → 漂洗 → 热烫、冷却 → 沥水 → 速冻 → 包装 → 低温冻藏

2. 操作要点

（1）原料采收：宜在乳熟期采收。过嫩、过老都会影响冻品质量。在生长旺盛期，有条件的一天摘 2 次。当天采收的青刀豆宜当天加工，来不及加工的应放入冷藏库贮存，或放在阴凉通风处，厚度要薄。

（2）挑选、整理：将豆荚柄部和尘细部分切掉，撕去两边的筋。剔除病虫害、带伤、畸形、弯曲、风斑及疤痕等不合格品。

（3）浸盐水：将青刀豆放入 2% 的盐水中浸泡 30min。以达到驱虫的目的。再用清水漂洗干净。

（4）热烫、冷却：在 90～100℃ 的热水中烫漂 2～3min，立即浸入冷水中冷却，并

沥干水分。

（5）速冻：将冷透沥干的青刀豆放入速冻机内，冻结温度为－30℃以下。

（6）包装与贮藏：包装材料应不透水，一定的耐热性。常用的有金属罐、纸版盒、铝箔、蜡纸、玻璃纸、聚乙烯及其他塑料等。贮藏温度为－12～－23℃，以－18℃为最适，贮藏过程中要保持库温相对稳定。

（四）作业

（1）速冻实验的原理是什么？果蔬速冻的温度条件和冻品贮藏条件如何？

（2）果蔬速冻实验中应注意哪些操作要点？实验中出现了哪些问题你是怎样解决的？

参 考 文 献

[1] 赵丽芹. 果蔬加工工艺学 [M]. 北京：中国轻工业出版社，2008.

[2] 罗云波，蔡同一. 园艺产品贮藏加工学 [M]. 北京：中国农业大学出版社，2001.

[3] 赵晨霞. 果蔬贮藏加工技术 [M]. 北京：科学出版社，2005.

[4] 林亲录，邓放明. 园艺产品加工学 [M]. 北京：中国农业出版社，2003.

[5] 叶兴乾. 果品蔬菜加工工艺学 [M]. 2版. 北京：中国农业出版社，2002.

[6] 曾繁坤，等. 果蔬加工工艺学 [M]. 成都：成都科技大学出版社，1996.

[7] 郝利平. 果品蔬菜加工学 [M]. 太原：山西高校联合出版社，1999.

[8] 吴锦涛，张昭其. 果蔬保鲜与加工 [M]. 北京：化学工业出版社，2001.

[9] 陈发河，吴光斌. 甜椒果实冷藏方法的研究 [J]. 北方园艺，2000 (4)：1—3.

[10] 李家庆. 果蔬保鲜手册 [M]. 北京：中国轻工业出版社，2003.

[11] 田世平. 果蔬产品产后贮藏加工与包装技术指南 [M]. 北京：中国农业出版社，2000.

[12] 张子德. 果蔬贮运学 [M]. 北京：中国轻工业出版社，2002.

[13] 朱维军，等. 果品贮藏保鲜新技术 [M]. 郑州：中国农民出版社，2002.

[14] 崔伏香，等. 蔬菜贮藏保鲜新技术 [M]. 郑州：中国农民出版社，2002.

[15] 祝站斌. 果蔬贮藏与加工技术 [M]. 北京：科学出版社，2010.

[16] 郭衍银，王相友. 园艺产品保鲜与包装 [M]. 北京：中国环境科学出版社，2004.

[17] 潘静娴. 园艺产品贮藏加工学 [M]. 北京：中国农业大学出版社，2007.

[18] 陈月英. 果蔬贮藏技术 [M]. 北京：化学工业出版社，2008.

[19] 赵晨霞，王辉. 果蔬贮藏加工实验实训教程 [M]. 北京：科学出版社，2010.

[20] 周家春. 食品工艺学 [M]. 北京：化学工业出版社，2003.

[21] 赵晨霞. 果蔬贮运与加工 [M]. 北京：中国农业出版社，2002.

[22] 曾庆孝. 食品加工与保藏原理 [M]. 北京：化学工业出版社，2002.

[23] 罗云波. 园艺产品贮藏加工学（加工篇）[M]. 北京：中国农业大学出版社，2004.

[24] 龚双江. 农产品贮藏加工 [M]. 北京：高等教育出版社，2002.

[25] 张德权，艾启俊. 蔬菜深加工新技术 [M]. 北京：化学工业出版社，2003.

[26] 艾启俊，张德权. 果品深加工新技术 [M]. 北京：化学工业出版社，2003.

[27] 何国庆. 食品发酵与酿造工艺学 [M]. 北京：中国农业出版社，2001.

[28] 翟衡，杜金华，管雪强，等. 酿酒葡萄栽培及加工技术 [M]. 北京：中国农业出版社，2003.

[29] 高年发. 葡萄酒生产技术 [M]. 北京：化学工业出版社，2005.

[30] [法] 卑诺 E. 葡萄酒科学与工艺 [M]. 北京：中国轻工业出版社，1992.

［31］ 刘玉田，徐滋恒，等. 现代葡萄酒酿造技术［M］. 济南：山东科技出版社，1990.

［32］ 朱宝镛. 葡萄酒工业手册［M］. 北京：中国轻工业出版社，1995.

［33］ 高海生. 软饮料工艺学［M］. 北京：中国农业科技出版社，2000.

［34］ 胡小松. 现代果蔬汁加工工艺学［M］. 北京：中国轻工业出版社，1995.

［35］ 杨巨斌，等. 果脯蜜饯加工技术手册［M］. 北京：科学出版社，1988.